JN124591

大学数学 スポットライト・シリーズ ⑩

編集幹事

伊藤浩行・大矢雅則・眞田克典・立川 篤・新妻 弘

古谷賢朗・宮岡悦良・宮島静雄・矢部 博

群のコホモロジー

佐藤隆夫 著

近代科学社

大学数学 スポットライト・シリーズ
刊行の辞

　周知のように，数学は古代文明の発生とともに，現実の世界を数量的に明確に捉えるために生まれたと考えられますが，人類の知的好奇心は単なる実用を越えて数学を発展させて行きました．有名なユークリッドの『原論』に見られるとおり，現実的必要性をはるかに離れた幾何学や数論，あるいは無理量の理論がすでに紀元前300年頃には展開されていました．

　『原論』から数えても，現在までゆうに2000年以上の歳月を経るあいだ，数学は内発的な力に加えて物理学など外部からの刺激をも様々に取り入れて絶え間なく発展し，無数の有用な成果を生み出してきました．そして21世紀となった今日，数学と切り離せない数理科学と呼ばれる分野は大きく広がり，数学の活用を求める声も高まっています．しかしながら，もともと数学を学ぶ上ではものごとを明確に理解することが必要であり，本当に理解できたときの喜びも大きいのですが，活用を求めるならばさらにしっかりと数学そのものを理解し，身につけなければなりません．とは言え，発展した現代数学はその基礎もかなり膨大なものになっていて，その全体をただ論理的順序に従って粛々と学んでいくことは初学者にとって負担が大きいことです．

　そこで，このシリーズでは各巻で一つのテーマにスポットライトを当て，深いところまでしっかり扱い，読み終わった読者が確実に，ひとまとまりの結果を理解できたという満足感を得られることを目指します．本シリーズで扱われるテーマは数学系の学部レベルを基本としますが，それらは通常の講義では数回で通過せざるを得ないが重要で珠玉のような定理一つの場合もあれば，ε-δ論法のような，広い分野の基礎となっている概念であったりします．また，応用に欠かせない数値解析や離散数学，近年の数理科学における話題も幅広く採り上げられます．

本シリーズの外形的な特徴としては，新しい製本方式の採用により本文の余白が従来よりもかなり広くなっていることが挙げられます．この余白を利用して，脚注よりも見やすい形で本文の補足を述べたり，読者が抱くと思われる疑問に答えるコラムなどを挿入して，親しみやすくかつ理解しやすいものになるよういろいろと工夫をしていますが，余った部分は読者にメモ欄として利用していただくことも想定しています．

　また，本シリーズの編集幹事は東京理科大学の教員から成り，学内で活発に研究教育活動を展開しているベテランから若手までの幅広く豊富な人材から執筆者を選定し，同一大学の利点を生かして緊密な体制を取っています．

　本シリーズは数学および関連分野の学部教育全体をカバーする教科書群ではありませんが，読者が本シリーズを通じて深く理解する喜びを知り，数学の多方面への広がりに目を向けるきっかけになることを心から願っています．

編集幹事一同

はじめに

　本書は，本大学数学スポットライト・シリーズとしてこれまでに上梓させていただいた拙著『シローの定理』，『群の表示』の続編で，おおむね代数学や位相幾何学を専門とする学部 3, 4 年生や大学院生を対象とした群のコホモロジー論の入門書である．『群の表示』の冒頭でも述べたことであるが，一般に群が与えられたとき，何をもってその群の構造が分かったと言えるだろうか．与えられた群の表示，すなわち，生成元とそれらの関係子を与えるということは，その群のさまざまな性質を調べる上で大変有益であり，現在でも群の表示に関する研究論文は盛んに発表されている．しかしながら，群の表示そのものだけでは種々の研究に直接応用しづらいことも多い．表示は与えられた群に対して一意的なものでなく，一目見ただけでは群固有の情報が分かりにくいことも少なくない．群の表示が重要な理由の一つとして，表示そのものではなく，それを用いてさらに使い勝手のよい不変量[1] などを計算できる点がある．では，使い勝手のよい不変量とは何か．これは当然，研究テーマに応じた主観によってさまざまである．本書では，表示を用いて計算できる群の不変量の紹介として，群のホモロジー（およびコホモロジー）[2] にスポットライトを当てる．

　群の（コ）ホモロジーとは，群 G と G が作用する加法群 M が与えられたときに，それらの組 (G, M) に対して定義される，ある加法群の族のことである．一般に，G が M に自明に作用する場合[3]であっても，群の（コ）ホモロジーが自明になるとは限らないという事実は特筆に値する．群の（コ）ホモロジーが加法群であることのメリットの一つは，有限生成であれば有限生成アーベル群の構造定理によって同型類を明確に区別することができる点にある．したがって，群の同型問題などに直接

[1] 群の同型の下で変わらない何か．実数や複素数であることもあるし，集合や群であることもある．

[2] 表示があればいつでも計算できるわけではない．あくまで簡単な例をいくつか紹介する程度である．以下，簡単のため，ホモロジーとコホモロジーをまとめて言いたいときは（コ）ホモロジーと表記する．

[3] 通常，M としては整数全体のなすアーベル群 $\mathbb{Z}$ や，有理数全体のなすアーベル群 $\mathbb{Q}$ などが考えられる．

的な応用が可能である．また，群の（コ）ホモロジーは群の準同型写像と相性がよい[4]ので，与えられた群の（コ）ホモロジーと，部分群や剰余群などの（コ）ホモロジーとの相互関係を考察することにも利用でき，初等的な応用例も豊富である．

[4] いわゆる**関手** (functor) である．

著者の知るかぎり，群の（コ）ホモロジーの歴史的背景に関する簡明な記述は，Benson と Kropholler の記事[12] や Brown の著書[13] の序文が最も詳しいと思う．これらによれば，群のコホモロジー論の萌芽は表現論，整数論，位相幾何学の中に散見されるようである．今日でいうところの 2 次元コホモロジーに関しては，20 世紀初頭に Schur[22, 23] が射影表現の研究で考案した multiplier が一つの起源に相当する．一方，高次元（コ）ホモロジーに関しては，代数的位相幾何学の研究においてその有用性が認識され理論が確立されてきた．1930 年代にポーランドの数学者 Hurewicz[18] は，aspherical 空間[5]のホモロジー群は基本群で完全に決定されるという結果を得た．これによって，基本群に関する研究が進み，1940 年代頃には基本群の（コ）ホモロジーという概念が定式化されていった．戦後，抽象代数学の発展と相まって，群の（コ）ホモロジー論の研究が急速に進む中で，元来の位相幾何学的背景を伴った理論から代数的な部分のみを抽出した形での整備も行われ，現代では，群の（コ）ホモロジー論が純代数学の一分野としても扱われるようになった．

[5] 弧状連結で 2 次元以上のホモトピー群が消えているような空間．

著者が学生の頃，群の（コ）ホモロジーの一般論に焦点を当て体系的かつ入門的な解説を行っている邦書はほとんど見たことがなく，洋書や論文を含めていくつもの文献から必要な情報をその都度集めざるをえなかった．また，低次元でさえ具体的に計算する方法を解説した文献がほとんどなく，理論的なことは一応理解できても，結局そのようなものがあるということが分かる程度に留まり，研究で使わないようなことは数週間も経てばすべて忘れてしまうという大変もったいない結果に終わってしまったことも少なくなかった．群の（コ）ホモロジーに限ったことではないが，難解な数学を理解するための最良の方法はいくつもの具体例を計算して，それによって得られる数学的な実感を一つひとつ積み重ねていくことである[6]．一般に，群の（コ）ホモロジーの計算は非常に難しい．大抵の場合は別に何ら

[6] 小学校の夏休みの宿題に，大量の計算問題が出題される理由を想像すればご納得いただけるかもしれない．

かの数学的な情報（道具・技術）が必要になる．本書では先の拙著を踏襲して，群の表示を利用した1，2次元コホモロジーの計算の解説を試みた．群の表示という情報が必要ではあるが，これだけでもかなり多くの具体例を計算できるようになるので，専門的知識の理解・定着には十分効果があるものと考えている．普遍係数定理を見ても分かるように，一般にホモロジーよりもコホモロジーのほうが情報量が少なく，したがって計算しやすい傾向がある．本書では具体的な計算に関しては主にコホモロジーに関するものを解説したが，コホモロジー群が任意の係数で計算できれば，逆に普遍係数定理を用いてホモロジー群を計算できる場合があるので，さほど問題ないのではないかと考えている．

　本書は代数的な議論に特化した解説を行っている[7]．群の（コ）ホモロジーの真価の一つは，位相幾何学において種々の空間の幾何学的情報を代数的に記述する際に発揮するその威力にあると言っても過言ではない[8]．決して位相幾何学的な背景や理論を軽視するわけではないので，本書で群の（コ）ホモロジー論の位相幾何学的背景に興味をもたれた読者は，[7,9]などで基本群やCW複体などを学修したあと，[11,13]（およびこれらの参考文献）などで積極的に学ばれるとよいと思う．また，群の（コ）ホモロジーは扱う群が無限群か有限群かで，用いる手法や技術が著しく異なることがある．本書では有限群に特化した解説は行っていないので，もし有限群に興味がある場合は，[10,14]などでさらに学修されるとよいと思う．

　本書は，読者が環上の加群やホモロジー代数の一般論について一度は学修したことがあることを想定して執筆した．本書でも必要に応じてテンソルやHom，チェイン複体などを多少解説したが[9]，心許ないと思われるようであれば，[3,8]などで予め理解を深めておくとよい．演習問題は本文中の具体例などで解説しきれないものも含めとにかく簡単なものを記載したが，それでも十分な量とは言えないので，各自，積極的に演習問題を作ったり解いたりしてほしい．最後に，将来，群の（コ）ホモロジーの専門家を目指したい読者はぜひ，秋田利之氏による覚え書き[1]を参照してほしい．他分野との関連なども含めて，群

7) 『群の表示』でもそうであったが．

8) 曲面の写像類群の森田–Mumford–Miller類に関する一連の理論は，群のコホモロジーが大きな役割を果たす最も壮麗な理論のうちの一つであろう．

9) これらの内容の詳細をまとめて1つの章にすることもできるが，そうするとそれだけでかなりの量になり，本論に到達する前に体力と気力を消耗してしまうという残念なことが起こりうる．そこで，ホモロジー代数の基本的事実に関しては，必要なときに必要な内容だけを解説する方針をとった．

の（コ）ホモロジーに関してこれだけ深く多くの事実を簡潔に解説した記事は洋の東西を問わず見たことがない．本書で解説したことがいかに氷山の一角であるかがお分かりいただけると思う．本書を通じて，群の（コ）ホモロジーを学修したいと思う若い学生が1人でも多く増えれば大変嬉しく思う次第である．

謝辞

本シリーズ3冊目の執筆の機会を快く与えてくださった，東京理科大学理学部第二部数学科名誉教授の宮岡悦良先生，ならびに執筆を快諾してくださった近代科学社元 取締役フェローの小山透氏に深く感謝お礼を申し上げます．また，同社の石井沙知さん，伊藤雅英さん，山根加那子さんには原稿の校正に際し，何度も誠実かつ丁寧にご対応いただきました．近代科学社の皆様に改めて深謝いたします．

本文ではのちに掲げる文献も大いに参考にさせていただきました．逐一出典を明示することはしませんでしたが，執筆者の方々に敬意を表するとともに深く感謝いたします．本書は，著者が在外研究員としてドイツのボン大学に在籍していた時期に大部分を執筆しました．ボン大学の Ursula Hamenstädt 先生，ならびに素晴らしい研究環境を提供してくださったボン大学数学研究所，そしてその機会を与えてくださったマックスプランク数学研究所と東京理科大学に心より感謝お礼申し上げます．また，誤植だらけの本書の草案をご高覧いただき有益なコメントをくださった，秋田利之氏，逆井卓也氏，渡邉忠之氏，佐藤正寿氏，ならびに東京理科大学大学院理学研究科の元 修士課程大学院生である，上野修弥さん，髙橋美樹さん，松本高征さん，加藤瑶さんに厚く感謝お礼申し上げます．

本書の原稿は著者が大学院生の頃に学んでいたノートをもとに書き起こしました．学生当時から，中村博昭先生や河澄響矢先生，そして森田茂之先生をはじめとして多くの先生方の薫陶を受けてきました．群の（コ）ホモロジーを通じて，私に「研究」とは何かを教えてくださったこれらの先生方に心より感謝いたします．最後に，私が東京理科大学に着任して10年間，公私ともに常に温かく心強く私を支え続けてくださった宮岡悦良

先生のご退職を心から祝福し，そのお祝いに本書を捧げたいと
思います．

東京 神楽坂にて

令和4年2月　　著　者

本書で用いる記号など

　本書で使用する主な記号をまとめる．以下の記号は特に断り
なしに用いることがあるので注意されたい．

- 集合論

$$\emptyset := 空集合.$$

$$X \setminus Y := \{x \in X \mid x \notin Y\} : X \text{ と } Y \text{ の差集合}.$$

$$|X| := 集合 X \text{ の濃度}.$$

- 一般

$$\mathbb{N} := 自然数全体の集合 = \{1, 2, 3, \ldots\}.$$

$$\mathbb{Z} := 整数全体の集合 = \{0, \pm 1, \pm 2, \pm 3, \ldots\}.$$

$$\mathbb{Q} := 有理数全体の集合.$$

$$\mathbb{R} := 実数全体の集合.$$

$$\mathbb{C} := 複素数全体の集合.$$

$$\mathbb{F}_p := 素数 p \text{ に対して，} p \text{ 個の元からなる体}.$$

$$\gcd(a, b) := 整数 a, b \in \mathbb{Z} \setminus \{0\} \text{ の最大公約数}.$$

- 線形代数

$${}^t A := 行列 A \text{ の転置行列}.$$

$$R^n := 環 R \text{ の元を成分にもつ } n \text{ 項列ベクトル全体}$$

$$= \{{}^t(x_1, \ldots, x_n) \mid x_i \in R \ (1 \le i \le n)\}.$$

$$\boldsymbol{e}_i := i \text{ 行目が } 1 \text{ でその他の行が } 0 \text{ である基本ベクトル}.$$

- 群論

$$[G : H] := H \text{ の } G \text{ における指数}.$$

$$[x, y] := xyx^{-1}y^{-1} : x \text{ と } y \text{ の交換子}.$$

$$[H, K] := すべての [h, k] \ (h \in H, k^i n K) \text{ で生成される部分群}.$$

$$G^{\mathrm{ab}} := G/[G, G] : G \text{ のアーベル化}.$$

$$\mathrm{NC}_G(T) := G \text{ における } T \text{ の正規閉包}.$$

$$F(X) := X \text{ 上の自由群}.$$

$$\langle X \mid R \rangle := X \text{ を生成元の集合，} R \text{ を関係子の集合とする群の表示}.$$

$$D_n := n \text{ 次の } 2 \text{ 面体群}.$$

$\mathfrak{S}_n :=$ n 次対称群.

$\mathfrak{A}_n :=$ n 次交代群.

$\mathrm{GL}(n, R) :=$ 可換環 R 上の n 次一般線形群.

$\mathrm{SL}(n, R) :=$ 可換環 R 上の n 次特殊線形群.

● 環と加群

$R^{\times} :=$ 環 R の単元全体.

$M^{\oplus n} :=$ 加群 M の n 個の直和.

$A \otimes_R B :=$ R 加群 A と B の R 上のテンソル積.

$\mathrm{Hom}_R(A, B) :=$ R 加群 A から B への R 準同型写像全体のなす加法群.

● ホモロジー代数

$\mathcal{C}_* = \{C_p, \partial_p\}, \mathcal{C}^* = \{C^p, \partial^p\} :$ チェイン複体, コチェイン複体.

$\varphi_* = \{\varphi_p\}, \varphi^* = \{\varphi^p\} :$ チェイン写像, コチェイン写像.

$H_p(\mathcal{C}_*), H^p(\mathcal{C}^*) :$ （コ）チェイン複体 $\mathcal{C}_*, \mathcal{C}^*$ の p 次元（コ）ホモロジー群.

$\mathcal{C}_* \otimes_R \mathcal{C}'_* :$ R 加群のチェイン複体 $\mathcal{C}_*$ と $\mathcal{C}'_*$ のテンソル積複体.

● 群の（コ）ホモロジー

$\mathbb{Z}[G] :=$ 群 G の $\mathbb{Z}$ 上の群環.

$A \otimes_G B :=$ G 加群 A と B の G 上のテンソル積.

$\mathrm{Hom}_G(A, B) :=$ G 加群 A から B への G 準同型写像全体のなす加法群.

$\varepsilon : \mathbb{Z}[G] \to \mathbb{Z} :$ 添加写像.

$M_G := M/\langle \sigma \cdot m - m \,|\, \sigma \in G, m \in M\rangle.$

$M^G := \{m \in M \,|\, \sigma \cdot m = m, \sigma \in G\}.$

$\mathcal{C}_* = \{C_p, \partial_p, \varepsilon\} :$ G の標準複体.

$\mathrm{Cros}(G, M) :=$ 群 G から G 加群 M へのねじれ準同型写像全体のなす加法群.

$\mathrm{Prin}(G, M) :=$ 群 G から G 加群 M への主ねじれ準同型写像全体のなす加法群.

$\mathrm{tg} :$ 反則準同型写像.

$\mathrm{Ind}_H^G M := M \otimes_H \mathbb{Z}[G] :$ H 加群 M の誘導加群.

$\mathrm{Coind}_H^G M := \mathrm{Hom}_H(\mathbb{Z}[G], M)$ H 加群 M の余誘導加群.

$(\mathrm{tr}_H^G)_p, (\mathrm{tr}_H^G)^p :$ トランスファー写像.

目　次

1　群上の加群　　　　　　　　　　　　　　　　**1**

1.1　G 加群の定義 . . . .　1

1.2　G 自由加群 . . . .　9

1.3　G 加群のテンソル積 . . . .　14

1.4　G 準同型写像のなす加群 . . . .　19

1.5　問題 . . . .　23

2　群の（コ）ホモロジー　　　　　　　　　　　　**31**

2.1　群の自由分解と（コ）ホモロジー群の定義 . . .　31

2.2　自由分解の存在 . . . .　42

2.3　（コ）ホモロジー群の定義の整合性 . . . .　46

2.4　特別な自由分解を用いる方法 . . . .　52

　　2.4.1　自由群 . . . .　52

　　2.4.2　巡回群 . . . .　54

2.5　問題 . . . .　57

3　1次元（コ）ホモロジーの計算　　　　　　　**61**

3.1　整係数 1 次元ホモロジー群 . . . .　61

3.2　1 次元コホモロジー群の計算 . . . .　64

3.3　問題 . . . .　72

4 群準同型写像と（コ）ホモロジー   **77**

   4.1   群準同型写像から誘導された写像   77

   4.2   包含写像，商写像から誘導された写像   78

   4.3   群の拡大と群の（コ）ホモロジー   81

     4.3.1   共役作用   81

     4.3.2   2 次元コホモロジー群   84

     4.3.3   反則準同型写像   85

     4.3.4   5 項完全系列   89

   4.4   問題   94

5 2 次元コホモロジーの計算   **99**

   5.1   2 次元コホモロジーの組み合わせ群論的解釈 . .   99

   5.2   有限巡回群の直積の場合   102

   5.3   2 面体群の場合   105

   5.4 $PSL(2, \mathbb{Z})$ の場合   107

   5.5   問題   110

6 G 準同型写像と（コ）ホモロジー   **113**

   6.1 G 準同型写像から誘導された写像   113

   6.2   群の（コ）ホモロジーの長完全系列   114

     6.2.1   分裂完全系列   114

     6.2.2   自由加群のテンソル積と Hom   116

     6.2.3   群のホモロジーの長完全系列   117

     6.2.4   群のコホモロジーの長完全系列   122

   6.3   Shapiro の同型とトランスファー写像   126

   6.4   問題   133

7 カップ積   **137**

   7.1   直積群の自由分解   137

7.2 クロス積 142

7.3 カップ積 146

7.4 問題 153

8 普遍係数定理 **157**

8.1 Tor と Ext 157

8.2 （コ）チェイン複体の完全系列 159

8.3 Künneth の公式 163

8.4 普遍係数定理 171

8.5 問題 174

参考文献 **177**

索 引 **180**

1 群上の加群

群の（コ）ホモロジーは，群 G とその群が作用する加法群 M の組 (G, M) に対して定まるアーベル群の族である．そこで，本章では群が作用する加法群に関するいくつかの性質をまとめる．特に，G 自由加群，G 上のテンソル積，Hom について解説するのが本章の主な目標である．これらは，次章以降のホモロジー論を展開する上で必須な内容である．以下，特に断らないかぎり，G を乗法群とし，M を加法群とする．G の単位元を 1_G と書く．

1.1 G 加群の定義

定義 1.1（G 加群） 任意の $g \in G$ と $m \in M$ に対して，M のある元 $g \cdot m \in M$ を対応させる写像 $\varphi : G \times M \to M$ が与えられており，任意の $g, h \in G$, $m, n \in M$ に対して，

(1) $g \cdot (m + n) = g \cdot m + g \cdot n$
(2) $(gh) \cdot m = g \cdot (h \cdot m)$
(3) $1_G \cdot m = m$.

を満たしているとする．このとき，G は M に左から**作用する** (act) といい，$\varphi : G \times M \to M$ を G の**左作用** (left action)，M を**左 G 加群** (left G-module) という．G が M に左から作用することを模式的に $G \curvearrowright M$ と表すことがある．

同様にして，G の M への**右作用** (right action)，**右 G 加群**

(right G-module) も定義できる. 一般に, M を左 G 加群とするとき, G の M への右作用を

$$m \cdot g := g^{-1} \cdot m \quad (g \in G, \ m \in M) \qquad (1.1)$$

によって定義でき, これによって M は右 G 加群となる. 逆に, M が右 G 加群であれば, 同様にして M を左 G 加群とみなせる. このような観点から, 以下, 特に断らないかぎり, 常に左 G 加群を考えることにし, 単に **G 加群** (G-module) と呼ぶことにする.

例 1.2 (1) R を可換環[1]), G を一般線形群 $\mathrm{GL}(n, R)$ とし,

$$M = R^n = \{{}^{t}(x_1, \ldots, x_n) \,|\, x_i \in R \ (1 \le i \le n)\}$$

とすると[2]), 通常の行列の積により M は G 加群になる.

(2) 乗法群 G を固定する. 任意の加法群 M に対して,

$$g \cdot m = m \quad (g \in G, \ m \in M)$$

と定めることにより, M を G 加群とみなせる. このような作用を G の**自明な作用** (trivial action) といい, このとき, M を **G 自明加群** (trivial G-module) という.

次に, 群の作用は以下のような 2 通りの解釈ができることを示す. 1 つ目は, G から M の自己同型群 $\mathrm{Aut}\, M$ への準同型とみなす解釈である[3]).

(A1) $\varphi : G \times M \to M$ を作用とするとき, 任意の $g \in G$ に対して, $\varphi_g : M \to M$ を $m \mapsto g \cdot m$ によって定めると, φ_g は M 上の自己同型写像である. 実際, 任意の $m, n \in M$ に対して, $\varphi_g(m + n) = \varphi_g(m) + \varphi_g(n)$ が成り立つので, φ_g は準同型写像である. さらに, $\varphi_{g^{-1}} : M \to M$ を考えると, 明らかにこれは φ_g の逆写像であるから, φ_g は全単射である. ゆえに φ_g は M の自己同型写像である.

[1]) よく分からない場合は, $R = \mathbb{Z}, \mathbb{Q}, \mathbb{Z}/n\mathbb{Z}$ などの場合を想定しておけば特に問題ない.

[2]) t は転置を表す.

[3]) M の自己同型写像全体は写像の合成に関して群をなす. これを M の自己同型群といい, $\mathrm{Aut}\, M$ と表す. 単位元は M の恒等写像 $\mathrm{id}_M : M \to M$ である.

そこで, 写像 $\Phi: G \to \operatorname{Aut} M$ を, $g \mapsto \varphi_g$ によっ
て定めると, Φ は準同型写像である. 実際, 任意
の $g, h \in G$ と $m \in M$ に対して,

$$(\Phi(gh))(m) = (gh) \cdot m = g \cdot (h \cdot m) = \varphi_g(\varphi_h(m))$$
$$= (\Phi(g) \circ \Phi(h))(m)$$

であるので, $\Phi(gh) = \Phi(g)\Phi(h)$ である. したがっ
て, 作用 φ が与えられると, 準同型 $\Phi: G \to \operatorname{Aut} M$
が定まる.

(A2) 逆に, 準同型 $\Phi: G \to \operatorname{Aut} M$ が与えられると,
任意の $g \in G$ と $m \in M$ に対して,

$$g \cdot m := (\Phi(g))(m)$$

と定めることで, G の M への作用 $\varphi: G \times M \to M$
が定まる.

上の 2 つの操作 (A1), (A2) は互いに他の逆であるので[4], G
の M への作用を与えることと, G から $\operatorname{Aut} M$ への準同型を与
えることは同値である[5].

2 つ目は群環の作用とみなす解釈である. 群 G に対して, G
を基底とするような $\mathbb{Z}$ 自由加群を

$$\mathbb{Z}[G] := \Big\{ \sum_{g \in G} a_g g \mid a_g \in \mathbb{Z} \Big\}$$

と表す[6]. $\mathbb{Z}[G]$ 上に積を

$$\Big(\sum_{g \in G} a_g g \Big) \Big(\sum_{g \in G} b_g g \Big) = \sum_{g \in G} \Big(\sum_{\substack{u, v \in G \\ uv = g}} a_u b_v \Big) g$$

で定めると[7], $\mathbb{Z}[G]$ は環になる. これを G の $\mathbb{Z}$ 上の**群環** (group
ring) という[8]. 乗法単位元は $1 \cdot 1_G$ であり, 通常は単に 1 と書
かれる. また, 任意の $g \in G$ に対して $(1 \cdot g)(1 \cdot g^{-1}) = 1$ であ
るから, $1 \cdot g$ は $\mathbb{Z}[G]$ の単元である. したがって, 対応 $g \mapsto 1 \cdot g$
により自然な単射群準同型写像 $G \to (\mathbb{Z}[G])^\times$ が定まるが, この
写像を用いて G を $\mathbb{Z}[G]$ の乗法群 $(\mathbb{Z}[G])^\times$ の部分群とみなす[9].

[4] 各自確かめよ.

[5] なぜこのような解釈が
大事であるかというと,
G の M への作用がどれ
だけあるかを調べること
が, G から $\operatorname{Aut} M$ への
準同型がどれだけあるか
を調べる問題に帰着でき
ることにある. 後者は, G
に群の表示が与えられれ
ば(理論的には)解決で
きるので, しばしば有益
である.

[6] ここで, $\sum_{g \in G} a_g g$ に
おいて a_g は有限個の g
を除いて 0 であり, 和は
有限和であることに注意
されたい.

[7] 要は, 多項式の展開の
ように左辺を展開して,
同類項をまとめただけで
ある.

[8] G がアーベル群であ
れば $\mathbb{Z}[G]$ は可換環であ
るが, 一般に $\mathbb{Z}[G]$ は非
可換環である.

[9] 一般に, $\mathbb{Z}[G]$ の単元
が G 以外にどの程度存在
するかを決定することは
難しい問題のようである.

(B1) G が M に作用しているとき，それを線形的に拡張することで，環 $\mathbb{Z}[G]$ の M への作用

$$\Big(\sum_{g\in G} a_g g\Big) \cdot m := \Big(\sum_{g\in G} a_g (g\cdot m)\Big) \quad (m\in M)$$

を考えることができる．

(B2) 逆に，$\mathbb{Z}[G]$ が M に作用しているとき，その作用を $G\subset \mathbb{Z}[G]$ に制限することで，群 G の M への作用が得られる．

上の 2 つの操作 (B1), (B2) は互いに他の逆であるので[10]，群 G の M への作用を与えることと，環 $\mathbb{Z}[G]$ の M への作用を与えることは同値である[11]．

例 1.3 G の $\mathbb{Z}[G]$ への左乗法移動による作用

$$(g', \sum_{g\in G} a_g g) \mapsto \sum_{g\in G} a_g (g'g)$$

を考えることで，$\mathbb{Z}[G]$ 自身を G 加群とみなせる．

定義 1.4（G 部分加群）M を G 加群とする．M の加法群としての部分群 $N\subset M$ で，任意の $g\in G$ と $n\in N$ に対して $g\cdot n\in N$ となるとき，N を M の $\boldsymbol{G}$ 部分加群 (G-submodule) という[12]．

例 1.5 M を G 加群とする．このとき，$\mathbb{Z}$ 加群として

$$\{\sigma\cdot m - m \mid \sigma\in G, \ m\in M\}$$

で生成される M の部分加群を DM と置く．このとき，DM は G 部分加群である．実際，任意の $\sigma\in G$ と $m\in M$，および任意の $\tau\in G$ に対して，

$$\tau\cdot(\sigma\cdot m - m) = ((\tau\sigma)\cdot m - m) - (\tau\cdot m - m) \in DM$$

である．

M を G 加群とする．このとき，M の加法群としての部分群

[10] 各自確かめよ．

[11] これにより，群上の加群を環上の加群とみなすことができ，環論やホモロジー代数の一般論を用いることでさまざまなことを考察できるようになる．

[12] M, N を $\mathbb{Z}[G]$ 加群とみなすとき，N は M の $\mathbb{Z}[G]$ 部分加群に他ならない．

$\{0\}$，および M 自身は G 部分加群である．これらを**自明な G 部分加群** (trivial G-submodule) という[13]．

13) 文献によっては $\{0\}$ のみを「自明な G 部分加群」と呼ぶこともあり，注意が必要である．

定義 1.6（G 準同型写像） M, N を G 加群とする．加法群としての準同型写像 $f : M \to N$ が，

$$f(g \cdot m) = g \cdot f(m) \quad (g \in G,\ m \in M)$$

を満たすとき，f を **G 準同型写像** (G-homomorphism) という[14]．

14) M, N を $\mathbb{Z}[G]$ 加群とみなすとき，f は $\mathbb{Z}[G]$ 準同型写像に他ならない．

特に，G 準同型写像 $f : M \to N$ が全単射のとき，f を **G 同型写像** (G-isomorphism) という[15]．このとき，M と N は G 同型 (G-isomorphic) であるといい，$M \cong N$ と表す．

15) f が G 同型写像であれば，f^{-1} も G 同型写像である．

定義 1.7（G 剰余加群） M を G 加群とし，N を M の G 部分加群とする．このとき，加法群としての剰余群 M/N には，

$$g \cdot [m] := [g \cdot m] \quad (g \in G,\ m \in M)$$

により G 加群としての構造が入る[16]．実際，$[m] = [m']$ とすると，ある $n \in N$ が存在して $m' = m + n$ と書ける．すると，任意の $g \in G$ に対して

16) $[m]$ は m の属する剰余類を表す．

$$g \cdot m' = g \cdot (m + n) = g \cdot m + g \cdot n$$

であり，$g \cdot n \in N$ であるから，$[g \cdot m'] = [g \cdot m]$ となる．つまり，上の定義は代表元のとり方によらず well-defined である．さらに，この定義が作用の条件を満たすことは容易に示される．以下，G 加群としての M/N を M の N による **G 剰余加群** (quotient G-module) という[17]．

17) M, N を $\mathbb{Z}[G]$ 加群とみなすとき，M/N は $\mathbb{Z}[G]$ 剰余加群に他ならない．

$\pi : M \to M/N$ を自然な商写像とすると，π が G 準同型写像であることが定義から直ちに従う．

定義 1.8（像，核） $f : M \to N$ を G 準同型写像とする．このとき，

$$\mathrm{Ker}(f) := \{m \in M \mid f(m) = 0\} \subset M,$$
$$\mathrm{Im}(f) := \{f(m) \in N \mid m \in M\} \subset N$$

をそれぞれ，f の**核** (kernel)，**像** (image) という．

Ker(f)，Im(f) はそれぞれ M，N の G 部分加群になる．実際，これらは加法群としての部分群であるので，G の作用で閉じていることを示せばよい．すると，$f : M \to N$ は G 準同型写像であるから，任意の $g \in G$ と $m \in $ Ker(f) に対して，

$$f(g \cdot m) = g \cdot f(m) = 0$$

であるから $g \cdot m \in $ Ker(f)．また，任意の $g \in G$ と $n \in $ Im(f) に対して，$f(m) = n$ となる $m \in M$ をとるとき，

$$g \cdot n = g \cdot f(m) = f(g \cdot m)$$

であるから $g \cdot n \in $ Im(f)．ゆえに，どちらも G 部分加群である．

補題 1.9 $f : M \to N$ を G 準同型写像とする．K を M の G 部分加群で，$K \subset $ Ker(f) を満たすものとする．このとき，f は自然な G 準同型写像 $\overline{f} : M/K \to N$ を誘導する．

証明． $\overline{f}$ を $[m] \mapsto f(m)$ によって定める．すると，これは well-defined である．実際，$[m] = [m']$ であれば，ある $k \in K$ が存在して $m' = m + k$ と書けるが，このとき，$f(m') = f(m + k) = f(m) + f(k) = f(m)$ となる．

また，任意の $g \in G$ と任意の $[m], [m'] \in M/K$ に対して，

$$\overline{f}([m] + [m']) = \overline{f}([m + m']) = f(m + m') = f(m) + f(m')$$
$$= \overline{f}([m]) + \overline{f}([m']),$$
$$\overline{f}(g \cdot [m]) = \overline{f}([g \cdot m]) = f(g \cdot m) = g \cdot f(m) = g \cdot \overline{f}([m])$$

が成り立つので $\overline{f}$ は G 準同型写像である．$\square$

例 1.10 M を G 加群とし，M の DM による G 剰余加群 $M_G := M/DM$ を考える．N を G 加群とし，$f : M \to N$ は G 同型写像とする．$\pi_N : N \to N_G$ を自然な商写像とし，$\pi_N \circ f : M \to N_G$ を考える．すると，$DM \subset $ Ker$(\pi_N \circ f)$ であるので，$\pi_N \circ f$ は G 準同型写像 $\overline{f} : M_G \to N_G$ を誘導する．

一方，$f^{-1} : N \to M$ に対して同様のことを考えると，G 準同

型写像 $\overline{f^{-1}} : N_G \to M_G$ が得られる. このとき, $\overline{f} \circ \overline{f^{-1}} = \mathrm{id}$, $\overline{f^{-1}} \circ \overline{f} = \mathrm{id}$ であるので, $\overline{f}$ は G 同型写像である.

定理 1.11（**G 準同型定理**）$f : M \to N$ を G 準同型写像とする. このとき, G 加群として $M/\mathrm{Ker}(f) \cong \mathrm{Im}(f)$ である.

証明. 補題 1.9 より, G 準同型写像 $\overline{f} : M/\mathrm{Ker}(f) \to \mathrm{Im}(f)$ が誘導される. この $\overline{f}$ は明らかに全単射である. □

例 1.12 G の左乗法移動により, $\mathbb{Z}[G]$ を G 加群とみなす. また, $\mathbb{Z}$ を G 自明加群とする. このとき, 写像 $\varepsilon : \mathbb{Z}[G] \to \mathbb{Z}$ を $\sum_{g \in G} a_g g \mapsto \sum_{g \in G} a_g$ により定める[18]. すると, 任意の $\sigma \in G$ に対して,

$$\varepsilon\Big(\sigma \cdot \sum_{g \in G} a_g g\Big) = \varepsilon\Big(\sum_{g \in G} a_g \sigma g\Big) = \sum_{g \in G} a_g = \varepsilon\Big(\sum_{g \in G} a_g g\Big)$$
$$= \sigma \cdot \varepsilon\Big(\sum_{g \in G} a_g g\Big)$$

であるので, ε は G 準同型写像である. 明らかに ε は全射であり, $D(\mathbb{Z}[G]) \subset \mathrm{Ker}(\varepsilon)$ である.

一方, 任意の $x = \sum_{g \in G} a_g g \in \mathrm{Ker}(\varepsilon)$ に対して,

$$x = x - 0 = \sum_{g \in G} a_g g - \sum_{g \in G} a_g = \sum_{g \in G} a_g (g-1) \in D(\mathbb{Z}[G])$$

となる. したがって, 準同型定理より, $(\mathbb{Z}[G])_G \cong \mathbb{Z}$ となる.

次に G 加群の直和について述べる. 直和には外部直和と内部直和の 2 つの定義があるが, これらは同型であるので抽象的な G 加群という意味では同じ概念である.

定義 1.13（**外部直和**）M と N を G 加群とする. このとき, 加法群としての直和 $M \oplus N$ に対する G の作用を

$$g \cdot (m, n) := (g \cdot m, g \cdot n), \quad (g \in G, \ (m, n) \in M \oplus N)$$

によって定めると, $M \oplus N$ は G 加群になる. これを M と N の**直和** (direct sum), もしくは**外部直和** (external direct sum)[19]

18) 後述するが, ε は「添加写像」と呼ばれる.

19) あまり言わない. 本書では, 以下で定める内部直和と区別したいときのみ用いる.

という.

一般に, G 加群の族 $\{M_\lambda\}_{\lambda \in \Lambda}$ [20] に対して, その直和が以下のようにして定義される. 加法群としての $\{M_\lambda\}_\Lambda$ の直積 $\prod_{\lambda \in \Lambda} M_\lambda$ において, 有限個の λ を除いて $m_\lambda = 0$ となるような元 $(m_\lambda)_{\lambda \in \Lambda}$ 全体のなす部分加群を

20) Λ は無限集合であってもよい.

$$\bigoplus_{\lambda \in \Lambda} M_\lambda := \{(m_\lambda)_{\lambda \in \Lambda} \mid \text{有限個の } \lambda \text{ を除いて } m_\lambda = 0\} \subset \prod_{\lambda \in \Lambda} M_\lambda$$

と置く. すると, 2 個の G 加群の直和の場合と同様にして, $\oplus_{\lambda \in \Lambda} M_\lambda$ には G 加群の構造が入る. これを $\{M_\lambda\}_{\lambda \in \Lambda}$ の**直和** (direct sum) という [21]. 特に, 任意の $\lambda \in \lambda$ に対して $M_\lambda = M$ のときは $M^{\oplus \Lambda}$ と表す. 同様に $n \geq 2$ に対して, G 加群 M の n 個の直和を $M^{\oplus n}$ と表す.

21) Λ が有限集合のとき, 直積と直和は一致することに注意されたい.

外部直和はいくつかの別個の G 加群を用いて構成されるものであるが, ある G 加群 M において, M に含まれるいくつかの G 部分加群たちの外部直和が M と同型になることがある. 以下これについて考える.

定義 1.14 (内部直和) M を G 加群, $\{M_\lambda\}_{\lambda \in \Lambda}$ を M の G 部分加群の族とし, これらが以下の性質を満たすとする. 任意の $m \in M$ に対して, ある $\lambda_1, \ldots, \lambda_n \in \Lambda$ と, ある $m_{\lambda_i} \in M_{\lambda_i}$ $(1 \leq i \leq n)$ が存在して, m は

$$m = m_{\lambda_1} + m_{\lambda_2} + \cdots + m_{\lambda_n}$$

と <u>一意的に</u> 表せる. このとき, M は $\{M_\lambda\}_{\lambda \in \Lambda}$ の**内部直和** (internal direct sum) といい, $M = \dot{\bigoplus}_{\lambda \in \Lambda} M_\lambda$ と表す.

定理 1.15 M を G 加群, $\{M_\lambda\}_{\lambda \in \Lambda}$ を M の G 部分加群の族とし, $M = \dot{\bigoplus}_{\lambda \in \Lambda} M_\lambda$ とする. このとき,

$$M \cong \bigoplus_{\lambda \in \Lambda} M_\lambda$$

である.

証明. G 同型写像を構成する. 写像 $f : \bigoplus_{\lambda \in \Lambda} M_\lambda \to M$ を

$$(m_\lambda)_{\lambda \in \Lambda} \mapsto \sum_{\lambda \in \Lambda} m_\lambda$$

で定義する[22]．すると，内部直和の定義より，f は全単射である．また，f が G 準同型写像であることも容易に示される．よって，f は G 同型写像である．□

22) 内部直和の定義より，上式右辺は有限和であることに注意せよ．

1.2 G 自由加群

群に対しては自由群，アーベル群に対しては自由アーベル群があるように，G 加群についても，普遍写像性質をもつ G 自由加群というものが定義される．本節ではこれについて解説する．

定義 1.16（生成された G 部分加群）M を G 加群とする．M の部分集合 $X = \{x_\lambda\}_{\lambda \in \Lambda}$ に対して，

$$GX := \{g \cdot x_\lambda \mid g \in G, \ \lambda \in \Lambda\} \subset M$$

を考える．M において，加法群として GX で生成される部分加群

$$\left\{ \sum_{i=1}^{n} a_i(g_i \cdot x_{\lambda_i}) \mid n \in \mathbb{N}, \ a_i \in \mathbb{Z}, \ g_i \in G, \ \lambda_i \in \Lambda \right\} \subset M$$

は M の G 部分加群になる．これを X によって**生成された G 部分加群**（G-submodule generated by X）といい，$\langle X \rangle$ と表す[23]．

23) 要するに，$\langle X \rangle$ は $\mathbb{Z}[G]$ 加群として X によって生成される M の部分加群のことである．

定義 1.17（G 自由加群）F を G 加群とする．F の部分集合 $X = \{x_\lambda \mid \lambda \in \Lambda\}$ で，

- $g \cdot x_\lambda$（$g \in G, \lambda \in \Lambda$）はすべて異なる．
- $F = \langle X \rangle$．
- GX は $\mathbb{Z}$ 上 1 次独立．

となるものが存在するとき，F を X 上の **G 自由加群**（free G-module）といい，X を F の G 加群としての**基底**（basis）とい

う[24].

補題 1.18 F を $X = \{x_\lambda \mid \lambda \in \Lambda\}$ 上の G 自由加群とする. このとき, G 加群として $F \cong \mathbb{Z}[G]^{\oplus \Lambda}$ である.

証明. 写像 $f: \mathbb{Z}[G]^{\oplus \Lambda} \to F$ を

$$\Big(\sum_{g_\lambda \in G} a_{g_\lambda} g_\lambda\Big)_{\lambda \in \Lambda} \mapsto \sum_{\lambda \in \Lambda}\sum_{g_\lambda \in G} a_{g_\lambda}(g_\lambda \cdot x_\lambda)$$

で定める. すると, f は G 準同型写像である. 実際,

$$f\Big(\Big(\sum_{g_\lambda \in G} a_{g_\lambda} g_\lambda\Big)_{\lambda \in \Lambda} + \Big(\sum_{g_\lambda \in G} b_{g_\lambda} g_\lambda\Big)_{\lambda \in \Lambda}\Big)$$

$$= f\Big(\Big(\sum_{g_\lambda \in G} (a_{g_\lambda} + b_{g_\lambda}) g_\lambda\Big)_{\lambda \in \Lambda}\Big)$$

$$= \sum_{\lambda \in \Lambda}\sum_{g_\lambda \in G} (a_{g_\lambda} + b_{g_\lambda})(g_\lambda \cdot x_\lambda)$$

$$= \sum_{\lambda \in \Lambda}\sum_{g_\lambda \in G} a_{g_\lambda}(g_\lambda \cdot x_\lambda) + \sum_{\lambda \in \Lambda}\sum_{g_\lambda \in G} b_{g_\lambda}(g_\lambda \cdot x_\lambda)$$

$$= f\Big(\Big(\sum_{g_\lambda \in G} a_{g_\lambda} g_\lambda\Big)_{\lambda \in \Lambda}\Big) + f\Big(\Big(\sum_{g_\lambda \in G} b_{g_\lambda} g_\lambda\Big)_{\lambda \in \Lambda}\Big),$$

および, 任意の $g \in G$ に対して,

$$f\Big(\Big(g \cdot \sum_{g_\lambda \in G} a_{g_\lambda} g_\lambda\Big)_{\lambda \in \Lambda}\Big) = f\Big(\Big(\sum_{g_\lambda \in G} a_{g_\lambda}(g g_\lambda)\Big)_{\lambda \in \Lambda}\Big)$$

$$= \sum_{\lambda \in \Lambda}\sum_{g_\lambda \in G} a_{g_\lambda}((g g_\lambda) \cdot x_\lambda) = g \cdot \sum_{\lambda \in \Lambda}\sum_{g_\lambda \in G} a_{g_\lambda}(g_\lambda \cdot x_\lambda)$$

$$= g \cdot f\Big(\Big(\sum_{g_\lambda \in G} a_{g_\lambda} g_\lambda\Big)_{\lambda \in \Lambda}\Big)$$

が成り立つことから明らか.

任意の $g \in G$ と $\lambda \in \Lambda$ に対して, 対応

$$g \cdot x_\lambda \mapsto (m_\mu)_{\mu \in \Lambda}, \quad m_\mu = \begin{cases} g, & \mu = \lambda, \\ 0, & \mu \neq \lambda \end{cases}$$

によって定まる加法群としての準同型写像 $f': F \to \mathbb{Z}[G]^{\oplus \Lambda}$ を考えると, $f \circ f' = \mathrm{id}$, $f' \circ f = \mathrm{id}$ となるので f は G 同型写像

24) 鋭い読者からはご指摘を受けそうであるが, 厳密には自由加群の基底は単なる集合ではなく, 元の間の順序も併せて考えなければならない (このことは, 線形代数におけるベクトル空間の基底についても同様である). すなわち, 2 つの文字 x_1, x_2 からなる基底をもつ G 自由加群 F を考えるとき, 順序を併せて考えた対 (x_1, x_2), (x_2, x_1) は F の相異なる基底と考えるべきである. しかしながら, 表記の煩雑さを避けるため, 特に混乱がない場合は基底を $\{x_1, x_2\}$ のように非順序対として表す.

である．□

補題 1.18 により，G 自由加群とは，$\mathbb{Z}[G]$ のいくつか[25] の直 25) 無限個でもよい．
和であると解釈してもよいことが分かる．さて，G 自由加群を
扱うことの最も重要な点は，以下の普遍写像性質にある．

定理 1.19 F を $X = \{x_\lambda \mid \lambda \in \Lambda\}$ 上の G 自由加群とする．こ
のとき以下が成り立つ．

(1) 任意の G 加群 M と任意の写像 $f : X \to M$ に対して，あ
る G 準同型写像 $\widetilde{f} : F \to M$ で，以下の図式が可換となる
ものが一意的に存在する．

ここで，$\iota : X \to F$ は自然な包含写像である．

(2) (1) の性質を満たすような，G 加群と単射の組 (F, ι) は同
型を除いて一意的である．すなわち，$\iota' : X \to F'$ を単射，
F' を $\iota'(X)$ で生成される G 加群とし，これらが (1) の性
質を満たせば，ある同型写像 $\widetilde{\iota'} : F \to F'$ が存在する．

証明．(1) 任意の元 $x := \sum_{\lambda \in \Lambda} \sum_{g_\lambda \in G} a_{g_\lambda}(g_\lambda \cdot x_\lambda) \in F$ に対
して，

$$\widetilde{f}(x) := \sum_{\lambda \in \Lambda} \sum_{g_\lambda \in G} a_{g_\lambda}(g_\lambda \cdot f(x_\lambda)) \in M$$

と定めると $\widetilde{f} : F \to M$ は G 準同型写像であり，(1) の可換図
式を満たすことが分かる．

さらに，$\widetilde{f'} : F \to M$ を題意の性質を満たす G 準同型写像と
すると，任意の $x \in X$ に対して，$\widetilde{f}(\iota(x)) = f(x) = \widetilde{f'}(\iota(x))$
が成り立つ．特に，F は $\iota(X)$ で G 加群として生成されており，
$\widetilde{f}$ と $\widetilde{f'}$ はすべての生成元上で値が一致するので，F 上で一致す
る．つまり，$\widetilde{f} = \widetilde{f'}$ を得る．これより，$\widetilde{f}$ の一意性が従う．

(2) (F', ι') が (1) の性質を満たすから，写像 $\iota' : X \to F'$ の拡
張である準同型写像 $\widetilde{\iota'} : F \to F'$ が存在する．同様に，(F', ι')

が (1) の性質を満たすから,写像 $\iota : X \to F$ の拡張である準同型
写像 $\tilde{\iota} : F' \to F$ が存在する.すると,準同型写像 $\tilde{\iota} \circ \tilde{\iota'} : F \to F$
が得られ,

は可換図式となる.ところが,この図式において,$\tilde{\iota} \circ \tilde{\iota'}$ を id_F
に置き換えたものを考えるとやはり可換図式であるから,(1) で
示した一意性より,$\tilde{\iota} \circ \tilde{\iota'} = \mathrm{id}_F$ である.同様に,$\tilde{\iota'} \circ \tilde{\iota} = \mathrm{id}_{F'}$
であることも分かる.ゆえに,$\tilde{\iota}, \tilde{\iota'}$ は同型写像である. □

定義 1.20(普遍写像性質) 定理 1.19 で示した F の性質は,X
上の G 自由加群 F を特徴づける性質であり,F の**普遍写像性質**
(universal mapping property),もしくは**普遍性** (universality)
などと呼ばれる.

    G 加群 M から G 加群 N への G 準同型写像全体の集合を
$\mathrm{Hom}_G(M, N)$ と表し,集合 A から集合 B への写像全体の集合
を $\mathrm{Map}(A, B)$ と表す.

定理 1.21 F を X 上の G 自由加群とする.任意の G 加群 M
に対して,$\mathrm{Hom}_G(F, M)$ と $\mathrm{Map}(X, M)$ の間には全単射が存在
する[26].

証明. 写像 $\Phi : \mathrm{Hom}_G(F, M) \to \mathrm{Map}(X, M)$ を任意の $f \in$
$\mathrm{Hom}_G(F, M)$ に対して,$\Phi(f) := f|_X$ で定める.一方,写像
$\Psi : \mathrm{Map}(X, M) \to \mathrm{Hom}_G(F, M)$ を,任意の $f' \in \mathrm{Map}(X, M)$
に対して,定理 1.19 より得られる f' の拡張である G 準同型写
像 $\tilde{f'} : F \to M$ を用いて,$\Psi(f') := \tilde{f'}$ として定める.このと
き,$\Phi \circ \Psi = \mathrm{id}$ かつ $\Psi \circ \Phi = \mathrm{id}$ が成り立つので,Φ, Ψ はとも
に全単射である. □

    以下の定理は,G 自由加群の同型類は基底の濃度のみで決ま
ることを示している.

26) すなわち,G 自由加
群からの G 準同型写像
は基底の行き先を任意に
指定することで一意的に
決まる.このことは,ベ
クトル空間の線形写像が
もつ性質と同様である.

定理 1.22 F_1, F_2 をそれぞれ，X_1, X_2 上の G 自由加群とする．このとき，

$$F_1 \cong F_2 \quad \Longleftrightarrow \quad |X_1| = |X_2|$$

が成り立つ．

証明. ($\Longleftarrow$) 各 $i = 1, 2$ に対して，$\iota_i : X_i \to F_i$ を自然な包含写像とする．$|X_1| = |X_2|$ より，全単射 $f : X_1 \to X_2$ が存在する．このとき，写像 $\iota_2 \circ f : X_1 \to F_2$, $\iota_1 \circ f^{-1} : X_2 \to F_1$ はそれぞれ，G 準同型写像 $\varphi : F_1 \to F_2$, $\psi : F_2 \to F_1$ を誘導する．このとき，$\varphi \circ \psi$ は X_2 上の恒等写像であるので，F_2 上の恒等写像である．同様に，$\psi \circ \varphi$ は F_1 上の恒等写像になる．よって，φ, ψ は同型写像である．

($\Longrightarrow$) $F_1 \cong F_2$ とすると，$(F_1)_G \cong (F_2)_G$ である．例 1.12 を用いると，$\mathbb{Z}^{\oplus |X_1|} \cong \mathbb{Z}^{\oplus |X_2|}$ となることが分かる．各 $i = 1, 2$ に対して，$Q_i := \mathbb{Z}^{\oplus |X_i|} / 2(\mathbb{Z}^{\oplus |X_i|}) \cong (\mathbb{Z}/2\mathbb{Z})^{\oplus |X_i|}$ であるから，$(\mathbb{Z}/2\mathbb{Z})^{\oplus |X_1|} \cong (\mathbb{Z}/2\mathbb{Z})^{\oplus |X_2|}$ となり，$|X_1|$, $|X_2|$ はともに有限か，ともに無限のどちらかである．ともに有限であれば，$2^{|X_1|} = 2^{|X_2|}$ より $|X_1| = |X_2|$ を得る．一方，両者がともに無限であれば，各 $i = 1, 2$ に対して $x \in X_i$ の Q_i における剰余類も同じ記号 x で表せば，

$$(\mathbb{Z}/2\mathbb{Z})^{\oplus |X_i|} = \bigcup_{n=0}^{\infty} \{ x_{\lambda_1}^{e_1} \cdots x_{\lambda_n}^{e_n} \mid x_{\lambda_j} \in X_i, e_j = 0, 1 \}$$

であり，$|(\mathbb{Z}/2\mathbb{Z})^{\oplus |X_i|}| = |X_i|$ となる．これより求める結果を得る．□

さて，ベクトル空間の基底のように，G 自由加群の基底も常にただ一つのものだけに注目する必要はない．一般に，F を X 上の G 自由加群とするとき，F の部分集合 X' で包含写像 $X' \hookrightarrow F$ が同型写像 $F \to F$ を誘導するとき，X' も F の基底という[27]．

定義 1.23（階数）F を X 上の G 自由加群とする．F の任意の基底の濃度は一定である．そこで，$|X|$ を F の**階数** (rank) と

[27] X' が F の基底であるとき，F の任意の元は GX' の 1 次結合として一意的に表される．

いう[28].

定理 1.24 任意の G 加群 M はある G 自由加群の全射準同型写像による像になっている[29].

証明. $S = \{s_\lambda\}_{\lambda \in \Lambda}$ を M の G 加群としての生成系とする[30]. このとき, $X := \{x_\lambda\}_{\lambda \in \Lambda}$ とし, X 上の G 自由加群 F を考える. 対応 $x_\lambda \mapsto s_\lambda$ により定まる G 準同型写像 $f : F \to M$ を考えれば, f は全射であり, これが求めるものである. □

28) 本書では特に断らないかぎり, 階数が有限な G 自由加群を扱う.

29) したがって, 準同型定理より, 任意の G 加群は G 自由加群の剰余加群として表される.

30) 極端であるが, $S = M$ としてもよい.

1.3 G 加群のテンソル積

　本節では, G 加群のテンソル積についていくつかの性質を解説する. これらは, 主に G のホモロジー群を定義, 考察する際に用いる. この節では, 正確さを期すために, 左右の G 作用を区別して記述する. しかしながら (1.1) でも見たように, 左 (右) G 加群 M が与えられれば, G の逆元を用いて逆側からの作用を考えることにより, M を自然に右 (左) G 加群とみなせるので, 本質的な不具合は起こらない[31].

31) 非可換環上の加群のテンソル積をご存知の方は軽快に読み進められると思う.

定義 1.25 (G 平衡写像) A を右 G 加群, B を左 G 加群, C を加法群とする. 写像 $\varphi : A \times B \to C$ で,

(1) $\varphi(a + a', b) = \varphi(a, b) + \varphi(a', b)$ 　$(a, a' \in A,\ b \in B)$
(2) $\varphi(a, b + b') = \varphi(a, b) + \varphi(a, b')$ 　$(a \in A,\ b, b' \in B)$
(3) $\varphi(a \cdot g, b) = \varphi(a, g \cdot b)$ 　$(a \in A,\ b \in B,\ g \in G)$

を満たすものを, **G 平衡写像** (*G*-balanced map) という[32].

32) 要は, 平衡写像とは $\mathbb{Z}$ 上の双線形写像であって, A, B 間の G の作用の移り合いで不変であるような写像のことである.

定理 1.26 A を右 G 加群, B を左 G 加群とする. このとき, ある加法群 T と G 平衡写像 $\iota : A \times B \to T$ が存在して, T は ι の像で生成される. さらに, 任意の加法群 C と任意の G 平衡写像 $\varphi : A \times B \to C$ に対して, ある加法群の準同型写像 $\widetilde{\varphi} : T \to C$ で以下の図式が可換となるものが同型を除いて一意的に存在する.

証明. まず，$\{(a,b) \,|\, a \in A,\ b \in B\}$ を基底とするような自由アーベル群を L と置き，L において，

$$(a + a', b) - (a, b) - (a', b) \quad (a, a' \in A,\ b \in B)$$

$$(a, b + b') - (a, b) - (a, b') \quad (a \in A,\ b, b' \in B)$$

$$(a \cdot g, b) - (a, g \cdot b) \quad (a \in A,\ b \in B,\ g \in G)$$

なる形のすべての元で生成される $\mathbb{Z}$ 部分加群を R と置き，$T := L/R$ と置く．また，$\iota : A \times B \to T$ を $(a, b) \mapsto [(a, b)]$ で定めると，T の定義から直ちに分かるように ι は G 平衡写像である．ここで，$[(a, b)]$ は (a, b) が属する剰余類を表す．

任意の加法群 C と任意の G 平衡写像 $\varphi : A \times B \to C$ に対して，自由アーベル群 L の普遍性により，ある加法群の準同型写像 $\overline{\varphi} : L \to C$ で φ の拡張となっているものが存在する．実際，

$$\overline{\varphi}\Big(\sum_{(a,b) \in A \times B} n_{(a,b)}(a, b) \Big) := \sum_{(a,b) \in A \times B} n_{(a,b)} \varphi(a, b)$$

と定めればよい．ここで，$n_{(a,b)} \in \mathbb{Z}$ である．さらに，φ は G 平衡写像であるから，$R \subset \operatorname{Ker}(\overline{\varphi})$ である．したがって，$\overline{\varphi}$ は加法群の準同型写像 $\widetilde{\varphi} : T \to C$ を誘導する．これが求めるものである．

また，$\psi : T \to C$ も題意の可換図式を満たす加法群の準同型写像とすると，

$$\psi([(a, b)]) = \psi(\iota(a, b)) = \varphi(a, b) = \widetilde{\varphi}(a, b)$$

であり，T は $[(a, b)]$ たちで生成されているので，$\psi = \widetilde{\varphi}$ である．すなわち，$\widetilde{\varphi}$ は一意的である．□

定義 1.27（G 上のテンソル積）A を右 G 加群，B を左 G 加群とする．定理 1.26 により定まる加法群 T を A と B の G 上のテンソル積 (tensor product) といい，$A \otimes_G B$ と表す[33]．任

[33] $A \otimes_G B$ は右 $\mathbb{Z}[G]$ 加群 A と左 $\mathbb{Z}[G]$ 加群 B の $\mathbb{Z}[G]$ 上のテンソル積 $A \otimes_{\mathbb{Z}[G]} B$ に他ならない．

意の $(a,b) \in A \times B$ に対して，$\iota(a,b) = [(a,b)] \in A \otimes_G B$ を $a \otimes b$ と表す．

　ここで，頻繁に用いるテンソル積の簡単な性質をまとめておこう．

定理 1.28 A, B, B' を G 加群とする[34]．このとき，以下の加法群としての同型が成り立つ．

34) 必要に応じて左 G 加群，右 G 加群とみなす．

(1) $\mathbb{Z}[G] \otimes_G A \cong A$.

(2) $A \otimes_G B \cong B \otimes_G A$.

(3) $A \otimes_G (B \oplus B') \cong (A \otimes_G B) \oplus (A \otimes_G B')$. したがって，$B_\lambda \ (\lambda \in \Lambda)$ を G 加群とするとき，

$$A \otimes \bigoplus_{\lambda \in \Lambda} B_\lambda = \bigoplus_{\lambda \in \Lambda} (A \otimes B_\lambda)$$

が成り立つ．

証明．(1) 写像 $f : \mathbb{Z}[G] \times A \to A$ を $(r,a) \mapsto r \cdot a \ (r \in \mathbb{Z}[G], a \in A)$ によって定める．すると，f は G 平衡写像であるので，f は加法群の準同型写像 $\widetilde{f} : \mathbb{Z}[G] \otimes_G A \to A$ を誘導する．一方，写像 $h : A \to \mathbb{Z}[G] \otimes_G A$ を $a \mapsto 1 \otimes a \ (a \in A)$ で定めると，h は加法群の準同型写像である．このとき，$\widetilde{f} \circ h = \mathrm{id}$ であり，任意の $g \otimes a \ (g \in G, a \in A)$ に対して，

$$(h \circ \widetilde{f})(g \otimes a) = h(g \cdot a) = 1 \otimes (g \cdot a) = g \otimes a$$

となる．$\mathbb{Z}[G] \otimes_G A$ は $g \otimes a \ (g \in G, a \in A)$ なる形の元で生成されているので，$h \circ \widetilde{f} = \mathrm{id}$ である．すなわち，$\widetilde{f}, h$ は同型写像である．

　(2) 写像 $f : A \times B \to B \otimes_G A$ を $(a,b) \mapsto b \otimes a$ で定めると，

$$f(a \cdot g, b) = b \otimes (a \cdot g) = b \otimes (g^{-1} \cdot a) = (b \cdot g^{-1}) \otimes a = f(a, g \cdot b)$$

より，f は G 平衡写像であるので f は加法群の準同型写像 $\widetilde{f} : A \otimes_G B \to B \otimes_G A$ を誘導する．このとき，任意の $a \otimes b \ (a \in A, b \in B)$ に対して $\widetilde{f}(a \otimes b) = b \otimes a$ が成り立つ．同様にして，加法群の準同型写像 $h : B \otimes_G A \to A \otimes_G B$ で，任意の

$b \otimes a$ $(b \in B, a \in A)$ に対して $h(b \otimes a) = a \otimes b$ が成り立つも
のを構成できる. このとき, $\widetilde{f} \circ h = \mathrm{id}$, $h \circ \widetilde{f} = \mathrm{id}$ であり, $\widetilde{f}$,
h は同型写像である.

(3) 写像 $f : A \times (B \oplus B') \to (A \otimes_G B) \oplus (A \otimes_G B')$ を
$(a, (b, b')) \mapsto (a \otimes b, a \otimes b')$ で定めると, f は G 平衡写像で
あるので, f は加法群の準同型写像 $\widetilde{f} : A \otimes_G (B \oplus B') \to$
$(A \otimes_G B) \oplus (A \otimes_G B')$ を誘導する. 逆に, 写像 $h_1 : A \times B \to$
$A \otimes_G (B \oplus B')$ を $(a, b) \mapsto a \otimes (b, 0)$ で定めると, h_1 は加法群の
準同型写像 $\widetilde{h_1} : A \otimes_G B \to A \otimes_G (B \oplus B')$ を誘導し, 任意の $a \otimes b$
$(a \in A, b \in B)$ に対して, $\widetilde{h_1}(a \otimes b) = a \otimes (b, 0)$. 同様に, 任意の
$a \otimes b'$ $(a \in A, b' \in B)$ に対して $\widetilde{h_2}(a \otimes b') = a \otimes (0, b')$ を満たす,
加法群の準同型写像 $\widetilde{h_2} : A \otimes_G B' \to A \otimes_G (B \oplus B')$ を構成でき
る. このとき, 写像 $h : (A \otimes_G B) \oplus (A \otimes_G B') \to A \otimes_G (B \oplus B')$
を $(x, y) \mapsto \widetilde{h_1}(x) + \widetilde{h_2}(y)$ によって定めれば, h は加法群の準
同型写像で, $\widetilde{f} \circ h = \mathrm{id}$, $h \circ \widetilde{f} = \mathrm{id}$ であり, $\widetilde{f}, h$ は同型写像
である. □

次に, 2 つ以上の加群のテンソル積を考える際に必要となる
両側加群について解説する.

定義 1.29 (両側加群) G, H を群とし, M を左 G 加群かつ右
H 加群とする. 任意の $g \in G$, $h \in H$, および任意の $m \in M$
に対して,

$$(g \cdot m) \cdot h = g \cdot (m \cdot h)$$

が成り立つとき, すなわち G の M への左作用と H の M への右
作用が<u>可換</u>のとき, M を **(G, H) 両側加群** $((G, H)\text{-bimodule})$
という.

補題 1.30 (1) A を (G, H) 両側加群, B を左 H 加群とすると
き, $A \otimes_H B$ は G の A への左作用を考えることで左 G 加群に
なる.

(2) A を右 G 加群, B を (G, H) 両側加群とするとき, $A \otimes_G B$
は H の B への右作用を考えることで右 H 加群になる.

証明. (1) 任意の $g \in G$ に対して, 写像 $\mu_g : A \times B \to A \otimes_H B$

を $(a, b) \mapsto (g \cdot a) \otimes b$ で定めると，任意の $h \in H$ に対して，

$$\mu_g(a \cdot h, b) = (g \cdot (a \cdot h)) \otimes b = ((g \cdot a) \cdot h) \otimes b = (g \cdot a) \otimes (h \cdot b) = \mu_g(a, h \cdot b)$$

が成り立つので，μ_g は H 平衡写像である．よって，H 準同型写像 $\widetilde{\mu_g} : A \otimes_H B \to A \otimes_H B$ を誘導する．容易に分かるように，$\widetilde{\mu_{g^{-1}}} = \widetilde{\mu_g}^{-1}$ であるから，$\widetilde{\mu_g} \in \mathrm{Aut}(A \otimes_H B)$ である．さらに，任意の $g, g' \in G$，および任意の $a \in A$, $b \in B$ に対して，

$$\widetilde{\mu_{gg'}}(a \otimes b) = ((gg') \cdot a) \otimes b = (g \cdot (g' \cdot a)) \otimes b = \widetilde{\mu_g}(\widetilde{\mu_{g'}}(a \otimes b))$$

が成り立つので，写像 $\widetilde{\mu} : G \to \mathrm{Aut}(A \otimes_H B)$ を $g \mapsto \widetilde{\mu_g}$ で定めれば，$\widetilde{\mu}$ は群準同型写像である．したがって，$\widetilde{\mu}$ は G の $A \otimes_H B$ への左作用を定める．

(2) (1) と同様である．□

定理 1.31 A を右 G 加群，B を (G, H) 両側加群，C を左 H 加群とする．このとき，加法群としての同型

$$A \otimes_G (B \otimes_H C) \cong (A \otimes_G B) \otimes_H C$$

が成り立つ．つまり，テンソル積について結合法則が成り立つ.

証明. 任意の $a \in A$ に対して，写像 $f_a : B \times C \to (A \otimes_G B) \otimes_H C$ を $(b, c) \mapsto (a \otimes b) \otimes c$ によって定めると，f_a は H 平衡写像であるので，f_a は加法群の準同型写像 $\widetilde{f_a} : B \otimes_H C \to (A \otimes_G B) \otimes_H C$ を誘導する．さらに，写像 $\widetilde{f} : A \times (B \otimes_H C) \to (A \otimes_G B) \otimes_H C$ を

$$\left(a, \sum_{i=1}^{n} b_i \otimes c_i\right) \mapsto \widetilde{f_a}\left(\sum_{i=1}^{n} b_i \otimes c_i\right) = \sum_{i=1}^{n} (a \otimes b_i) \otimes c_i$$

によって定めると，$\widetilde{f}$ は G 平衡写像である．ゆえに，$\widetilde{f}$ は加法群の準同型写像 $\overline{f} : A \otimes_G (B \otimes_H C) \to (A \otimes_G B) \otimes_H C$ を誘導することが分かる．このとき，任意の $a \in A$, $b \in B$, $c \in C$ に対して，$\overline{f}(a \otimes (b \otimes c)) = (a \otimes b) \otimes c$ が成り立つ．同様にして，$\overline{f}$ の逆写像も構成できる．□

1.4 G 準同型写像のなす加群

M, N を G 加群とする．この節では，M から N への G 準同型写像全体のなす集合 $\mathrm{Hom}_G(M, N)$ の構造を調べる．これらは，主に G のコホモロジー群を定義，考察する際に用いる．まず，M から N への加法群としての準同型写像全体の集合を $\mathrm{Hom}_{\mathbb{Z}}(M, N)$ と置く．任意の $\varphi, \psi \in \mathrm{Hom}_{\mathbb{Z}}(M, N)$ に対して，φ と ψ の和を，N の加法を用いて，

$$(\varphi + \psi)(m) := \varphi(m) + \psi(m) \quad (m \in M)$$

と定義することで，$\mathrm{Hom}_{\mathbb{Z}}(M, N)$ は加法群になる．単位元は零写像である．さらに，任意の $g \in G$ と $\varphi \in \mathrm{Hom}_{\mathbb{Z}}(M, N)$ に対して，

$$(g \cdot \varphi)(m) := g \cdot \varphi(g^{-1} \cdot m) \quad (m \in M)$$

と定めると，$\mathrm{Hom}_{\mathbb{Z}}(M, N)$ は G 加群になる．実際，任意の $g, h \in G$，および任意の $\varphi, \psi \in \mathrm{Hom}_{\mathbb{Z}}(M, N)$ に対して，

$$\begin{aligned}
(g \cdot (\varphi + \psi))(m) &= g \cdot (\varphi + \psi)(g^{-1} \cdot m) \\
&= g \cdot \varphi(g^{-1} \cdot m) + g \cdot \psi(g^{-1} \cdot m) \\
&= (g \cdot \varphi + g \cdot \psi)(m) \quad (m \in M)
\end{aligned}$$

および，

$$\begin{aligned}
((gh) \cdot \varphi)(m) &= (gh) \cdot \varphi((gh)^{-1} \cdot m) = g \cdot (h \cdot \varphi(h^{-1} \cdot (g^{-1} \cdot m))) \\
&= g \cdot (h \cdot \varphi)(g^{-1} \cdot m) = (g \cdot (h \cdot \varphi))(m) \quad (m \in M)
\end{aligned}$$

が成り立つ．また，$1_G \cdot \varphi = \varphi$ は明らかである．

$\mathrm{Hom}_{\mathbb{Z}}(M, N)$ と $\mathrm{Hom}_G(M, N)$ の関係は以下の命題で示される．

命題 1.32 上の記号の下，$\mathrm{Hom}_G(M, N)$ は加法群 $\mathrm{Hom}_{\mathbb{Z}}(M, N)$ において，G 固定点全体のなす部分群に等しい．すなわち，

$$\mathrm{Hom}_G(M, N) = \{\varphi \in \mathrm{Hom}_{\mathbb{Z}}(M, N) \mid g \cdot \varphi = \varphi \ (g \in G)\}.$$

証明. 任意の $\varphi \in \mathrm{Hom}_G(M, N)$ に対して,

$$\varphi(g \cdot m) = g \cdot \varphi(m) \quad (g \in G, \ m \in M)$$

が成り立つ. したがって, 両辺に左から g^{-1} を作用させることで, $g^{-1} \cdot \varphi = \varphi$ となることが分かる. g は任意なので, g^{-1} を g に置き換えて, $g \cdot \varphi = \varphi$ を得る. 逆に, $\varphi \in \mathrm{Hom}_{\mathbb{Z}}(M, N)$ が任意の $g \in G$ に対してこの等式を満たせば, 逆の操作を行うことで, $\varphi \in \mathrm{Hom}_G(M, N)$ であることが分かる. □

　ここで, 頻繁に用いられる Hom_G の基本的な性質をまとめておく.

定理 1.33 M, M_λ, N, N_λ $(\lambda \in \Lambda)$ を G 加群とする. このとき, 加法群として以下の同型が成り立つ.

(1) $\mathrm{Hom}_G(\mathbb{Z}[G], M) \cong M$.
(2) $\mathrm{Hom}_G(\bigoplus_{\lambda \in \Lambda} M_\lambda, N) \cong \prod_{\lambda \in \Lambda} \mathrm{Hom}_G(M_\lambda, N)$.
(3) $\mathrm{Hom}_G(M, \bigoplus_{\lambda \in \Lambda} N_\lambda) \cong \bigoplus_{\lambda \in \Lambda} \mathrm{Hom}_G(M, N_\lambda)$.

証明. (1) まず, $\mathbb{Z}[G]$ は $\{1\}$ を基底とする G 自由加群であることに注意する. そこで, 写像 $\Phi : \mathrm{Hom}_G(\mathbb{Z}[G], M) \to M$ を $f \mapsto f(1)$ で定める. すると, Φ は加法群の準同型写像である. さらに, 任意の G 準同型写像 $f : \mathbb{Z}[G] \to M$ は基底 $\{1\}$ での値で一意的に決まるので, Φ は単射である. 一方, G 自由加群の普遍性により, 任意の $m \in M$ に対して $f(1) = m$ となるような G 準同型写像 $f : \mathbb{Z}[G] \to M$ が存在する. ゆえに, Φ は全射であり, 同型である.

　(2) 任意の $\mu \in \Lambda$ に対して, $\iota_\mu : M_\mu \to \bigoplus_{\lambda \in \Lambda} M_\lambda$ を μ 成分への自然な単射準同型写像とする. 写像 $\Phi : \mathrm{Hom}_G(\bigoplus_{\lambda \in \Lambda} M_\lambda, N) \to \prod_{\lambda \in \Lambda} \mathrm{Hom}_G(M_\lambda, N)$ を, $f \mapsto (f \circ \iota_\lambda)_{\lambda \in \Lambda}$ によって定めると, Φ は加法群の準同型写像である. また, $f \in \mathrm{Hom}_G(\bigoplus_{\lambda \in \Lambda} M_\lambda, N)$ に対して $\Phi(f) = (f \circ \iota_\lambda)_{\lambda \in \Lambda} = 0$ とすると, 任意の $\lambda \in \Lambda$ に対して $f \circ \iota_\lambda = 0$ であるから, $f = 0$ である. つまり, Φ は単射. 一方, 任意の $h = (h_\lambda)_{\lambda \in \Lambda} \in \prod_{\lambda \in \Lambda} \mathrm{Hom}_G(M_\lambda, N)$ に対して, $f : \bigoplus_{\lambda \in \Lambda} M_\lambda \to N$ を $(x_\lambda)_{\lambda \in \Lambda} \mapsto \sum_{\lambda \in \Lambda} h_\lambda(x_\lambda)$ で定める[35]. すると, f は G 準

35) ここで, f の定義域は直和を考えているので, $\sum_{\lambda \in \Lambda}$ は有限和であることに注意せよ.

同型写像であり，$\Phi(f) = h$ となるので Φ は全射である.

(3) 任意の $\mu \in \Lambda$ に対して，$p_\mu : \bigoplus_{\lambda \in \Lambda} N_\lambda \to N_\mu$ を μ 成分への自然な射影とする. このとき，写像 $\Phi :$ $\mathrm{Hom}_G(M, \bigoplus_{\lambda \in \Lambda} N_\lambda) \to \bigoplus_{\lambda \in \Lambda} \mathrm{Hom}_G(M, N_\lambda)$ を $f \mapsto (p_\lambda \circ f)_{\lambda \in \Lambda}$ によって定めると，Φ は加法群の準同型写像である. 一方，任意の $h = (h_\lambda)_{\lambda \in \Lambda} \in \bigoplus_{\lambda \in \Lambda} \mathrm{Hom}_G(M, N_\lambda)$ に対して，写像 $\Psi(h) : M \to \bigoplus_{\lambda \in \Lambda} N_\lambda$ を $m \mapsto (h_\lambda(m))_{\lambda \in \Lambda}$ によって定める. すると，$\Psi(h)$ は G 準同型写像であり，写像 $\Psi : \bigoplus_{\lambda \in \Lambda} \mathrm{Hom}_G(M, N_\lambda) \to \mathrm{Hom}_G(M, \bigoplus_{\lambda \in \Lambda} N_\lambda)$ を $h \mapsto \Psi(h)$ で定めると，Ψ は加法群の準同型写像である. このとき，$\Phi \circ \Psi = \mathrm{id}$ かつ $\Psi \circ \Phi = \mathrm{id}$ であるので，Φ と Ψ は同型写像である. □

補題 1.34 G, H を群とし，M を G 加群，N を (G, H) 加群とする.

(1) 任意の $f \in \mathrm{Hom}_G(N, M)$，および任意の $h \in H$ に対して，

$$(h \cdot f)(b) := f(b \cdot h) \quad (b \in B)$$

と定めることにより，$\mathrm{Hom}_G(N, M)$ は左 H 加群になる.

(2) 任意の $f \in \mathrm{Hom}_G(M, N)$，および任意の $h \in H$ に対して，

$$(f \cdot h)(a) := f(a) \cdot h \quad (a \in A)$$

と定めることにより，$\mathrm{Hom}_G(M, N)$ は右 H 加群になる.

証明. (1) 任意の $f, f' \in \mathrm{Hom}_G(N, M)$，および $h \in H$ に対して，

$$h \cdot (f + f') = h \cdot f + h \cdot f', \quad 1_H \cdot f = f$$

が成り立つことは明らか. また，任意の $h, h' \in H$，および任意の $f \in \mathrm{Hom}_G(N, M)$ に対して，

$$((hh') \cdot f)(b) = f(b \cdot (hh')) = f((b \cdot h) \cdot h') = (h' \cdot f)(b \cdot h)$$
$$= (h \cdot (h' \cdot f))(b) \quad (b \in B)$$

となるので，$(hh') \cdot f = h \cdot (h' \cdot f)$ が成り立つ. よって，

$\mathrm{Hom}_G(N, M)$ は左 H 加群である.

(2) (1) と同様である. $\square$

定理 1.35 G, H を群とし, L を G 加群, M を (G, H) 両側加群, N を H 加群とする. このとき, 加法群としての同型

$$\mathrm{Hom}_H(N, \mathrm{Hom}_G(M, L)) \cong \mathrm{Hom}_G(M \otimes_H N, L)$$

が成り立つ.

証明. 任意の $f \in \mathrm{Hom}_H(N, \mathrm{Hom}_G(M, L))$ をとる. このとき, 写像 $\overline{f} : M \times N \to L$ を $(m, n) \mapsto f(n)(m)$ で定めると, 任意の $h \in H$ に対して,

$$\overline{f}(m \cdot h, n) = f(n)(m \cdot h) = (h \cdot f(n))(m) = f(h \cdot n)(m)$$
$$= \overline{f}(m, h \cdot n)$$

が成り立つので, $\overline{f}$ は H 平衡写像である. したがって, 加法群の準同型写像 $\widetilde{f} : M \otimes_H N \to L$ を誘導する. さらに, 任意の $g \in G$ に対して,

$$\widetilde{f}(g \cdot (m \otimes n)) = \widetilde{f}((g \cdot m) \otimes n) = f(n)(g \cdot m) = g \cdot (f(n)(m))$$
$$= g \cdot \widetilde{f}(m \otimes n)$$

となるので, $\widetilde{f}$ は G 準同型写像である. そこで, 写像 $\Phi :$ $\mathrm{Hom}_H(N, \mathrm{Hom}_G(M, L)) \to \mathrm{Hom}_G(M \otimes_H N, L)$ を $f \mapsto \widetilde{f}$ によって定めると, Φ は加法群の準同型写像である.

一方, 任意の $q \in \mathrm{Hom}_G(M \otimes_H N, L)$ と任意の $n \in N$ に対して, 写像 $\widetilde{q}(n) : M \to L$ を $m \mapsto q(m \otimes n)$ によって定める. すると, $\widetilde{q}(n)$ は加法群の準同型写像であり, 任意の $g \in G$ に対して,

$$\widetilde{q}(n)(g \cdot m) = q((g \cdot m) \otimes n) = q(g \cdot (m \otimes n)) = g \cdot q(m \otimes n)$$
$$= g \cdot \widetilde{q}(n)(m)$$

となるので, $\widetilde{q}(n)$ は G 準同型写像である. ゆえに, 写像 $\widetilde{q} :$ $N \to \mathrm{Hom}_G(M, L)$ を $n \mapsto \widetilde{q}(n)$ によって定めることができる. すると, 任意の $h \in H$ に対して,

$$\widetilde{q}(h \cdot n)(m) = q(m \otimes (h \cdot n)) = q((m \cdot h) \otimes n) = \widetilde{q}(n)(m \cdot h)$$
$$= (h \cdot \widetilde{q}(n))(m) \quad (m \in M)$$

となり, $\widetilde{q}$ は H 準同型写像である. そこで, 写像 Ψ : $\mathrm{Hom}_G(M \otimes_H N, L) \to \mathrm{Hom}_H(N, \mathrm{Hom}_G(M, L))$ を $h \mapsto \widetilde{q}$ によって定めることができる. これは加法群の準同型写像である.

このとき, $\Phi \circ \Psi = \mathrm{id}$ かつ $\Psi \circ \Phi = \mathrm{id}$ であるので, Φ と Ψ は同型写像である. $\square$

1.5 ▶ 問題

問題 1.1 M が加法群であることと, M が $\mathbb{Z}$ 加群であることは同値であることを示せ.

解答. M が $\mathbb{Z}$ 加群であれば明らかに加法群である. 一方, M を加法群とすると, 任意の $m \in M$ と任意の $n \in \mathbb{Z}$ に対して,

$$n \cdot m := \begin{cases} m + m + \cdots + m, & n > 0, \\ 0, & n = 0, \\ -(m + m + \cdots + m), & n < 0 \end{cases}$$

と定める. ここで, 右辺は $|n|$ 個の和である. これにより M は $\mathbb{Z}$ 加群とみなせる. $\square$

問題 1.2 G を単位元 1_G だけからなる自明な群とする. このとき, M が G 加群であることと, M が $\mathbb{Z}$ 加群であるということは同値であることを示せ.

解答. M が G 加群であれば明らかに $\mathbb{Z}$ 加群である. そこで, M を $\mathbb{Z}$ 加群とする. このとき, $1_G \mapsto \mathrm{id}_M$ によって定まる自明な準同型写像 $G \to \mathrm{Aut}(M)$ を考えれば, M は G 加群とみなせる. $\square$

問題 1.3 $n \geq 2$ として, $M := \mathbb{Z}^n$ を考える. 任意の $\sigma \in \mathfrak{S}_n$

と $\boldsymbol{x} = {}^t(x_1, \ldots, x_n) \in M$ に対して，σ によって $\boldsymbol{x}$ の成分を入れ換える操作

$$\sigma \cdot \boldsymbol{x} := \begin{pmatrix} x_{\sigma^{-1}(1)} \\ \vdots \\ x_{\sigma^{-1}(n)} \end{pmatrix}$$

を考える.

(1) 上の定義により，n 次対称群 $\mathfrak{S}_n$ は M に作用することを示せ.

(2) $n \geq 3$ のとき，M は $\mathfrak{S}_n$ 自由加群ではないことを示せ.

(3) $\rho = (1\,2\,\cdots\,n) \in \mathfrak{S}_n$ なる長さ n の巡回置換を考える. ρ が $\mathfrak{S}_n$ において生成する部分群を C_n とすると，C_n は位数 n の巡回群である. $\mathfrak{S}_n$ の作用を C_n に制限することで，M は C_n 加群とみなせるが，このとき，M は C_n 自由加群であることを示せ.

解答. (1) 任意の $\sigma, \tau \in \mathfrak{S}_n$ と任意の $\boldsymbol{x} = {}^t(x_1, \ldots, x_n) \in M$ に対して，

$$\sigma \cdot (\tau \cdot \boldsymbol{x}) = \sigma \cdot \begin{pmatrix} x_{\tau^{-1}(1)} \\ \vdots \\ x_{\tau^{-1}(n)} \end{pmatrix}$$

である. そこで，$y_i := x_{\tau^{-1}(i)}$ $(1 \leq i \leq n)$ と置くと，$y_{\sigma^{-1}(i)} = x_{\tau^{-1}(\sigma^{-1}(i))}$ であるから，

$$\sigma \cdot (\tau \cdot \boldsymbol{x}) = \begin{pmatrix} x_{\tau^{-1}(\sigma^{-1}(1))} \\ \vdots \\ x_{\tau^{-1}(\sigma^{-1}(n))} \end{pmatrix} = (\sigma\tau) \cdot \boldsymbol{x}$$

となる. 作用の定義における他の条件が成り立つことは容易に示される.

(2) M が $\mathfrak{S}_n$ 自由加群だとすると，M は $\mathfrak{S}_n$ 加群として $\mathbb{Z}[\mathfrak{S}_n]$ のいくつかの直和に同型である. したがって，M は $\mathbb{Z}$ 加群としても $\mathbb{Z}[\mathfrak{S}_n]$ のいくつかの直和に同型である. ところが，$\mathbb{Z}$ 加群として $\mathbb{Z}[\mathfrak{S}_n]$ は $\mathbb{Z}$ の $n!$ 個の直和に同型であり，M は $\mathbb{Z}$ の n 個の直和に同型である. $n \geq 3$ のとき $n! > n$ であるから，

有限生成アーベル群の構造定理よりこれは不可能である.

(3) $\mathbb{Z}[C_n]$ の C_n 自由加群としての基底 $\{1\}$ を考えると, 対応 $1 \mapsto {}^t(1, 0, \cdots, 0)$ によって, C_n 準同型写像 $f : \mathbb{Z}[C_n] \to M$ が定義される. 特に,

$$f\Big(\sum_{i=1}^n a_i \rho^{i-1}\Big) = \sum_{i=1}^n a_i \boldsymbol{e}_i = \begin{pmatrix} a_1 \\ \vdots \\ a_n \end{pmatrix}$$

であるので, f が全単射であることが容易に分かる. ここで, $\boldsymbol{e}_i$ は i 番目の成分が 1 で, その他の成分が 0 である M の基本ベクトルである. よって, f は C_n 同型写像であり, M は階数 1 の C_n 自由加群である. □

問題 1.4 $M := \mathbb{Q}^3$ とし, 問題 1.3 と同様に成分の置換を考えることにより, M を $\mathfrak{S}_3$ 加群とみなす. M の部分集合

$$W_1 := \left\{ \begin{pmatrix} x \\ x \\ x \end{pmatrix} \,\middle|\, x \in \mathbb{Q} \right\}, \quad W_2 := \left\{ \begin{pmatrix} x \\ y \\ z \end{pmatrix} \,\middle|\, x, y, z \in \mathbb{Q}, \ x + y + z = 0 \right\}$$

を考える.
　(1) W_1, W_2 は M の $\mathfrak{S}_3$ 部分加群であることを示せ.
　(2) $M = W_1 \dot{\oplus} W_2$ であることを示せ.
　(3) $\mathfrak{S}_3$ 加群として M/W_1 と W_2 は同型であることを示せ.

解答. (1) W_1, W_2 が $\mathbb{Z}$ 加群として M の部分加群になることは明らか. さらに, 定義から $\mathfrak{S}_3$ が W_1 に自明に作用することも直ちに分かる. また, 任意の $\boldsymbol{x} = {}^t(x_1, x_2, x_3) \in W_2$ と $\sigma \in \mathfrak{S}_3$ に対して, $\sigma \cdot \boldsymbol{x} = {}^t(x_{\sigma^{-1}(1)}, x_{\sigma^{-1}(2)}, x_{\sigma^{-1}(3)})$ であり, $x_{\sigma^{-1}(1)} + x_{\sigma^{-1}(2)} + x_{\sigma^{-1}(3)} = x_1 + x_2 + x_3 = 0$ であるので, $\sigma \cdot \boldsymbol{x} \in W_2$ である. よって, W_2 は $\mathfrak{S}_3$ 部分加群である.

(2) (1) より, 任意の $\boldsymbol{x} \in M$ が W_1 と W_2 の元の和として一意的に書き表せることを示せばよい. すると簡単な計算により, 任意の ${}^t(x, y, z) \in M$ に対して,

$$\begin{pmatrix} x \\ y \\ z \end{pmatrix} = \frac{1}{3} \begin{pmatrix} x+y+z \\ x+y+z \\ x+y+z \end{pmatrix} + \frac{1}{3} \begin{pmatrix} 2x-y-z \\ -x+2y-z \\ -x-y+2z \end{pmatrix},$$

$\frac{1}{3} \begin{pmatrix} x+y+z \\ x+y+z \\ x+y+z \end{pmatrix} \in W_1, \frac{1}{3} \begin{pmatrix} 2x-y-z \\ -x+2y-z \\ -x-y+2z \end{pmatrix} \in W_2$ と一意的に書き

表せることが分かるので, M は W_1 と W_2 の内部直和である.

(3) (2) より明らかではあるが, 具体的な同型写像を構成することで示してみよう. $f : W_2 \to M/W_1$ を自然な包含写像 $W_2 \hookrightarrow M$ と自然な商写像 $M \to M/W_1$ の合成写像とする. すると, f は $\mathbb{Z}$ 加群としての準同型写像である. また, $\boldsymbol{x} = {}^t(x, y, z) \in W_2$ に対して $f(\boldsymbol{x}) = 0$ とすると, $\boldsymbol{x} \in W_1$ であるから, $x = y = z$ かつ $x+y+z = 0$ となり, $x = y = z = 0$ である. つまり, f は単射. また, 任意の $[{}^t(x, y, z)] \in M/W_1$ に対して,

$$\left[\begin{pmatrix} x \\ y \\ z \end{pmatrix} \right] = \left[\begin{pmatrix} x \\ y \\ z \end{pmatrix} \right] - \frac{1}{3} \left[\begin{pmatrix} x+y+z \\ x+y+z \\ x+y+z \end{pmatrix} \right]$$

$$= \frac{1}{3} \left[\begin{pmatrix} 2x-y-z \\ -x+2y-z \\ -x-y+2z \end{pmatrix} \right]$$

であるので, $f\left(\frac{1}{3} \begin{pmatrix} 2x-y-z \\ -x+2y-z \\ -x-y+2z \end{pmatrix} \right) = \left[\begin{pmatrix} x \\ y \\ z \end{pmatrix} \right]$ である.

よって, f は全射であり, したがって $\mathfrak{S}_3$ 同型写像である. □

問題 1.5 A, B を G 加群とする.

(1) 任意の $g \in G$ と $a \otimes b \in A \otimes_{\mathbb{Z}} B$ $(a \in A, b \in B)$ に対して,

$$g \cdot (a \otimes b) := (g \cdot a) \otimes (g \cdot b)$$

を満たす, G の $A \otimes_{\mathbb{Z}} B$ への作用が定まることを示せ.

(2) G 加群 $A \otimes_{\mathbb{Z}} B$ において,

$$S := \{(g \cdot a) \otimes (g \cdot b) - a \otimes b \mid g \in G, \ a \in A, \ b \in B\}$$

によって $\mathbb{Z}$ 加群として生成される部分加群を N と置く. この

とき, N は G 部分加群であることを示せ.

(3) $\mathbb{Z}$ 加群として $(A \otimes_{\mathbb{Z}} B)/N \cong A \otimes_G B$ であることを示せ.

解答. (1) 任意の $g \in G$ に対して, 写像 $\mu_g : A \times B \to A \otimes_{\mathbb{Z}} B$ を $(a, b) \mapsto (g \cdot a) \otimes (g \cdot b)$ によって定める. すると, μ_g は $\mathbb{Z}$ 双線形写像であるから, μ_g は $\mathbb{Z}$ 加群としての準同型写像 $\widetilde{\mu_g} : A \otimes_{\mathbb{Z}} B \to A \otimes_{\mathbb{Z}} B$ を誘導する. 明らかに, $\widetilde{\mu_{g^{-1}}} = (\widetilde{\mu_g})^{-1}$ であるから, $\widetilde{\mu_g}$ は同型写像である. これより, 群準同型写像 $\widetilde{\mu} : G \to \mathrm{Aut}(A \otimes_{\mathbb{Z}} B), g \mapsto \widetilde{\mu_g}$ が誘導される. したがって, 題意の条件を満たす G の作用が定まる.

(2) 任意の $h \in G$ と $s \in S$ に対して, $h \cdot s \in N$ であることを示せばよい. そこで, $s = (g \cdot a) \otimes (g \cdot b) - a \otimes b$ ($g \in G, a \in A, b \in B$) とすると,

$$h \cdot s = (hg \cdot a) \otimes (hg \cdot b) - (h \cdot a) \otimes (h \cdot b)$$
$$= (hg \cdot a) \otimes (hg \cdot b) - a \otimes b - \{(h \cdot a) \otimes (h \cdot b) - a \otimes b\} \in N$$

となるので明らか.

(3) $A \otimes_G B$ は $A \otimes_{\mathbb{Z}} B$ の剰余加群であるから, 自然な写像 $\varphi : A \otimes_{\mathbb{Z}} B \to A \otimes_G B$ が存在する. さらに, 任意の $s = (g \cdot a) \otimes (g \cdot b) - a \otimes b \in S$ に対して,

$$\varphi(s) = (g \cdot a) \otimes (g \cdot b) - a \otimes b = (a \cdot g^{-1}) \otimes (g \cdot b) - a \otimes b$$
$$= a \otimes (g^{-1} \cdot (g \cdot b)) - a \otimes b = 0$$

となるので, φ は準同型写像 $\widetilde{\varphi} : (A \otimes_{\mathbb{Z}} B)/N \to A \otimes_G B$ を誘導する.

一方, $\psi : A \times B \to (A \otimes_{\mathbb{Z}} B)/N$ を $(a, b) \mapsto [a \otimes b]$ によって定まる準同型写像とすると, ψ は $\mathbb{Z}$ 双線形写像であり, 任意の $g \in G$ に対して,

$$\psi(a \cdot g, b) = [(a \cdot g) \otimes b] = [(g^{-1} \cdot a) \otimes b]$$
$$= [a \otimes (g \cdot b)] = \psi(a, g \cdot b)$$

となるので, ψ は G 平衡写像である. よって, $\mathbb{Z}$ 加群としての準同型写像 $\widetilde{\psi} : A \otimes_G B \to (A \otimes_{\mathbb{Z}} B)/N$ が誘導される. このとき, $\widetilde{\varphi}, \widetilde{\psi}$ が互いに他の逆写像であるので, $\widetilde{\varphi}$ は同型写像である.

問題 1.6 $n \geq 2$ に対して，$V := \mathbb{Z}^n$ とし，行列の左乗法により M を $\mathrm{GL}(n, \mathbb{Z})$ 加群とみなす．V の $\mathbb{Z}$ 双対加群を $V^* := \mathrm{Hom}_{\mathbb{Z}}(V, \mathbb{Z})$ と置き，自然に $\mathrm{GL}(n, \mathbb{Z})$ 加群とみなす．すなわち，任意の $A \in \mathrm{GL}(n, \mathbb{Z})$ と任意の $\varphi \in V^*$ に対して，

$$(A \cdot \varphi)(\boldsymbol{x}) := \varphi(A^{-1}\boldsymbol{x}) \quad (\boldsymbol{x} \in V)$$

である．

(1) $\boldsymbol{e}_1, \ldots, \boldsymbol{e}_n$ を V の標準基底とし，$\boldsymbol{e}_1^*, \ldots, \boldsymbol{e}_n^*$ を $\boldsymbol{e}_1, \ldots, \boldsymbol{e}_n$ の双対基底とする．このとき，任意の $A \in \mathrm{GL}(n, \mathbb{Z})$ に対して，A の V^* への作用によって定まる $\mathbb{Z}$ 線形写像を $\Phi_A : V^* \to V^*$；$\varphi \mapsto A \cdot \varphi$ と置く．このとき，Φ_A の基底 $\boldsymbol{e}_1^*, \ldots, \boldsymbol{e}_n^*$ に関する表現行列は ${}^t(A^{-1})$ となることを示せ．

(2) V^* と V は $\mathrm{GL}(n, \mathbb{Z})$ 加群として同型ではないことを示せ．

解答. (1) $A^{-1} = (a'_{ij})$ と置く．簡単な計算から，任意の $1 \leq i \leq n$ に対して

$$(A \cdot \boldsymbol{e}_i^*)(\boldsymbol{e}_l) = \boldsymbol{e}_i^*(A^{-1}\boldsymbol{e}_l) = a'_{il} \quad (1 \leq l \leq n)$$

となることが分かるので，

$$A \cdot \boldsymbol{e}_i^* = a'_{i1}\boldsymbol{e}_1^* + a'_{i2}\boldsymbol{e}_2^* + \cdots + a'_{in}\boldsymbol{e}_n^* \quad (1 \leq i \leq n)$$

である．これより求める結果を得る．

(2) $\mathrm{GL}(n, \mathbb{Z})$ 同型写像 $f : V \to V^*$ が存在したとして矛盾を導く．V の基底 $\boldsymbol{e}_1, \ldots, \boldsymbol{e}_n$ と V^* の基底 $\boldsymbol{e}_1^*, \ldots, \boldsymbol{e}_n^*$ に関する f の表現行列を B とする．このとき，以下の可換図式が成り立つ．

$$
\begin{array}{ccc}
V & \xrightarrow{\ f\ } & V^* \\
\| & & \downarrow{\scriptstyle \cong} \\
\mathbb{Z}^n & \xrightarrow{\ f_B\ } & \mathbb{Z}^n
\end{array}
$$

ここで，$f_B : \mathbb{Z}^n \to \mathbb{Z}^n$ は $\boldsymbol{x} \mapsto B\boldsymbol{x}$ で与えられる $\mathbb{Z}$ 線形同型写像である．今，f が $\mathrm{GL}(n, \mathbb{Z})$ 同型写像であるので，f_B も $\mathrm{GL}(n, \mathbb{Z})$ 同型写像であり，任意の $A \in \mathrm{GL}(n, \mathbb{Z})$ と $\boldsymbol{x} \in \mathbb{Z}^n$ に対

して $f_B(A\boldsymbol{x}) = {}^t(A^{-1}) \cdot f_B(\boldsymbol{x})$, すなわち, $BA\boldsymbol{x} = {}^t(A^{-1})B\boldsymbol{x}$ が成り立つ. $\boldsymbol{x}$ の任意性から, $BA = {}^t(A^{-1})B$ となる. ところが, 任意の $A \in \mathrm{GL}(n, \mathbb{Z})$ に対して, このような等式を満たす行列 B は存在しない[36]. 実際, 行列のトレースに注目すると, $\mathrm{Tr}({}^t(A^{-1})) = \mathrm{Tr}(BAB^{-1}) = \mathrm{Tr}(A)$ となるが, 例えば

$$A = \begin{pmatrix} \begin{array}{cc|c} 1 & 2 & \\ 2 & 3 & O \\ \hline & O & E_{n-2} \end{array} \end{pmatrix} \in \mathrm{GL}(n, \mathbb{Z})$$

なる元を考えれば, この等式は成り立たない. したがって, 矛盾である. □

[36] 直接の計算により, 次のように示すこともできる. $1 \le i \ne j \le n$ に対して, (i, j) 成分と対角成分が 1 で他の成分が 0 である行列を E_{ij} とするとき, 例えば, A として E_{ij} や, 単位行列 E_n の 2 つの列を入れ換えた行列などで計算すると, B がスカラー行列 $\pm E_n$ でなければならないことが分かり, 矛盾が導かれる.

2 ▶ 群の（コ）ホモロジー

　本章の目標は，与えられた群 G に対して G の自由分解と呼ばれるチェイン複体を構成し，それを用いて G の（コ）ホモロジー群を定義すること，およびその定義が well-defined であることを確かめることにある．いずれも，ホモロジー群について先に解説し，そのあとにコホモロジー群について解説する．議論自体はほぼ平行して進むものであるが，一度に両者を理解しながら進めるのは大変かもしれないので，初学者はまずホモロジー群，もしくはコホモロジー群の部分のみに限定して読み進め，技術的にどのような議論を行うかを把握してから，もう一方の項目を読むと比較的スムーズに理解できるのではないかと思う．

2.1 群の自由分解と（コ）ホモロジー群の定義

　まず，自由分解を定義する前に，環上の加群の完全系列や（コ）チェイン複体に関して簡単に復習しておこう．そのあとに群の（コ）ホモロジー群について解説する．以下，この節では R を環とする[1]．

定義 2.1（完全系列）L, M, N を R 加群とし，

$$L \xrightarrow{\varphi} M \xrightarrow{\psi} N$$

を R 準同型写像のなす系列とする．

$$\mathrm{Im}(\varphi) = \mathrm{Ker}(\psi)$$

[1] 可換環でなくてもよい．主に考察するのは，$R = \mathbb{Z}$, または群 G の群環 $\mathbb{Z}[G]$ の場合であるので，最初からこの場合だと思っても差し支えない．つまり，$R = \mathbb{Z}$ のとき，R 加群とは通常の加法群のことであり，R 準同型写像とは通常の加法群としての準同型写像である．また，$R = \mathbb{Z}[G]$ のとき，R 加群とは G 加群のことであり，R 準同型写像とは G 準同型写像のことに他ならない．

が成り立つとき, これを R 加群の**完全系列** (exact sequence) という.

定義 2.2 ((コ) チェイン複体) 各 $p \geq 0$ に対して R 加群 C_p と, 各 $p \geq 1$ に対して R 準同型写像 $\partial_p : C_p \to C_{p-1}$ が与えられており, 以下の系列を考える.

$$\cdots \to C_p \xrightarrow{\partial_p} C_{p-1} \to \cdots \to C_1 \xrightarrow{\partial_1} C_0 \xrightarrow{\partial_0} 0. \qquad (2.1)$$

ここで, ∂_0 は零写像である. 任意の $p \geq 0$ に対して

$$\mathrm{Im}(\partial_{p+1}) \subset \mathrm{Ker}(\partial_p)$$

が成り立つとき, (2.1) を R 加群の**チェイン複体** (chain complex) といい, $\mathcal{C}_* = \{C_p, \partial_p\}_{p \geq 0}$ と表す.

一方, 各 $p \geq 0$ に対して R 加群 C^p と, 各 $p \geq 1$ に対して R 準同型写像 $\partial^p : C^p \to C^{p+1}$ が与えられており, 以下の系列を考える.

$$0 \to C^0 \xrightarrow{\partial^0} C^1 \to \cdots \to C^p \xrightarrow{\partial^p} C^{p+1} \to \cdots \qquad (2.2)$$

任意の $p \geq 0$ に対して

$$\mathrm{Im}(\partial^p) \subset \mathrm{Ker}(\partial^{p+1})$$

が成り立つとき, (2.2) を R 加群の**コチェイン複体** (cochain complex) といい, $\mathcal{C}^* = \{C^p, \partial^p\}_{p \geq 0}$ と表す.

定義 2.3 ((コ) ホモロジー群) $\mathcal{C}_* = \{C_p, \partial_p\}_{p \geq 0}$ を R 加群のチェイン複体とする. このとき, 各 $p \geq 0$ に対して,

$$H_p(\mathcal{C}_*) := \mathrm{Ker}(\partial_p)/\mathrm{Im}(\partial_{p+1})$$

をチェイン複体 $\mathcal{C}$ の **p 次元ホモロジー群** (p-th homology group) という[2]. $\mathrm{Ker}(\partial_p)$, $\mathrm{Im}(\partial_{p+1})$ の元をそれぞれ, **p-サイクル** (p-cycle), **p-バウンダリー** (p-boundary) という.

一方, $\mathcal{C}^* = \{C^p, \partial^p\}_{p \geq 0}$ を R 加群のコチェイン複体とする. このとき, 各 $p \geq 0$ に対して,

[2] 分野によっては, 「p 次ホモロジー群」ということもある. 以下のコホモロジーについても同様である.

$$H^p(\mathcal{C}^*) := \mathrm{Ker}(\partial^p)/\mathrm{Im}(\partial^{p-1})$$

をコチェイン複体 $\mathcal{C}$ の **p 次元コホモロジー群** (p-th cohomology group) という．ただし，$p = 0$ のとき，$\partial^{-1} = 0$ とみなす[3]．$\mathrm{Ker}(\partial^p)$, $\mathrm{Im}(\partial^{p-1})$ の元をそれぞれ，p-**コサイクル** (p-cocycle)，p-**コバウンダリー** (p-coboundary) という．

3) $H_p(\mathcal{C}_*)$, $H^p(\mathcal{C}^*)$ はそれぞれ，$\mathcal{C}_*$, $\mathcal{C}^*$ が完全系列からどれくらいずれているかを示す量である．

さて，$\mathcal{C}_* = \{C_p, \partial_p\}_{p \geq 0}$ を R 加群のチェイン複体，M を右 R 加群とし，各 $p \geq 0$ に対して加法群 $M \otimes_R C_p$ を考える．写像 $\mathrm{id}_M \times \partial_p : M \times C_p \to M \otimes_R C_{p-1}$ を $(m, x) \mapsto m \otimes \partial_p(x)$ で定めると，$\mathrm{id}_M \times \partial_p$ は R 平衡写像であるから，加法群の準同型写像 $\mathrm{id}_M \otimes \partial_p : M \otimes_R C_p \to M \otimes_R C_{p-1}$ を誘導する．すると，加法群のチェイン複体

$$\cdots \to M \otimes_R C_p \xrightarrow{\mathrm{id}_M \otimes \partial_p} M \otimes_R C_{p-1} \to \cdots$$
$$\to M \otimes_R C_1 \xrightarrow{\mathrm{id}_M \otimes \partial_1} M \otimes_R C_0 \to 0 \tag{2.3}$$

が得られる．ここで，

$$(\mathrm{id}_M \otimes \partial_{p-1}) \circ (\mathrm{id}_M \otimes \partial_p) = \mathrm{id}_M \otimes (\partial_{p-1} \circ \partial_p) = 0$$

に注意せよ．このチェイン複体を $M \otimes_R \mathcal{C}_*$ と表す．

一方，N を左 R 加群とし，各 $p \geq 0$ に対して C_p から N への R 準同型写像全体のなす加法群を $\mathrm{Hom}_R(C_p, N)$ と置く．このとき，写像 $\delta^p : \mathrm{Hom}_R(C_p, N) \to \mathrm{Hom}_R(C_{p+1}, N)$ を $f \mapsto f \circ \partial_{p+1}$ によって定めると，各 δ_p は加法群の準同型写像であり，

$$0 \to \mathrm{Hom}_R(C_0, N) \xrightarrow{\delta^0} \mathrm{Hom}_R(C_1, N) \to \cdots$$
$$\to \mathrm{Hom}_R(C_p, N) \xrightarrow{\delta^p} \mathrm{Hom}_R(C_{p+1}, N) \to \cdots \tag{2.4}$$

は加法群のコチェイン複体である．ここで，任意の $f \in \mathrm{Hom}_R(C_p, N)$ に対して，

$$(\delta^{p+1} \circ \delta^p)(f) = (f \circ \partial_{p+1}) \circ \partial_{p+2} = f \circ (\partial_{p+1} \circ \partial_{p+2}) = 0$$

であるから，$\delta^{p+1} \circ \delta^p = 0$ であることに注意せよ．このコチェ

2.1 群の自由分解と（コ）ホモロジー群の定義 ◀ *033*

イン複体を $\mathrm{Hom}_G(\mathcal{C}_*, M)$ と表す.

定理 2.4 上の記号を踏襲する. チェイン複体 $\mathcal{C}^* = \{C^p, \partial^p\}_{p \geq 0}$ が完全系列のとき,

(1) (2.3) において,

$$M \otimes_R C_2 \xrightarrow{\mathrm{id}_M \otimes \partial_2} M \otimes_R C_1 \xrightarrow{\mathrm{id}_M \otimes \partial_1} M \otimes_R C_0 \to 0$$

は完全系列である[4].

(2) (2.4) において,

$$0 \to \mathrm{Hom}_R(C_0, N) \xrightarrow{\delta^0} \mathrm{Hom}_R(C_1, N) \xrightarrow{\delta^1} \mathrm{Hom}_R(C_2, N)$$

は完全系列である[5].

証明. (1) まず, $\mathrm{id}_M \otimes \partial_1$ が全射であることを示す. 任意の $m \in M$, および任意の $x_0 \in C_0$ に対して, $\partial_1 : C_1 \to C_0$ は全射であるので, ある $x_1 \in C_1$ が存在して, $\partial_1(x_1) = x_0$ となる. ゆえに,

$$(\mathrm{id}_M \otimes \partial_1)(m \otimes x_1) = m \otimes x_0.$$

$M \otimes_R C_0$ は $m \otimes x_0$ なる形の元で生成されるので, $\mathrm{id}_M \otimes \partial_1$ は全射である.

次に, $\mathrm{Im}(\mathrm{id}_M \otimes \partial_2) = \mathrm{Ker}(\mathrm{id}_M \otimes \partial_1)$ を示す. 今, $\mathrm{Im}(\mathrm{id}_M \otimes \partial_2) \subset \mathrm{Ker}(\mathrm{id}_M \otimes \partial_1)$ であるから, $\mathrm{id}_M \otimes \partial_1$ は加法群としての準同型写像

$$\Phi := \overline{\mathrm{id}_M \otimes \partial_1} : (M \otimes_R C_1)/\mathrm{Im}(\mathrm{id}_M \otimes \partial_2) \to M \otimes_R C_0$$

を誘導する. 一方, $\Psi' : M \times C_0 \to (M \otimes_R C_1)/\mathrm{Im}(\mathrm{id}_M \otimes \partial_2)$ を

$$(m, x_0) \mapsto [m \otimes x_1] \quad (\partial_1(x_1) = x_0)$$

によって定める. ここで, $[m \otimes x_1]$ は $m \otimes x_1$ が属する剰余類を表す. すると, これは well-defined である. 実際, $x_1' \in C_1$ を $\partial_1(x_1') = x_0$ を満たす元とすると, $x_1' - x_1 \in \mathrm{Ker}(\partial_1) = \mathrm{Im}(\partial_2)$ であるから, ある $x_2 \in C_2$ が存在して, $x_1' - x_1 = \partial_2(x_2)$ と書ける. よって,

$$[m \otimes x_1'] = [m \otimes (x_1 + \partial_2(x_2))] = [m \otimes x_1] + [m \otimes \partial_2(x_2)] = [m \otimes x_1]$$

となる．また，Ψ' は明らかに R 平衡写像であるから，Ψ' は加法群の準同型写像 $\Psi : M \otimes_R C_0 \to (M \otimes_R C_1)/\mathrm{Im}(\mathrm{id}_M \otimes \partial_2)$ を誘導する．このとき，$\Phi \circ \Psi = \mathrm{id}$ かつ $\Psi \circ \Phi = \mathrm{id}$ であるので，Φ と Ψ は同型写像である．ゆえに，

$$(M \otimes_R C_1)/\mathrm{Im}(\mathrm{id}_M \otimes \partial_2) \cong M \otimes_R C_0 \cong (M \otimes_R C_1)/\mathrm{Ker}(\mathrm{id}_M \otimes \partial_1)$$

となるが，$\mathrm{Im}(\mathrm{id}_M \otimes \partial_2) \subset \mathrm{Ker}(\mathrm{id}_M \otimes \partial_1)$ であるので，この同型が成り立つためには，$\mathrm{Im}(\mathrm{id}_M \otimes \partial_2) = \mathrm{Ker}(\mathrm{id}_M \otimes \partial_1)$ とならなければならない．

(2) まず，δ^0 が単射であることを示す．そこで，$f \in \mathrm{Ker}(\delta^0)$ とすると，$f \circ \partial_1 = 0$ である．ところが，$\partial_1 : C_1 \to C_0$ は全射であるから，f は C_0 上零写像である．よって，$f = 0$.

次に，$\mathrm{Im}(\delta^0) = \mathrm{Ker}(\delta^1)$ を示す．$\supset$ の包含関係を示せばよい．任意の $f \in \mathrm{Ker}(\delta^1)$ に対して，$f \circ \partial_2 = 0$ であるので，$f : C_1 \to N$ は R 準同型写像 $\overline{f} : C_1/\mathrm{Im}(\partial_2) \to N$ を誘導する．ここで，$\mathrm{Im}(\partial_2) = \mathrm{Ker}(\partial_1)$ であるから，$\partial_1 : C_1 \to C_0$ は同型写像 $\overline{\partial_1} : C_1/\mathrm{Im}(\partial_2) \to C_0$ を誘導する．このとき，$\widetilde{f} := \overline{f} \circ \overline{\partial_1}^{-1} : C_0 \to N$ と置くと，$f = \delta^0(\widetilde{f}) \in \mathrm{Im}(\delta^0)$ である．□

さて，いよいよ群の（コ）ホモロジーの定義に入ろう．以下，G を群とする．また，特に断らないかぎり，$\mathbb{Z}$ を G 自明加群とみなす．

定義 2.5（自由分解） 各 $p \geq 0$ に対して，G 自由加群 C_p，および各 $p \geq 1$ に対して G 準同型写像 $\partial_p : C_p \to C_{p-1}$ が与えられているとする．さらに，G 準同型写像 $\varepsilon : C_0 \to \mathbb{Z}$ が与えられ，

$$\cdots \to C_p \xrightarrow{\partial_p} C_{p-1} \to \cdots \to C_1 \xrightarrow{\partial_1} C_0 \xrightarrow{\varepsilon} \mathbb{Z} \to 0 \quad (2.5)$$

が G 加群の <u>完全系列</u> とする．このとき，この系列を G の $\mathbb{Z}$ 上の **自由分解** (free resolution) といい $\mathcal{C}_* := \{C_p, \partial_p, \varepsilon\}$ と表す．また，$\varepsilon : C_0 \to \mathbb{Z}$ を **添加写像** (augmentation map) といい，各 ∂_p を **境界準同型写像** (boundary map)，または **境界作用素**

(boundary operator) という[6].

定義 2.6（群の（コ）ホモロジー群）M を G 加群とする. G の $\mathbb{Z}$ 上の自由分解 (2.5) を利用して，加法群とその準同型写像からなるチェイン複体

$$\cdots \to M \otimes_G C_p \xrightarrow{\mathrm{id}_M \otimes \partial_p} M \otimes_G C_{p-1} \to \cdots$$
$$\to \underline{M \otimes_G C_1 \xrightarrow{\mathrm{id}_M \otimes \partial_1} M \otimes_G C_0 \xrightarrow{\mathrm{id}_M \otimes \varepsilon} M \otimes_R \mathbb{Z} \to 0} \tag{2.6}$$

を考える. すると，下線部分は定理 2.4 の (1) より完全系列であるので，右側の部分を切り捨てて，

$$\cdots \to M \otimes_G C_p \xrightarrow{\mathrm{id}_M \otimes \partial_p} M \otimes_G C_{p-1} \to \cdots$$
$$\to M \otimes_G C_1 \xrightarrow{\mathrm{id}_M \otimes \partial_1} M \otimes_G C_0 \tag{2.7}$$

なる形に変形する. 各 $p \geq 0$ に対して，

$$H_p(G, M) := \begin{cases} M \otimes_G C_0/\mathrm{Im}(\mathrm{id}_M \otimes \partial_1), & p = 0 \\ \mathrm{Ker}(\mathrm{id}_M \otimes \partial_p)/\mathrm{Im}(\mathrm{id}_M \otimes \partial_{p+1}), & p \geq 1 \end{cases}$$

と定める. この $H_p(G, M)$ を G の M 係数 p 次元ホモロジー群 (p-th homology group of G with coefficients in M) という[7].

一方，自由分解 (2.5) を利用して，加法群とその準同型写像からなるコチェイン複体

$$\underline{0 \to \mathrm{Hom}_G(\mathbb{Z}, M) \xrightarrow{\varepsilon^*} \mathrm{Hom}_G(C_0, M) \xrightarrow{\delta^0} \mathrm{Hom}_G(C_1, M) \to \cdots}$$
$$\cdots \to \mathrm{Hom}_G(C_p, M) \xrightarrow{\delta^p} \mathrm{Hom}_G(C_{p+1}, M) \to \cdots \tag{2.8}$$

を考える. すると，下線部分は定理 2.4 の (2) より完全系列であるので，左側の部分を切り捨てて

$$\mathrm{Hom}_G(C_0, M) \xrightarrow{\delta^0} \mathrm{Hom}_G(C_1, M) \to \cdots\cdots$$
$$\to \mathrm{Hom}_G(C_p, M) \xrightarrow{\delta^p} \mathrm{Hom}_G(C_{p+1}, M) \to \cdots \tag{2.9}$$

なる形に変形する．各 $p \geq 0$ に対して，

$$H^p(G, M) := \begin{cases} \mathrm{Ker}(\delta^0), & p = 0 \\ \mathrm{Ker}(\delta_p)/\mathrm{Im}(\delta_{p-1}), & p \geq 1 \end{cases}$$

と定める．この $H^p(G, M)$ を G の M 係数 p 次元コホモロジー群 (p-th cohomology group of G with coefficients in M) という[8]．

群 G の（コ）ホモロジー群を定義するために，G の自由分解を用いたが[9]，このような自由分解が存在すること，および，どのような自由分解を用いても（コ）ホモロジー群が同型を除いて矛盾なく整合的に定義されることは次の節で示すことにする．ここでは，簡単に分かる性質をいくつか解説する．まず，0次元（コ）ホモロジー群がどのように表されるかを見てみよう．一般に，M を G 加群とするとき，

$$M_G := M/DM,$$
$$M^G := \{ m \in M \mid g \cdot m = m \ (g \in G) \}$$

と置く[10]．

定理 2.7 M を G 加群とするとき，以下が成り立つ．

(1) $H_0(G, M) \cong M_G$.

(2) $H^0(G, M) \cong M^G$.

証明． (1) チェイン複体 (2.6) を考えると，

$$H_0(G, M) = (M \otimes_G C_0)/\mathrm{Im}(\mathrm{id}_M \otimes \partial_1)$$
$$= (M \otimes_G C_0)/\mathrm{Ker}(\mathrm{id} \otimes \varepsilon) \cong M \otimes_G \mathbb{Z}$$

である．そこで，$M \otimes_G \mathbb{Z} \cong M_G$ となることを示そう．まず，写像 $\Phi' : M \times \mathbb{Z} \to M_G$ を $(m, n) \mapsto n[m]$ によって定める．ここで，$[m]$ は m が属する剰余類を表す．すると，任意の $g \in G$ に対して，

$$\Phi'(m \cdot g, n) = n[m \cdot g] = n[g^{-1} \cdot m] = n([m] + [g^{-1} \cdot m - m])$$
$$= n[m] = \Phi'(m, n) = \Phi'(m, g \cdot n)$$

[8] $H^p(G, M)$ は系列 (2.9) が完全系列からどれだけ離れているかを示す量である．

[9] 実は，自由分解である必要はなく射影分解でよいのであるが，ここでは割愛する．

[10] M_G については例 1.10 で定義しているが，これは G の作用で写り合う M の元を同一視して得られる M の剰余加群である．M^G は G の作用で固定される M の元全体のなす M の部分加群である．

となるので Φ' は G 平衡写像である．よって，加法群の準同型写像 $\Phi : M \otimes_G \mathbb{Z} \to M_G$ を誘導する．

一方，写像 $\Psi' : M \to M \otimes_G \mathbb{Z}$ を $m \mapsto m \otimes 1$ で定めると，任意の $g \in G$ と $m \in M$ に対して，

$$\begin{aligned}
\Psi'(g \cdot m - m) &= (g \cdot m - m) \otimes 1 = (g \cdot m) \otimes 1 - m \otimes 1 \\
&= (m \cdot g^{-1}) \otimes 1 - m \otimes 1 \\
&= m \otimes (g^{-1} \cdot 1) - m \otimes 1 = m \otimes 1 - m \otimes 1 = 0
\end{aligned}$$

となるので，Ψ' は加法群の準同型写像 $\Psi : M_G \to M \otimes_G \mathbb{Z}$ を誘導する．このとき，$\Phi \circ \Psi = \mathrm{id}$ かつ $\Psi \circ \Phi = \mathrm{id}$ であるので，Φ と Ψ は同型写像である．

(2) コチェイン複体 (2.8) を考えると，ε^* は単射であるので，

$$H^0(G, M) = \mathrm{Ker}(\delta^0) = \mathrm{Im}(\varepsilon^*) \cong \mathrm{Hom}_G(\mathbb{Z}, M)$$

である．そこで，$\mathrm{Hom}_G(\mathbb{Z}, M) \cong M^G$ を示せばよい．まず，任意の $f \in \mathrm{Hom}_G(\mathbb{Z}, M)$ に対して，$g \cdot f(1) = f(g \cdot 1) = f(1)$ であるから，$f(1) \in M^G$ である．そこで，写像 $\Phi : \mathrm{Hom}_G(\mathbb{Z}, M) \to M^G$ を $f \mapsto f(1)$ によって定めると，Φ は加法群の準同型写像である．一方，任意の $m \in M^G$ に対して，写像 $f_m : \mathbb{Z} \to M$ を $n \mapsto nm$ によって定めると，任意の $g \in G$ に対して，

$$g \cdot (f_m(n)) = g \cdot (nm) = n(g \cdot m) = nm = f_m(g \cdot n)$$

であるので，$f_m \in \mathrm{Hom}_G(\mathbb{Z}, M)$．したがって，加法群の準同型写像 $\Psi : M^G \to \mathrm{Hom}_G(\mathbb{Z}, M)$ が $m \mapsto f_m$ によって定義できる．このとき，$\Phi \circ \Psi = \mathrm{id}$ かつ $\Psi \circ \Phi = \mathrm{id}$ であるので，Φ と Ψ は同型写像である．□

次に，G 加群の直和を係数とする（コ）ホモロジー群について考える．そのために，（コ）チェイン写像の一般論について簡単にまとめておく．

定義 2.8（（コ）チェイン写像）$\mathcal{C}_* = \{C_p, \partial_p\}_{p \geq 0}$，$\mathcal{C}'_* = \{C'_p, \partial'_p\}_{p \geq 0}$ を R 加群のチェイン複体とする．また，各 $p \geq 0$ に対して，R 準同型写像 $\varphi_p : C_p \to C'_p$ であって，以下の図式

が可換となるものが与えられているとする.

$$\cdots \longrightarrow C_p \xrightarrow{\partial_p} C_{p-1} \longrightarrow \cdots \longrightarrow C_1 \xrightarrow{\partial_1} C_0 \xrightarrow{\partial_0} 0$$
$$\varphi_p \downarrow \qquad \varphi_{p-1} \downarrow \qquad\qquad \varphi_1 \downarrow \qquad \varphi_0 \downarrow$$
$$\cdots \longrightarrow C'_p \xrightarrow{\partial'_p} C'_{p-1} \longrightarrow \cdots \longrightarrow C'_1 \xrightarrow{\partial'_1} C'_0 \xrightarrow{\partial'_0} 0$$

このとき, $\varphi_* := \{\varphi_p\}_{p \geq 0}$ を $\mathcal{C}_*$ から $\mathcal{C}'_*$ への**チェイン写像** (chain map) といい, $\varphi_* : \mathcal{C}_* \to \mathcal{C}'_*$ と表す.

一方, $\mathcal{C}^* = \{C^p, \partial^p\}_{p \geq 0}$, $\overline{\mathcal{C}}^* = \{\overline{C}^p, \overline{\partial}^p\}_{p \geq 0}$ を R 加群のコチェイン複体とする. 各 $p \geq 0$ に対して, R 準同型写像 $\varphi^p : C^p \to \overline{C}^p$ であって, 以下の図式が可換となるものが与えられているとする.

$$0 \longrightarrow C^0 \xrightarrow{\partial^0} C^1 \xrightarrow{\partial^1} \cdots \longrightarrow C^p \xrightarrow{\partial^p} C^{p+1} \xrightarrow{\partial^{p+1}} \cdots$$
$$\varphi^0 \downarrow \qquad \varphi^1 \downarrow \qquad\qquad \varphi^p \downarrow \qquad \varphi^{p+1} \downarrow$$
$$0 \longrightarrow \overline{C}^0 \xrightarrow{\overline{\partial}^0} \overline{C}^1 \xrightarrow{\overline{\partial}_1} \cdots \longrightarrow \overline{C}^p \xrightarrow{\overline{\partial}^p} \overline{C}^{p+1} \xrightarrow{\overline{\partial}^{p+1}} \cdots$$

このとき, $\varphi^* := \{\varphi^p\}_{p \geq 0}$ を $\mathcal{C}^*$ から $\overline{\mathcal{C}}^*$ への**コチェイン写像** (cochain map) といい, $\varphi^* : \mathcal{C}^* \to \overline{\mathcal{C}}^*$ と表す.

例 2.9 $\mathcal{C}_* = \{C_p, \partial_p\}_{p \geq 0}$ を R 加群のチェイン複体とする. このとき, $\mathrm{id}_{\mathcal{C}_*} := \{\mathrm{id}_{C_p} : C_p \to C_p\}$ はチェイン写像である. 同様に, 恒等写像が誘導するコチェイン写像も考えられる.

また, $\varphi_* = \{\varphi_p\}_{p \geq 0} : \mathcal{C}_* \to \mathcal{C}'_*$ と $\psi_* = \{\psi_p\}_{p \geq 0} : \mathcal{C}'_* \to \mathcal{C}''_*$ をチェイン写像とするとき,

$$(\psi \circ \varphi)_* := \{\psi_p \circ \varphi_p\}_{p \geq 0} : \mathcal{C}_* \to \mathcal{C}''_*$$

はチェイン写像である. すなわち, チェイン写像の合成はチェイン写像である. これを模式的に, $(\psi \circ \varphi)_* = \psi_* \circ \varphi_* : \mathcal{C}_* \to \mathcal{C}''_*$ と表す. コチェイン写像についても同様である.

（コ）チェイン写像を考える最も重要な理由は, それらが（コ）ホモロジー群の間の準同型写像を誘導するためである. これについて簡単に述べておく. $\mathcal{C}_* = \{C_p, \partial_p\}_{p \geq 0}$, $\mathcal{C}'_* = \{C'_p, \partial'_p\}_{p \geq 0}$

を R 加群のチェイン複体とし，$\varphi_* : \mathcal{C}_* \to \mathcal{C}'_*$ をチェイン写像とする．

補題 2.10 任意の $p \geq 0$ に対して，以下が成り立つ．

(1) $\varphi_p(\mathrm{Ker}(\partial_p)) \subset \mathrm{Ker}(\partial'_p)$.

(2) $\varphi_p(\mathrm{Im}(\partial_p)) \subset \mathrm{Im}(\partial'_p)$.

特に，各 φ_p が同型写像であれば，(1), (2) ともに等号が成り立つ．

証明．任意の $x_p \in C_p$ に対して，$\varphi_{p-1} \circ \partial_p(x_p) = \partial'_p \circ \varphi_p(x_p)$ であるから明らか．

また，各 φ_p が同型写像とする．任意の $c'_p \in \mathrm{Ker}(\partial'_p)$ に対して φ_p は全射なので，ある $c_p \in C_p$ が存在して，$c'_p = \varphi_p(c_p)$ となる．すると，$\varphi_{p-1} \circ \partial_p(c_p) = \partial'_p \circ \varphi_p(c_p) = 0$ となり，φ_{p-1} の単射性から $\partial_p(c_p) = 0$ を得る．つまり，$c_p \in \mathrm{Ker}(\partial_p)$ である．したがって，$\varphi_p(\mathrm{Ker}(\partial_p)) = \mathrm{Ker}(\partial'_p)$ が成り立つ．(2) の等号についても同様である．□

したがって，チェイン写像 $\varphi_* : \mathcal{C}_* \to \mathcal{C}'_*$ は，任意の $p \geq 0$ に対して，R 加群の準同型写像

$$\varphi_{p,*} : H_p(\mathcal{C}_*) \to H_p(\mathcal{C}'_*), \quad [x_p] \mapsto [\varphi_p(x_p)]$$

を誘導する．同様に，$\mathcal{C}^* = \{C^p, \partial^p\}_{p \geq 0}$, $\overline{\mathcal{C}}^* = \{\overline{C}^p, \overline{\partial}^p\}_{p \geq 0}$ を R 加群のコチェイン複体とし，$\varphi^* : \mathcal{C}^* \to \overline{\mathcal{C}}^*$ をコチェイン写像とすると，次のことが成り立つ．

補題 2.11 任意の $p \geq 0$ に対して，

(1) $\varphi^p(\mathrm{Ker}(\partial^p)) \subset \mathrm{Ker}(\overline{\partial}^p)$.

(2) $\varphi^p(\mathrm{Im}(\partial^p)) \subset \mathrm{Im}(\overline{\partial}^p)$.

特に，各 φ^p が同型写像であれば，(1), (2) ともに等号が成り立つ．

証明．任意の $x^p \in C^p$ に対して，$\varphi^{p+1} \circ \partial^p(x^p) = \overline{\partial}^p \circ \varphi^p(x^p)$ であるから明らか．各 φ^p が同型写像のときに等号が成り立つこともチェイン写像の場合と同様である．□

したがって，コチェイン写像 $\varphi^* : \mathcal{C}^* \to \overline{\mathcal{C}}^*$ は，任意の $p \geq 0$

に対して，R 加群の準同型写像

$$\varphi^{p,*} : H^p(\mathcal{C}^*) \to H^p(\overline{\mathcal{C}}^*), \quad [x^p] \mapsto [\varphi^p(x^p)]$$

を誘導する.

定義 2.12（（コ）チェイン写像から誘導された準同型写像） 上の記号を踏襲する．$\mathcal{C}_*, \mathcal{C}'_*$ を R 加群のチェイン複体とし，$\varphi_* : \mathcal{C}_* \to \mathcal{C}'_*$ をチェイン写像とする．このとき，各 $\varphi_{p,*} : H_p(\mathcal{C}_*) \to H_p(\mathcal{C}'_*)$ を $\varphi_* : \mathcal{C}_* \to \mathcal{C}'_*$ から誘導された**ホモロジー群の間の準同型写像** (induced homomorphism from $\varphi_* : \mathcal{C}_* \to \mathcal{C}'_*$) という[11].

また，$\mathcal{C}^*, \overline{\mathcal{C}}^*$ を R 加群のコチェイン複体とし，$\varphi^* : \mathcal{C}^* \to \overline{\mathcal{C}}^*$ をコチェイン写像とする．このとき，各 $\varphi^{p,*} : H^p(\mathcal{C}^*) \to H^p(\overline{\mathcal{C}}^*)$ を，φ^* から誘導された**コホモロジー群の間の準同型写像** (induced homomorphism from $\varphi^* : \mathcal{C}^* \to \overline{\mathcal{C}}^*$) という.

$\varphi_* = \{\varphi_p\}_{p \geq 0} : \mathcal{C}_* \to \mathcal{C}'_*$ と $\psi_* = \{\psi_p\}_{p \geq 0} : \mathcal{C}'_* \to \mathcal{C}''_*$ をチェイン写像とすると，$(\psi \circ \varphi)_* := \{\psi_p \circ \varphi_p\}_{p \geq 0} : \mathcal{C}_* \to \mathcal{C}''_*$ もチェイン写像であるが，定義より直ちに，各 $p \geq 0$ に対して

$$(\psi \circ \varphi)_{p,*} = \psi_{p,*} \circ \varphi_{p,*} : H_p(\mathcal{C}_*) \to H_p(\mathcal{C}''_*)$$

であることが分かる．コチェイン写像の合成に関しても同様のことが成り立つ.

さて，G 加群の直和を係数とする（コ）ホモロジー群について考えよう.

定理 2.13 M, N を G 加群とする．このとき，各 $p \geq 0$ に対して，

$$H_p(G, M \oplus N) \cong H_p(G, M) \oplus H_p(G, N),$$
$$H^p(G, M \oplus N) \cong H^p(G, M) \oplus H^p(G, N)$$

が成り立つ.

証明．ホモロジーの場合を示す．コホモロジーについても同様である[12]．$\mathcal{C}_* := \{C_p, \partial_p, \varepsilon\}$ を G の $\mathbb{Z}$ 上の自由分解とする.

11) 文脈によっては，「$\varphi_* : \mathcal{C}_* \to \mathcal{C}'_*$ が誘導する準同型 $\varphi_{p,*}$ が…」などと言うこともある．後述の $\varphi^{p,*}$ についても同様である.

12) 各自確認されたい.

すると，各 $p \geq 0$ に対して，対応 $(x,y) \otimes z \mapsto (x \otimes z, y \otimes z)$ によって定まる自然な加法群としての同型写像

$$\varphi_p : (M \oplus N) \otimes_G C_p \to (M \otimes_G C_p) \oplus (N \otimes_G C_p)$$

を考えると，以下は可換図式である.

$$
\begin{array}{ccccc}
\cdots \longrightarrow & (M \oplus N) \otimes_G C_p & \xrightarrow{\mathrm{id}_{M \oplus N} \otimes \partial_p} & (M \oplus N) \otimes_G C_{p-1} & \longrightarrow \cdots \\
& \varphi_p \downarrow & & \varphi_{p-1} \downarrow & \\
\cdots \longrightarrow & (M \otimes_G C_p) \oplus (N \otimes_G C_p) & \xrightarrow{(\mathrm{id}_M \otimes \partial_p) \oplus (\mathrm{id}_N \otimes \partial_p)} & (M \otimes_G C_{p-1}) \oplus (N \otimes_G C_{p-1}) & \longrightarrow \cdots
\end{array}
$$

ゆえに，

$$
\begin{aligned}
H_p(G, M \oplus N) &= \mathrm{Ker}(\mathrm{id}_{M \oplus N} \otimes \partial_p)/\mathrm{Im}(\mathrm{id}_{M \oplus N} \otimes \partial_{p+1}) \\
&\cong \mathrm{Ker}((\mathrm{id}_M \otimes \partial_p) \oplus (\mathrm{id}_N \otimes \partial_p))/\mathrm{Im}((\mathrm{id}_M \otimes \partial_{p+1}) \oplus (\mathrm{id}_N \otimes \partial_{p+1})) \\
&= \Big(\mathrm{Ker}(\mathrm{id}_M \otimes \partial_p)/\mathrm{Im}(\mathrm{id}_M \otimes \partial_{p+1})\Big) \oplus \Big(\mathrm{Ker}(\mathrm{id}_N \otimes \partial_p)/\mathrm{Im}(\mathrm{id}_N \otimes \partial_{p-}) \\
&= H_p(G, M) \oplus H_p(G, N)
\end{aligned}
$$

を得る. □

2.2 自由分解の存在

　一般に，群 G に対して G 自由分解はいくつも存在する．本節では，G 自由分解を具体的に構成するための標準的な方法の一つを解説する．各 $p \geq 0$ に対して，$p+1$ 個の $\mathbb{Z}[G]$ を $\mathbb{Z}$ 上でテンソル積をとったものを

$$C_p := (\mathbb{Z}[G])^{\otimes(p+1)} = \mathbb{Z}[G] \otimes_{\mathbb{Z}} \mathbb{Z}[G] \otimes_{\mathbb{Z}} \cdots \otimes_{\mathbb{Z}} \mathbb{Z}[G]$$

と置く．第 1 成分への左乗法移動により，自然に G が C_p に作用する．このとき，各 $p \geq 0$ に対して，

$$X_p := \{[\sigma_1, \sigma_2, \cdots, \sigma_p] := 1 \otimes \sigma_1 \otimes \cdots \otimes \sigma_p \mid \sigma_i \in G \ (1 \leq i \leq p)\}$$

と置く．ただし，$p = 0$ のときは，便宜的に $[\,] := 1$ という記号を用いて $X_0 = \{[\,]\}$ とみなす.

補題 2.14 各 $p \geq 0$ に対して，C_p は X_p を基底とする G 自由

加群である.

証明. まず, C_p は加法群として

$$Y_p := \{\sigma \cdot [\sigma_1, \sigma_2, \cdots, \sigma_p] := \sigma \otimes \sigma_1 \otimes \cdots \otimes \sigma_p \,|\, \sigma, \sigma_i \in G \ (1 \le i \le p)\}$$

によって生成されるので, C_p は G 加群として X_p で生成される. 一方,

$$\sum_{\sigma_1, \ldots, \sigma_p \in G} a(\sigma_1, \ldots, \sigma_p)[\sigma_1, \ldots, \sigma_p] = 0 \quad (a(\sigma_1, \ldots, \sigma_p) \in \mathbb{Z}[G])$$

と仮定する[13]. このとき,

$$a(\sigma_1, \ldots, \sigma_p) := \sum_{\sigma \in G} b(\sigma, \sigma_1, \ldots, \sigma_p)\sigma \quad (b(\sigma, \sigma_1, \ldots, \sigma_p) \in \mathbb{Z})$$

と置くと,

$$\sum_{\sigma, \sigma_1, \ldots, \sigma_p \in G} b(\sigma, \sigma_1, \ldots, \sigma_p)[\sigma, \sigma_1, \ldots, \sigma_p] = 0$$

となる. ここで, Y_p は C_p の加法群としての基底であるから, 任意の $\sigma, \sigma_1, \ldots, \sigma_p \in G$ に対して $b(\sigma, \sigma_1, \ldots, \sigma_p) = 0$ である. したがって, $a(\sigma_1, \ldots, \sigma_p) = 0$ となり, X_p は G 上 1 次独立である. ゆえに, X_p は C_p の基底である. □

次に, 添加写像と境界準同型写像を定めよう. $\varepsilon : C_0 \to \mathbb{Z}$ を

$$\sum_{\sigma \in G} a_\sigma \sigma \mapsto \sum_{\sigma \in G} a_\sigma$$

によって定める. すると, 任意の $g \in G$ に対して,

$$\varepsilon\Big(g \cdot \sum_{\sigma \in G} a_\sigma \sigma\Big) = \varepsilon\Big(\sum_{\sigma \in G} a_\sigma g\sigma\Big) = \sum_{\sigma \in G} a_\sigma = g \cdot \Big(\sum_{\sigma \in G} a_\sigma\Big)$$
$$= g \cdot \varepsilon\Big(\sum_{\sigma \in G} a_\sigma \sigma\Big)$$

となる. ε が $\mathbb{Z}$ 線形写像であることは明らかであるので, ε は G 準同型写像である.

各 $p \ge 1$ に対して, C_p の基底 X_p 上の値を以下のように指定することで G 準同型写像 $\partial_p : C_p \to C_{p-1}$ を定義する:

[13] ただし, 有限個の組 $(\sigma_1, \ldots, \sigma_p)$ を除いて $a(\sigma_1, \ldots, \sigma_p) = 0$ とする.

$$\partial_p([\sigma_1, \sigma_2, \ldots, \sigma_p]) := \sigma_1[\sigma_2, \ldots, \sigma_p]$$
$$+ \sum_{i=1}^{p-1} (-1)^i [\sigma_1, \ldots, \sigma_{i-1}, \sigma_i \sigma_{i+1}, \sigma_{i+2}, \ldots, \sigma_p]$$
$$+ (-1)^p [\sigma_1, \ldots, \sigma_{p-1}].$$

このとき, 以下が成り立つ.

命題 2.15 上の記号の下,

(1) $\varepsilon \circ \partial_1 = 0$.

(2) $\partial_{p-1} \circ \partial_p = 0 \ \ (p \geq 2)$.

が成り立つ.

証明. (1) 任意の $\sigma \in G$ に対して, $\partial_1([\sigma]) = \sigma[\,] - [\,] = \sigma - 1$ であるから, $\varepsilon \circ \partial_1([\sigma]) = 0$ である. よって, $\varepsilon \circ \partial_1 = 0$.

(2) 加法群の準同型写像 $E : \mathbb{Z} \to C_0$ を $1 \mapsto 1$ によって定め, 任意の $p \geq 1$ に対して加法群の準同型写像 $D_p : C_{p-1} \to C_p$ を,

$$D_p(\sigma[\sigma_1, \ldots, \sigma_{p-1}]) := [\sigma, \sigma_1, \ldots, \sigma_{p-1}] \ \ (\sigma, \sigma_i \in G)$$

によって定める. このとき,

(i) $\partial_1 \circ D_1 + E \circ \varepsilon = \mathrm{id}_{C_0}$,

(ii) $\partial_p \circ D_p + D_{p-1} \circ \partial_{p-1} = \mathrm{id}_{C_{p-1}}$

が成り立つ. 実際, (i) については, 任意の $\sigma \in G$ に対して,

$$(\partial_1 \circ D_1 + E \circ \varepsilon)(\sigma) = (\sigma - 1) + 1 = \sigma$$

より従う. また, (ii) については, 任意の $\sigma, \sigma_1, \ldots, \sigma_{p-1} \in G$ に対して,

$$(\partial_p \circ D_p + D_{p-1} \circ \partial_{p-1})(\sigma[\sigma_1, \sigma_2, \ldots, \sigma_{p-1}])$$
$$= \partial_p([\sigma, \sigma_1, \ldots, \sigma_{p-1}])$$
$$+ D_{p-1}\Big(\sigma\Big(\sigma_1[\sigma_2, \ldots, \sigma_{p-1}]$$
$$+ \sum_{i=1}^{p-2} (-1)^i [\sigma_1, \ldots, \sigma_{i-1}, \sigma_i \sigma_{i+1}, \sigma_{i+2}, \ldots, \sigma_{p-1}]$$

$$+ (-1)^{p-1}[\sigma_1, \ldots, \sigma_{p-2}]\bigg)\bigg)$$

$$=\sigma[\sigma_1, \ldots, \sigma_{p-1}]$$

$$- [\sigma\sigma_1, \ldots, \sigma_{p-1}] + \sum_{i=1}^{p-2}(-1)^{i+1}[\sigma, \sigma_1, \ldots, \sigma_i\sigma_{i+1}, \ldots, \sigma_{p-1}]$$

$$+ (-1)^p[\sigma, \sigma_1, \ldots, \sigma_{p-2}]$$

$$+ [\sigma\sigma_1, \sigma_2, \ldots, \sigma_{p-1}] + \sum_{i=1}^{p-2}(-1)^i[\sigma, \sigma_1, \ldots, \sigma_i\sigma_{i+1}, \ldots, \sigma_{p-1}]$$

$$+ (-1)^{p-1}[\sigma, \sigma_1, \ldots, \sigma_{p-2}]$$

$$=\sigma[\sigma_1, \ldots, \sigma_{p-1}]$$

となることから従う．すると，

$$(\partial_{p-1} \circ \partial_p)([\sigma_1, \ldots, \sigma_p]) = (\partial_{p-1} \circ \partial_p) \circ D_p(\sigma_1[\sigma_2, \ldots, \sigma_{p-1}])$$
$$= (\partial_{p-1} \circ (\mathrm{id} - D_{p-1} \circ \partial_{p-1}))(\sigma_1[\sigma_2, \ldots, \sigma_{p-1}])$$
$$= (\partial_{p-1} - (\mathrm{id} - D_{p-2} \circ \partial_{p-2}) \circ \partial_{p-1})(\sigma_1[\sigma_2, \ldots, \sigma_{p-1}])$$
$$= (D_{p-2} \circ \partial_{p-2} \circ \partial_{p-1})(\sigma_1[\sigma_2, \ldots, \sigma_{p-1}])$$

となるので，(1) の結果と $p \geq 1$ に関する帰納法により求める
結果が得られる．□

命題 2.16 上の記号の下，
  (1) $\mathrm{Ker}(\varepsilon) \subset \mathrm{Im}(\partial_1)$.
  (2) $\mathrm{Ker}(\partial_{p-1}) \subset \mathrm{Im}(\partial_p)$ $(p \geq 2)$.
が成り立つ．

証明. (1) $x = \sum_{\sigma \in G} a_\sigma \sigma \in \mathrm{Ker}(\varepsilon)$ とする．すると，

$$\varepsilon(x) = \sum_{\sigma \in G} a_\sigma = 0$$

であるので，

$$x = x - 0 = \sum_{\sigma \in G} a_\sigma \sigma - \sum_{\sigma \in G} a_\sigma = \sum_{\sigma \in G} a_\sigma(\sigma - 1)$$
$$= \sum_{\sigma \in G} a_\sigma \partial_1([\sigma]) \in \mathrm{Im}(\partial_1)$$

となる.

(2) $x \in \mathrm{Ker}(\partial_{p-1})$ とする. すると, $\partial_p \circ D_p + D_{p-1} \circ \partial_{p-1} = \mathrm{id}_{C_{p-1}}$ より,

$$x = (\partial_p \circ D_p + D_{p-1} \circ \partial_{p-1})(x) = (\partial_p \circ D_p)(x) \in \mathrm{Im}(\partial_p)$$

を得る. □

定義 2.17(**標準複体**) 上の記号の下, $\mathcal{C}_* = \{C_p, \partial_p, \varepsilon\}$ は G の $\mathbb{Z}$ 上の自由分解である. これを G の**標準複体** (standard complex) という.

2.3 （コ）ホモロジー群の定義の整合性

これまでに，与えられた群 G に対して自由分解の存在を示し，それを用いて G の（コ）ホモロジー群を定義した. しかしながら，自由分解の構成は G に対してたった 1 通りの方法しかないということはない. したがって，どの自由分解を用いて（コ）ホモロジーを定義しても同じもの（同型になる）になるということを示しておかなければ，定義自体が意味をなさない. 本節の目標はこれを示すことである[14].

先にも述べたように，（コ）チェイン写像があれば（コ）ホモロジー群の間の準同型写像が得られる. それでは，（コ）チェイン写像がいくつか与えられたとき，いつそれらが同じ準同型写像を誘導するだろうか. ここでは，その十分条件を考える. 結論から言うと，（コ）チェインホモトピーと呼ばれる写像が存在するような 2 つの（コ）チェイン写像は，（コ）ホモロジー群の間に同じ準同型写像を誘導する. まずはこのことを解説する.

定義 2.18（（コ）チェインホモトープ） $\mathcal{C}_* = \{C_p, \partial_p\}$, $\mathcal{C}'_* = \{C'_p, \partial'_p\}$ を環 R 上のチェイン複体とし，$\varphi_* = \{\varphi_p\}_{p \geq 1}$, $\psi_* = \{\psi_p\}_{p \geq 1}$ を $\mathcal{C}_*$ から $\mathcal{C}'_*$ へのチェイン写像とする. 各 $p \geq 0$ に対して R 準同型写像 $\xi_p : C_p \to C'_{p+1}$ で，

$$\varphi_p - \psi_p = \partial'_{p+1} \circ \xi_p + \xi_{p-1} \circ \partial_p, \quad (p \geq 0)$$

14) この節は，時間的に余裕があって，細部を詰めて考えたい読者はともかく，初学者は事実を認めて読み飛ばしてもよい.

を満たすものが存在するとき，φ_* と ψ_* は**チェインホモトープ** (chain homotopic) であるといい，$\varphi_* \simeq \psi_*$ と表す．また，$\xi_* = \{\xi_p\}_{p \geq 0}$ を φ_* と ψ_* をつなぐ**チェインホモトピー** (chain homotopy) という．

次に，$\mathcal{C}^* = \{C^p, \partial^p\}$，$\overline{\mathcal{C}}^* = \{\overline{\mathcal{C}}^p, \overline{\partial}^p\}$ を R 上のコチェイン複体とし，$\varphi^* = \{\varphi^p\}_{p \geq 1}$，$\psi^* = \{\psi^p\}_{p \geq 1}$ を $\mathcal{C}^*$ から $\overline{\mathcal{C}}^*$ へのコチェイン写像とする．各 $p \geq 0$ に対して R 準同型写像 $\xi^p : C^p \to \overline{\mathcal{C}}^{p-1}$ で，

$$\varphi^p - \psi^p = \overline{\partial}^{p-1} \circ \xi^p + \xi^{p+1} \circ \partial^p, \quad (p \geq 0)$$

を満たすものが存在するとき，φ^* と ψ^* は**コチェインホモトープ** (cochain homotopic) であるといい，$\varphi^* \simeq \psi^*$ と表す．また，$\xi^* = \{\xi^p\}_{p \geq 0}$ を φ^* と ψ^* をつなぐ**コチェインホモトピー** (cochain homotopy) という．

命題 2.19 (1) $\mathcal{C}_*$，$\mathcal{C}'_*$ をチェイン複体とし，$\varphi_* \simeq \psi_* : \mathcal{C}_* \to \mathcal{C}'_*$ とする．このとき，各 $p \geq 0$ に対して，$\varphi_{p,*} = \psi_{p,*}$．

(2) $\mathcal{C}^*$，$\overline{\mathcal{C}}^*$ をコチェイン複体とし，$\varphi^* \simeq \psi^* : \mathcal{C}^* \to \overline{\mathcal{C}}^*$ とする．このとき，各 $p \geq 0$ に対して，$\varphi^{p,*} = \psi^{p,*}$．

証明. (1) 任意の $x_p \in \mathrm{Ker}(\partial_p)$ に対して，

$$\varphi_p(x_p) - \psi_p(x_p) = \partial'_{p+1} \circ \xi_p(x_p) + \xi_{p-1} \circ \partial_p(x_p) = \partial'_{p+1} \circ \xi_p(x_p)$$

であるので，$[\varphi_p(x_p)] - [\psi_p(x_p)] = [\partial'_{p+1} \circ \xi_p(x_p)] = 0$ である．よって，$\varphi_{p,*} = \psi_{p,*}$．

(2) (1) と同様である．□

次に，（コ）チェイン写像によって誘導される準同型写像が同型写像になるための条件について考察する．

定義 2.20 ((コ) チェインホモトピー同値写像) (1) $\mathcal{C}_*$，$\mathcal{C}'_*$ を R 上のチェイン複体とし，$\varphi_* = \{\varphi_p\} : \mathcal{C}_* \to \mathcal{C}'_*$，$\psi_* = \{\psi_p\} : \mathcal{C}'_* \to \mathcal{C}_*$ をチェイン写像とする．

$$\psi_* \circ \varphi_* := \{\psi_p \circ \varphi_p\} \simeq \mathrm{id}_{\mathcal{C}_*}, \quad \varphi_* \circ \psi_* := \{\varphi_p \circ \psi_p\} \simeq \mathrm{id}_{\mathcal{C}'_*} \tag{2.10}$$

が成り立つとき, φ_*, ψ_* を**チェインホモトピー同値写像** (chain homotopy equivalence map) という.

(2) $\mathcal{C}^*, \overline{\mathcal{C}}^*$ を R 上のコチェイン複体とし, $\varphi^* = \{\varphi^p\} : \mathcal{C}^* \to \overline{\mathcal{C}}^*$, $\psi^* = \{\psi^p\} : \overline{\mathcal{C}}^* \to \mathcal{C}^*$ をコチェイン写像とする.

$$\psi^* \circ \varphi^* = \{\psi^p \circ \varphi^p\} \simeq \mathrm{id}_{\mathcal{C}^*}, \quad \varphi^* \circ \psi^* = \{\varphi^p \circ \psi^p\} \simeq \mathrm{id}_{\overline{\mathcal{C}}^*} \tag{2.11}$$

が成り立つとき, φ^*, ψ^* を**コチェインホモトピー同値写像** (cochain homotopy equivalence map) という.

命題 2.21 (1) φ_*, ψ_* を (2.10) を満たすチェインホモトピー同値写像とする. このとき, 各 $p \geq 0$ に対して, $\varphi_{p,*}, \psi_{p,*}$ は同型写像であり, $(\psi_{p,*})^{-1} = \varphi_{p,*}$ が成り立つ.

(2) φ^*, ψ^* を (2.11) を満たすコチェインホモトピー同値写像とする. このとき, 各 $p \geq 0$ に対して, $\varphi^{p,*}, \psi^{p,*}$ は同型写像であり, $(\psi^{p,*})^{-1} = \varphi^{p,*}$ が成り立つ.

証明. (1) 命題 2.19 の (1) により, 各 $p \geq 0$ に対して, $(\psi_p \circ \varphi_p)_* = \psi_{p,*} \circ \varphi_{p,*} = \mathrm{id}_{H_p(\mathcal{C}_*)}, (\varphi_p \circ \psi_p)_* = \varphi_{p,*} \circ \psi_{p,*} = \mathrm{id}_{H_p(\mathcal{C}'_*)}$ が成り立つので明らか.

(2) (1) とまったく同様である. $\square$

さて, 群の (コ) ホモロジーに関する内容に入ろう.

定理 2.22 $\mathcal{C}_* = \{C_p, \partial_p, \varepsilon\}$, $\mathcal{C}'_* = \{C'_p, \partial'_p, \varepsilon'\}$ をともに G の $\mathbb{Z}$ 上の自由分解とする. このとき, G 準同型写像たちからなるチェイン写像 $\varphi_* : \mathcal{C}_* \to \mathcal{C}'_*$ が存在して, 以下の図式が可換となる.

$$
\begin{array}{ccccccccccccc}
\cdots & \longrightarrow & C_p & \xrightarrow{\partial_p} & C_{p-1} & \longrightarrow & \cdots & \longrightarrow & C_1 & \xrightarrow{\partial_1} & C_0 & \xrightarrow{\varepsilon} & \mathbb{Z} & \longrightarrow & 0 \\
& & \varphi_p \downarrow & & \varphi_{p-1} \downarrow & & & & \varphi_1 \downarrow & & \varphi_0 \downarrow & & \mathrm{id} \downarrow & & \\
\cdots & \longrightarrow & C'_p & \xrightarrow{\partial'_p} & C'_{p-1} & \longrightarrow & \cdots & \longrightarrow & C'_1 & \xrightarrow{\partial'_1} & C'_0 & \xrightarrow{\varepsilon'} & \mathbb{Z} & \longrightarrow & 0
\end{array}
$$

証明. $\{m_\lambda\}_{\lambda \in \Lambda}$ を C_0 の基底とする. ε' は全射であるから, 任意の $\lambda \in \Lambda$ に対して, $\varepsilon'(m'_\lambda) = m_\lambda$ となる $m'_\lambda \in C_0$ が存在する. このとき, G 準同型写像 $\varphi_0 : C_0 \to C'_0$ を $m_\lambda \mapsto m'_\lambda$ に

よって定める.

次に, $\{n_\mu\}_{\mu \in \Lambda'}$ を C_1 の基底とする. すると,

$$\varepsilon' \circ \varphi_0 \circ \partial_1(n_\mu) = \varepsilon \circ \partial_1(n_\mu) = 0 \quad (\mu \in \Lambda')$$

であるので, $\varphi_0 \circ \partial_1(n_\mu) \in \mathrm{Ker}(\varepsilon') = \mathrm{Im}(\partial_1')$ である. したがって, 任意の $\mu \in \Lambda'$ に対して, $\partial_1'(n_\mu') = \varphi_0 \circ \partial_1(n_\mu)$ となる $n_\mu' \in C_1'$ が存在する. このとき, G 準同型写像 $\varphi_1 : C_1 \to C_1'$ を $n_\mu \mapsto n_\mu'$ によって定める.

以下これを繰り返すことで, 求めるチェイン写像 $\varphi_* = \{\varphi_p\}_{p \geq 1}$ が得られる. □

定理 2.23 $\mathcal{C}_* = \{C_p, \partial_p, \varepsilon\}$, $\mathcal{C}_*' = \{C_p', \partial_p', \varepsilon'\}$ を G の $\mathbb{Z}$ 上の自由分解とし, $\varphi_* = \{\varphi_p\}_{p \geq -1}, \psi_* = \{\psi_p\}_{p \geq -1}$ を G 準同型写像からなる $\mathcal{C}_*$ から $\mathcal{C}_*'$ へのチェイン写像とする. ただし, $\varphi_{-1} = \psi_{-1} = \mathrm{id}_{\mathbb{Z}}$ とする. すると, φ_* と ψ_* はチェインホモトープである[15].

すなわち, 各 $p \geq 0$ に対して G 準同型写像 $\xi_p : C_p \to C_{p+1}'$ が存在して,

$$\varphi_p - \psi_p = \partial_{p+1}' \circ \xi_p + \xi_{p-1} \circ \partial_p, \quad (p \geq 0)$$

が成り立つ. ここで, $\xi_{-1} = 0$ とみなす.

証明. 定理 2.22 の証明と同じように, 0 次の写像 ξ_0 から順に構成していく. $\varepsilon' \circ (\varphi_0 - \psi_0) = \varepsilon' \circ \varphi_0 - \varepsilon' \circ \psi_0 = \varepsilon - \varepsilon = 0$ であるから, $\mathrm{Im}(\varphi_0 - \psi_0) \subset \mathrm{Ker}(\varepsilon') = \mathrm{Im}(\partial_1')$ となる. したがって, G 自由加群 C_0 の普遍性から, ある G 準同型写像 $\xi_0 : C_0 \to C_1'$ で, $\partial_1' \circ \xi_0 = \varphi_0 - \psi_0$ を満たすものが存在する[16].

次に,

$$\begin{aligned}\partial_1' \circ (\varphi_1 - \psi_1) &= \varphi_0 \circ \partial_1 - \psi_0 \circ \partial_1 = (\varphi_0 - \psi_0) \circ \partial_1 \\ &= \partial_1' \circ \xi_0 \circ \partial_1\end{aligned}$$

であるから, $\mathrm{Im}(\varphi_1 - \psi_1 - \xi_0 \circ \partial_1) \subset \mathrm{Ker}(\partial_1') = \mathrm{Im}(\partial_2')$ となる. したがって, G 自由加群 C_1 の普遍性から, ある G 準同型写像 $\xi_1 : C_1 \to C_2'$ で, $\varphi_1 - \psi_1 - \xi_0 \circ \partial_1 = \partial_2' \circ \xi_1$ を満たすも

15) 証明では, 各 C_p' が G 自由加群であるということは用いないことに注意されたい.

16) 実際, $\{m_\lambda\}_{\lambda \in \Lambda}$ を C_0 の基底とするとき, 各 $\lambda \in \Lambda$ に対して, $(\varphi_0 - \psi_0)(m_\lambda) = \partial_1'(m_\lambda')$ となる $m_\lambda' \in C_1'$ をとる. このとき, $\xi_0(m_\lambda) = m_\lambda'$ によって ξ_0 を定めればよい.

のが存在する.

以下これを繰り返すことで, 求める G 準同型写像の族 $\{\xi_p\}_{p \geq 0}$ が得られる. $\square$

系 2.24 $\mathcal{C}_* = \{C_p, \partial_p, \varepsilon\}$, $\mathcal{C}'_* = \{C'_p, \partial'_p, \varepsilon'\}$ を G の $\mathbb{Z}$ 上の自由分解とし, $\varphi_* : \mathcal{C}_* \to \mathcal{C}'_*$, $\psi_* = \mathcal{C}'_* \to \mathcal{C}_*$ をそれぞれ G 準同型写像からなるチェイン写像とする. このとき, チェイン写像 $\psi_* \circ \varphi_* : \mathcal{C}_* \to \mathcal{C}_*$ は, 恒等写像が定めるチェイン写像 $\mathrm{id}_* := \{\mathrm{id}_{C_p} : C_p \to C_p\}$ とチェインホモトープである.

証明. $\psi_* \circ \varphi_*$ と id_* はどちらも $\mathcal{C}_*$ から $\mathcal{C}_*$ へのチェイン写像であることから直ちに従う. $\square$

さて, いよいよ本題である. M を G 加群, $\mathcal{C}_* = \{C_p, \partial_p, \varepsilon\}$, $\mathcal{C}'_* = \{C'_p, \partial'_p, \varepsilon'\}$ を G の $\mathbb{Z}$ 上の自由分解とする. すると, 定理 2.22 より, チェイン写像 $\varphi_* = \{\varphi_p\}_{p \geq 0} : \mathcal{C}_* \to \mathcal{C}'_*$, および $\psi_* = \{\psi_p\}_{p \geq 0} : \mathcal{C}'_* \to \mathcal{C}_*$ が存在する. さらにこれらは, それぞれチェイン写像

$$\mathrm{id}_M \otimes \varphi_* := \{\mathrm{id}_M \otimes \varphi_p : M \otimes_G C_p \to M \otimes_G C'_p\}_{p \geq 0}$$
$$\mathrm{id}_M \otimes \psi_* := \{\mathrm{id}_M \otimes \psi_p : M \otimes_G C'_p \to M \otimes_G C_p\}_{p \geq 0}$$

を誘導する.

定理 2.25 上の記号の下, チェイン写像

$$(\mathrm{id}_M \otimes \psi_*) \circ (\mathrm{id}_M \otimes \varphi_*) := \{(\mathrm{id}_M \otimes \psi_p) \circ (\mathrm{id}_M \otimes \varphi_p) : M \otimes_G C_p \to M \otimes_G C_p\}_{p \geq 0},$$
$$(\mathrm{id}_M \otimes \varphi_*) \circ (\mathrm{id}_M \otimes \psi_*) := \{(\mathrm{id}_M \otimes \varphi_p) \circ (\mathrm{id}_M \otimes \psi_p) : M \otimes_G C'_p \to M \otimes_G C'_p\}_{p \geq 0}$$

は, それぞれ, 恒等写像から定まるチェイン写像

$$\mathrm{id}_* := \{\mathrm{id}_{M \otimes_G C_p} : M \otimes_G C_p \to M \otimes_G C_p\},$$
$$\mathrm{id}_* := \{\mathrm{id}_{M \otimes_G C'_p} : M \otimes_G C'_p \to M \otimes_G C'_p\}$$

とチェインホモトープである.

証明. $\psi_* \circ \varphi_*$ と id_* とをつなぐチェインホモトピーを $\xi_* = \{\xi_p\}_{p \geq 0}$ とする. このとき, 各 $p \geq 0$ に対して,

$$\psi_p \circ \varphi_p - \mathrm{id}_{C_p} = \partial_{p+1} \circ \xi_p + \xi_{p-1} \circ \partial_p$$

が成り立っている. ただし, $\xi_{-1} = 0$ とする. このとき, 各 $p \geq 0$
に対して,

$$(\mathrm{id}_M \otimes \psi_p) \circ (\mathrm{id}_M \otimes \varphi_p) - \mathrm{id}_{M \otimes C_p}$$
$$= (\mathrm{id}_M \otimes \partial_{p+1}) \circ (\mathrm{id}_M \otimes \xi_p) + (\mathrm{id}_M \otimes \xi_{p-1}) \circ (\mathrm{id}_M \otimes \partial_p)$$

となり, $\{\mathrm{id}_M \otimes \xi_p\}_{p \geq 0}$ が求めるチェインホモトピーである.
もう一方の場合もまったく同様である. $\square$

したがって, $\mathrm{id}_M \otimes \varphi_*$ と $\mathrm{id}_M \otimes \psi_*$ はホモロジー群の間の同
型写像を誘導することが分かり, G のホモロジー群 $H_p(G, M)$
は G の 自由分解のとり方によらない ことが分かる.

次にコホモロジー群について考えよう. 上記のチェイン写像
$\varphi_* = \{\varphi_p\}_{p \geq 0} : \mathcal{C}_* \to \mathcal{C}'_*$, および $\psi_* = \{\psi_p\}_{p \geq 0} : \mathcal{C}'_* \to \mathcal{C}_*$
を考える. 各 $p \geq 0$ に対して, 写像 $\varphi^p : \mathrm{Hom}_G(C'_p, M) \to$
$\mathrm{Hom}_G(C_p, M)$ を $f \mapsto f \circ \varphi_p$ によって定める. すると, φ^p は
加法群の準同型写像であり, 任意の $f \in \mathrm{Hom}_G(C'_p, M)$ に対
して,

$$\delta^p \circ \varphi^p(f) = \delta^p(f \circ \varphi_p) = (f \circ \varphi_p) \circ \partial_{p+1} = f \circ (\partial'_{p+1} \circ \varphi_{p+1})$$
$$= \varphi^{p+1}(f \circ \partial'_{p+1}) = \varphi^{p+1} \circ \delta'^p(f)$$

となる. ここで, $\delta^p : \mathrm{Hom}_G(C_p, M) \to \mathrm{Hom}_G(C_{p+1}, M)$,
$\delta'^p : \mathrm{Hom}_G(C'_p, M) \to \mathrm{Hom}_G(C'_{p+1}, M)$ は境界準同型を表す.
よって,

$$\varphi^* := \{\varphi^p\} : \mathrm{Hom}_G(\mathcal{C}', M) \to \mathrm{Hom}_G(\mathcal{C}, M)$$

はコチェイン写像である. 同様にして, コチェイン写像

$$\psi^* := \{\psi^p\} : \mathrm{Hom}_G(\mathcal{C}, M) \to \mathrm{Hom}_G(\mathcal{C}', M)$$

も得られる.

定理 2.26 上の記号の下, コチェイン写像

$$\varphi^* \circ \psi^* = \{\varphi^p \circ \psi^p : \mathrm{Hom}_G(C_p, M) \to \mathrm{Hom}_G(C_p, M)\}_{p \geq 1},$$
$$\psi^* \circ \varphi^* = \{\psi^p \circ \varphi^p : \mathrm{Hom}_G(C'_p, M) \to \mathrm{Hom}_G(C'_p, M)\}_{p \geq 1}$$

は，それぞれ，恒等写像から定まるコチェイン写像

$$\mathrm{id}^* := \{\mathrm{id}_{\mathrm{Hom}_G(C_p,M)} : \mathrm{Hom}_G(C_p, M) \to \mathrm{Hom}_G(C_p, M)\},$$

$$\mathrm{id}^* := \{\mathrm{id}_{\mathrm{Hom}_G(C'_p,M)} : \mathrm{Hom}_G(C'_p, M) \to \mathrm{Hom}_G(C'_p, M)\}$$

とコチェインホモトープである．

証明． $\varphi^* \circ \psi^* \simeq \mathrm{id}^*$ を示す．もう片方もまったく同様である．ξ_* を定理 2.25 で用いた $\psi_* \circ \varphi_*$ と id_* とをつなぐチェインホモトピーとする．このとき，各 $p \geq 0$ に対して，加法群の準同型写像 $\xi^p : \mathrm{Hom}_G(C_p, M) \to \mathrm{Hom}_G(C_{p-1}, M)$ を，$f \mapsto f \circ \xi_{p-1}$ によって定める．任意の $f \in \mathrm{Hom}_G(C_p, M)$ に対して，

$$
\begin{aligned}
(\delta^{p-1} \circ \xi^p &+ \xi^{p+1} \circ \delta^p)(f) \\
&= \delta^{p-1}(f \circ \xi_{p-1}) + \xi^{p+1}(f \circ \partial_{p+1}) \\
&= f \circ (\xi_{p-1} \circ \partial_p + \partial_{p+1} \circ \xi_p) = f \circ (\psi_p \circ \varphi_p - \mathrm{id}_{C_p}) \\
&= (\varphi^p \circ \psi^p - \mathrm{id}_{\mathrm{Hom}_G(C_p,M)})(f)
\end{aligned}
$$

となるので，$\{\xi^p\}$ が求めるコチェインホモトピーである．□

したがって，φ^* と ψ^* はコホモロジー群の間の同型写像を誘導することが分かり，G のコホモロジー群 $H^p(G, M)$ は G の自由分解のとり方によらない．

2.4 ▶ 特別な自由分解を用いる方法

一般に，与えられた群に対して，（コ）ホモロジー群の計算に適した自由分解を具体的かつ明示的に構成することは甚だ困難である．しかしながら，自由群や巡回群のように構造が簡明な群であれば比較的容易に構成できる場合がある．本節ではこれらについて解説する[17]．

▌ 2.4.1 自由群

この項では自由群[18] の自由分解について解説する．特に，結果として，自由群の任意の係数の 2 次元以上の（コ）ホモロジー群が自明であるという重要な事実が導かれる．以下，$n \geq 1$ に

[17] 2 面体群の自由分解については，Hamada[15] によって知られているので，興味ある読者はぜひ参照されたい．

[18] 自由群の定義や簡単な性質については，拙著『群の表示』を参照していただきたい．

対して，F を $X := \{x_1, \ldots, x_n\}$ 上の自由群とする[19]．

19) 階数が可算無限の自由群であっても同様の議論ができる．

定理 2.27 $\mathbb{Z}[F]$ において，$\{x_i - 1 \mid 1 \leq i \leq n\}$ によって生成される F 部分加群を $K := \langle x_i - 1 \mid 1 \leq i \leq n \rangle$ と置く．このとき，

$$\cdots \to 0 \to 0 \to K \xrightarrow{\iota} \mathbb{Z}[F] \xrightarrow{\varepsilon} \mathbb{Z} \to 0$$

は F の $\mathbb{Z}$ 上の自由分解である．ここで，ι は自然な包含写像であり，$\varepsilon : \mathbb{Z}[F] \to \mathbb{Z}$ は添加写像である．

証明. (1) まず，K が F 自由加群であることを示そう．そのためには，$x_1 - 1, x_2 - 1, \ldots, x_n - 1$ が $\mathbb{Z}[F]$ 上で 1 次独立であることを示せばよい．そこで，

$$\sum_{i=1}^n a_i(x_i - 1) = 0, \quad a_i := \sum_{y \in F} a_{i,y} y \in \mathbb{Z}[F]$$

とすると，

$$\sum_{i=1}^n \sum_{y \in F} a_{i,y} y x_i = \sum_{i=1}^n \sum_{y \in F} a_{i,y} y$$

であり，左辺において，$y x_i$ を改めて y と置き直して和を整理すると，

$$\sum_{i=1}^n \sum_{y \in F} a_{i,y} y x_i = \sum_{i=1}^n \sum_{y \in F} a_{i,y x_i^{-1}} y$$

となる．すなわち，任意の $1 \leq i \leq n$，および任意の $y \in F$ に対して，$a_{i,y x_i^{-1}} = a_{i,y}$ となる．したがって，特に，

$$a_{i,y} = a_{i,y x_i^{-1}} = a_{i,y x_i^{-2}} = a_{i,y x_i^{-3}} = \cdots$$

となる．ここで，$j \neq k$ のとき $y x_i^{-j} \neq y x_i^{-k}$ である．実際，$y x_i^{-j} = y x_i^{-k}$ とすると $x_i^{j-k} = 1$ となるので，$j = k$ である．一方，各 a_i は有限和であるから，十分大きい整数 n に対して，$a_{i,y x_i^{-n}} = 0$ である．したがって，$a_{i,y} = 0$ となり，$a_i = 0$ を得る．つまり，K は $\{x_i - 1 \mid 1 \leq i \leq n\}$ 上の F 自由加群である[20]．

20) $K \cong \bigoplus_{i=1}^n \mathbb{Z}[F](x_i - 1)$ である．

(2) 次に，図式が F 加群の完全系列であることを示そう．まず，ι は自然な包含写像であるから，単射 F 準同型写像である．

次に，任意の $1 \leq i \leq n$，および任意の $y \in F$ に対して，

$$\varepsilon \circ \iota(y(x_i - 1)) = \varepsilon \circ \iota(yx_i - y) = 1 - 1 = 0$$

となるので，$\mathrm{Im}(\iota) \subset \mathrm{Ker}(\varepsilon)$．一方，任意の $x = \sum_{y \in F} a_y y \in \mathrm{Ker}(\varepsilon)$ とすると，$\sum_{y \in F} a_y = 0$ であるから，$x = x - 0 = \sum_{y \in F} a_y(y - 1)$ となり，各 $y \in F$ に対して $y - 1 \in \mathrm{Im}(\iota)$ を示せば，$x \in \mathrm{Im}(\iota)$ であることが分かる．

今，y を既約語表示して $y = x_{i_1}^{e_1} \cdots x_{i_r}^{e_r}$ $(e_i = \pm 1)$ として，$r \geq 1$ についての帰納法で示す．$r = 1$ のとき，$e_1 = 1$ のときは明らか．一方，$e_1 = -1$ のときは，

$$y - 1 = x_{i_1}^{-1} - 1 = -x_{i_1}^{-1}(x_{i_1} - 1)$$

であるから，やはり $y - 1 \in \mathrm{Im}(\iota)$ である．$r \geq 2$ として，$r - 1$ まで主張が正しいとすると，

$$y - 1 = x_{i_1}^{e_1} \cdots x_{i_{r-1}}^{e_{r-1}}(x_{i_r}^{e_r} - 1) + (x_{i_1}^{e_1} \cdots x_{i_{r-1}}^{e_{r-1}} - 1)$$

であるから，帰納法の仮定により $y - 1 \in \mathrm{Im}(\iota)$ となる．よって帰納法が進む．

(3) $\varepsilon : \mathbb{Z}[F] \to \mathbb{Z}$ の全射性については明らか．

以上より，求める結果を得る．□

系 2.28 F を X を基底とする自由群とし，M を F 加群とする．このとき，任意の $p \geq 2$ に対して，

$$H_p(F, M) = 0, \quad H^p(F, M) = 0.$$

すなわち，自由群の 2 次元以上の（コ）ホモロジー群はすべて自明である．

2.4.2 巡回群

この項では，$G = \{1, \sigma, \sigma^2, \ldots, \sigma^{n-1}\}$ を σ が生成する位数 $n \geq 1$ の巡回群とする[21]．まず，$\mathbb{Z}[G]$ から $\mathbb{Z}[G]$ への G 準同型写像 $T, N : \mathbb{Z}[G] \to \mathbb{Z}[G]$ をそれぞれ，

$$T(x) := x(\sigma - 1), \qquad N(x) := x(1 + \sigma + \cdots + \sigma^{n-1})$$

21) このとき，G の $\mathbb{Z}$ 上の群環 $\mathbb{Z}[G]$ は可換環であることに注意されたい．

によって定める.

定理 2.29

$$\cdots \xrightarrow{N} \mathbb{Z}[G] \xrightarrow{T} \mathbb{Z}[G] \xrightarrow{N} \mathbb{Z}[G] \xrightarrow{T} \mathbb{Z}[G] \xrightarrow{\varepsilon} \mathbb{Z} \to 0$$

は G の $\mathbb{Z}$ 上の自由分解である.

証明. (1) $\mathrm{Ker}(T) = \mathrm{Im}(N)$ であること.

(⊃) 任意の $x \in \mathbb{Z}[G]$ に対して,

$$\begin{aligned}
T \circ N(x) &= T(x(1 + \sigma + \cdots + \sigma^{n-1})) \\
&= x(1 + \sigma + \cdots + \sigma^{n-1})(\sigma - 1) \\
&= x(\sigma^n - 1) = 0
\end{aligned}$$

となるので明らか.

(⊂) 任意の $x = a_0 + a_1\sigma + \cdots + a_{n-1}\sigma^{n-1} \in \mathrm{Ker}(T)$ とすると,

$$\begin{aligned}
x(\sigma - 1) &= a_0\sigma + a_1\sigma^2 + \cdots + a_{n-2}\sigma^{n-1} + a_{n-1} - (a_0 + a_1\sigma + \cdots + a_{n-1}\sigma^{n-1}) \\
&= (a_{n-1} - a_0) + (a_0 - a_1)\sigma + \cdots + (a_{n-2} - a_{n-1})\sigma^{n-1} \\
&= 0
\end{aligned}$$

であるから, $a_0 = a_1 = \cdots = a_{n-1}$ である. したがって, $x = a_0(1 + \sigma + \cdots + \sigma^{n-1}) \in \mathrm{Im}(N)$ となる.

(2) $\mathrm{Ker}(N) = \mathrm{Im}(T)$ であること.

(⊃) (1) の $\mathrm{Ker}(T) \supset \mathrm{Im}(N)$ と同様である.

(⊂) 任意の $x = a_0 + a_1\sigma + \cdots + a_{n-1}\sigma^{n-1} \in \mathrm{Ker}(N)$ とすると,

$$x(1 + \sigma + \cdots + \sigma^{n-1}) = \left(\sum_{i=0}^{n-1} a_i\right) + \left(\sum_{i=0}^{n-1} a_i\right)\sigma + \cdots + \left(\sum_{i=0}^{n-1} a_i\right)\sigma^{n-1} = 0$$

であるから, $a_0 + a_1 + \cdots + a_{n-1} = 0$ である. したがって,

$$x = x - (a_0 + a_1 + \cdots + a_{n-1}) = a_1(\sigma - 1) + \cdots + a_{n-1}(\sigma^{n-1} - 1) \in \mathrm{Im}(T)$$

となる.

(3) $\mathrm{Ker}(\varepsilon) = \mathrm{Im}(T)$ であること.

(⊃) 任意の $x \in G$ に対して,

$$\varepsilon \circ T(x) = \varepsilon(x(\sigma - 1)) = 1 - 1 = 0$$

より明らか.

(⊂) (2) の $\mathrm{Ker}(N) \subset \mathrm{Im}(T)$ と同様である. □

以上より, 以下の定理が導かれる.

定理 2.30 $G = \{1, \sigma, \sigma^2, \ldots, \sigma^{n-1}\}$ を σ が生成する位数 $n \geq 2$ の巡回群とし, M を G 加群とする. このとき,

$$H_p(G, M) \cong \begin{cases} M_G, & p = 0, \\ M^G/(1 + \sigma + \cdots + \sigma^{n-1})M, & p \text{ は奇数}, \\ M'/(\sigma - 1)M, & p \geq 2 \text{ かつ}, \ p \text{ は偶数}, \end{cases}$$

$$H^p(G, M) \cong \begin{cases} M^G, & p = 0, \\ M'/(\sigma - 1)M, & p \text{ は奇数}, \\ M^G/(1 + \sigma + \cdots + \sigma^{n-1})M, & p \geq 2 \text{ かつ}, \ p \text{ は偶数} \end{cases}$$

が成り立つ[22]. ここで,

$$xM := \{x \cdot m \mid m \in M\}, \ (x \in \mathbb{Z}[G]),$$
$$M' := \{m \in M \mid (1 + \sigma + \cdots + \sigma^{n-1}) \cdot m = 0\}$$

である.

[22] 任意の $m \in M$ に対して, $(\sigma - 1) \cdot m = m \cdot (\sigma^{-1} - 1)$, $(1 + \sigma + \cdots + \sigma^{n-1}) \cdot m = m \cdot (1 + \sigma + \cdots + \sigma^{n-1})$ であることに注意されたい.

証明. ホモロジー群のみ示す. コホモロジー群も同様である. $p = 0$ のときは明らかなので, $p \geq 1$ の場合を考えればよい. 定理 2.29 の自由分解を用いる. 一般に, $M \otimes_G \mathbb{Z}[G] \cong M$ である. また, 任意の $m \in M$ に対して,

$$(\mathrm{id}_M \otimes N)(m \otimes 1) = m \otimes (1 + \sigma + \cdots + \sigma^{n-1}) = m \otimes 1 + m \otimes \sigma + \cdots + m \otimes \sigma^{n-1}$$
$$= m \otimes 1 + m \cdot \sigma \otimes 1 + \cdots + m \cdot \sigma^{n-1} \otimes 1 = m \cdot (1 + \sigma + \cdots + \sigma^{n-1}) \otimes 1$$
$$(\mathrm{id}_M \otimes T)(m \otimes 1) = m \otimes (\sigma - 1) = m \cdot \sigma \otimes 1 - m \otimes 1 = m \cdot (\sigma - 1) \otimes 1$$

であるので, 以下の可換図式を得る.

ここで，垂直方向の写像は $m \otimes 1 \mapsto m$ で与えられる同型写像である．したがって，チェイン写像の性質から求める結果を得る．$\square$

特に，$M = \mathbb{Z}$ で G が $\mathbb{Z}$ に自明に作用する場合は以下のようになる．

定理 2.31 $n \geq 2$ に対して，$G = \{1, \sigma, \sigma^2, \ldots, \sigma^{n-1}\}$ を位数 n の巡回群とし，$\mathbb{Z}$ を G 自明加群とする．このとき，

$$
H_p(G, \mathbb{Z}) \cong \begin{cases} \mathbb{Z}, & p = 0, \\ \mathbb{Z}/n\mathbb{Z}, & p \text{ は奇数}, \\ 0, & p \geq 2 \text{ かつ，} p \text{ は偶数}, \end{cases}
$$

$$
H^p(G, \mathbb{Z}) \cong \begin{cases} \mathbb{Z}, & p = 0, \\ 0, & p \text{ は奇数}, \\ \mathbb{Z}/n\mathbb{Z}, & p \geq 2 \text{ かつ，} p \text{ は偶数} \end{cases}
$$

が成り立つ．

2.5 問題

問題 2.1 G を群とし，$\mathbb{Z}[G]$ を自然に G 加群とみなす．このとき，任意の $q \geq 1$ に対して $H_q(G, \mathbb{Z}[G]) = 0$ であることを示せ．

解答. $\{C_p, \partial_p, \varepsilon\}$ を G の $\mathbb{Z}$ 上の自由分解とする．このとき，チェイン複体 $\{\mathbb{Z}[G] \otimes_G C_p, \mathrm{id} \otimes \partial_p\}$ のホモロジー群を計算すればよい．ところが，自然な同型 $\mathbb{Z}[G] \otimes_G C_p \cong C_p$ が存在するので，結局，$\{C_p, \partial_p\}$ のホモロジー群を計算すればよいことになる．複体 $\{C_p, \partial_p\}$ は完全系列であるから，直ちに求める結果を得る．$\square$

問題 2.2 任意の $n \in \mathbb{Z}$ に対して，$\mathbb{R}$ の部分空間

$$
e_n^0 := \{n\}, \quad e_n^1 := \{x \in \mathbb{R} \mid n < x < n+1\} \subset \mathbb{R}
$$

を考え，各 $0 \leq i \leq 1$ に対して，$\{e_n^i \mid n \in \mathbb{Z}\}$ を基底とする自

由アーベル群を C_i とする[23]．F を σ を生成元とする乗法的無限巡回群とし，F の C_i への作用を，任意の $m \in \mathbb{Z}$ に対して，

23) まことに唐突ではありますが．

$$\sigma^m \cdot \sum_{n \in \mathbb{Z}} a_n e_n^i := \sum_{n \in \mathbb{Z}} a_n e_{n+m}^i$$

によって定める．加法群としての準同型写像 $\partial_1 : C_1 \to C_0$，$\varepsilon : C_0 \to \mathbb{Z}$ をそれぞれ，

$$\partial_1(e_n^1) := e_{n+1}^0 - e_n^0 \ (n \in \mathbb{Z}), \quad \varepsilon\Big(\sum_{n \in \mathbb{Z}} a_n e_n^0\Big) := \sum_{n \in \mathbb{Z}} a_n$$

によって定める．

(1) 各 C_i は階数 1 の F 自由加群であることを示せ．

(2) $\partial_1 : C_1 \to C_0$ は F 準同型写像であることを示せ．

(3) $0 \to C_1 \xrightarrow{\partial_1} C_0 \xrightarrow{\varepsilon} \mathbb{Z} \to 0$ は F の $\mathbb{Z}$ 上の自由分解であることを示せ．

解答. (1) 各 $0 \le i \le 1$ に対して，写像 $\varphi : \mathbb{Z}[F] \to C_i$ を

$$\sum_{n \in \mathbb{Z}} a_n \sigma^n \mapsto \sum_{n \in \mathbb{Z}} a_n e_n^i$$

によって定めれば，これが F 同型写像になる．

(2) 任意の $\sigma^m \in F$ に対して，

$$\begin{aligned}
\partial_1\Big(\sigma^m \cdot \sum_{n \in \mathbb{Z}} a_n e_n^1\Big) &= \partial_1\Big(\sum_{n \in \mathbb{Z}} a_n e_{n+m}^1\Big) \\
&= \sum_{n \in \mathbb{Z}} a_n(e_{n+m+1}^0 - e_{n+m}^0) \\
&= \sigma^m \cdot \partial_1\Big(\sum_{n \in \mathbb{Z}} a_n e_n^1\Big)
\end{aligned}$$

であるので明らか．

(3) ε が F 準同型写像であることは添加写像と同様に示せる．また，$\varepsilon \circ \partial_1 = 0$ も明らかである．一方，$x = \sum_{n \in \mathbb{Z}} a_n e_n^0 \in \mathrm{Ker}(\varepsilon)$ とすると，

$$\begin{aligned}
x = x - 0 &= \sum_{n \in \mathbb{Z}} a_n e_n^0 - \Big(\sum_{n \in \mathbb{Z}} a_n\Big) e_{n-1}^0 = \sum_{n \in \mathbb{Z}} a_n(e_n^0 - e_{n-1}^0) \\
&= \sum_{n \in \mathbb{Z}} a_n \partial_1(e_{n-1}^1) \in \mathrm{Im}(\partial_1)
\end{aligned}$$

である．よって，求める結果を得る[24]．□

問題 2.3 $\mathbb{C}$ の部分環 $\mathbb{Z}[\sqrt{-1}] := \{a + b\sqrt{-1} \,|\, a, b \in \mathbb{Z}\}$ を考える．複素共役写像 $\mathbb{C} \to \mathbb{C}$ の $\mathbb{Z}[\sqrt{-1}]$ への制限を $\sigma : \mathbb{Z}[\sqrt{-1}] \to \mathbb{Z}[\sqrt{-1}]$ と置く．すなわち，$\sigma(a + b\sqrt{-1}) = a - b\sqrt{-1}$, $(a, b \in \mathbb{Z})$ である．ここで，$G := \{\mathrm{id}_{\mathbb{Z}[\sqrt{-1}]}, \sigma\}$ と置くと，写像の合成により G は群になり，自然に $\mathbb{Z}[\sqrt{-1}]$ に作用する[25]．このとき，任意の $q \geq 0$ に対して，$H^q(G, \mathbb{Z}[\sqrt{-1}])$ を計算せよ．

解答． 定理 2.29 より，巡回群のコホモロジーは偶奇により周期性があるので，$0 \leq q \leq 2$ の場合に計算できればよい．ここで，$\mathrm{Hom}_G(\mathbb{Z}[G], \mathbb{Z}[\sqrt{-1}]) \cong \mathbb{Z}[\sqrt{-1}]$, $(f \mapsto f(1))$ に注意すると以下の可換図式が得られる．

$$\mathrm{Hom}_G(\mathbb{Z}[G], \mathbb{Z}[\sqrt{-1}]) \xrightarrow{\ \delta^0\ } \mathrm{Hom}_G(\mathbb{Z}[G], \mathbb{Z}[\sqrt{-1}]) \xrightarrow{\ \delta^1\ } \mathrm{Hom}_G(\mathbb{Z}[G], \mathbb{Z}[\sqrt{-1}]) \xrightarrow{\ \delta^2\ } \cdots$$
$$\cong\downarrow \qquad\qquad \cong\downarrow \qquad\qquad \cong\downarrow$$
$$\mathbb{Z}[\sqrt{-1}] \xrightarrow{\ (\sigma-1)\cdot\ } \mathbb{Z}[\sqrt{-1}] \xrightarrow{\ (\sigma+1)\cdot\ } \mathbb{Z}[\sqrt{-1}] \xrightarrow{\ (\sigma-1)\cdot\ } \cdots$$

(1) $H^0(G, \mathbb{Z}[\sqrt{-1}])$ について．$x = a + b\sqrt{-1} \in \mathbb{Z}[\sqrt{-1}]^G$ とすると，$\sigma(x) = x$ より，$b = 0$ を得る．逆に，任意の有理整数 $a \in \mathbb{Z}$ に対して，$a \in \mathbb{Z}[\sqrt{-1}]^G$ は明らかなので，$H^0(G, \mathbb{Z}[\sqrt{-1}]) = \{a \,|\, a \in \mathbb{Z}\} = \mathbb{Z}$ となる．

(2) $H^1(G, \mathbb{Z}[\sqrt{-1}])$ について．まず，$a + b\sqrt{-1} \in \mathrm{Ker}((\sigma+1)\cdot)$ とすると，$a = 0$ を得るので，$\mathrm{Ker}((\sigma+1)\cdot) = \{b\sqrt{-1} \,|\, b \in \mathbb{Z}\}$．次に，任意の $a + b\sqrt{-1} \in \mathbb{Z}[\sqrt{-1}]$ に対して，$(\sigma-1)(a + b\sqrt{-1}) = -2b\sqrt{-1}$ となるので，$\mathrm{Im}((\sigma-1)\cdot) = \{2b\sqrt{-1} \,|\, b \in \mathbb{Z}\}$ である．よって，$H^1(G, \mathbb{Z}[\sqrt{-1}]) = \mathbb{Z}/2\mathbb{Z}$.

(3) $H^2(G, \mathbb{Z}[\sqrt{-1}])$ について．(2) と同様にして，$H^2(G, \mathbb{Z}[\sqrt{-1}]) = \mathbb{Z}/2\mathbb{Z}$ を得る．□

[24] 興味ある読者は，この問題を踏まえて階数 2 の自由アーベル群の自由分解を構成してみよ（ヒント：$\mathbb{R}^2$ 内の部分空間を考えてみよ）．

[25] G は $\mathbb{Q}$ 上 2 次のガロア拡大 $\mathbb{Q}(\sqrt{-1})/\mathbb{Q}$ のガロア群と同型な群であり，$\mathbb{Z}[\sqrt{-1}]$ は $\mathbb{Q}(\sqrt{-1})$ の整数環である．

3 ▶ 1次元(コ)ホモロジーの計算

一般に，群の（コ）ホモロジー群は1次元といえども，いつでも容易に計算できるとは限らない．この章では，まず，与えられた群 G の標準複体を用いて，整係数1次元ホモロジー群が G のアーベル化に同型であることを示す．さらに，G に群の表示と呼ばれる情報が与えられているとき，任意の係数 M に対して $H^1(G, M)$ を計算する方法について解説する．

3.1 ▶ 整係数1次元ホモロジー群

まず，簡単にアーベル化について復習する．G を群とする．任意の $x, y \in G$ に対して，$[x, y] := xyx^{-1}y^{-1}$ を x と y の**交換子** (commutator) という．G の部分群 H, K に対して，すべての $[h, k]$ $(h \in H, k \in K)$ で生成される G の部分群

$$[H, K] := \langle [h, k] \mid h \in H, k \in K \rangle \leq G$$

を G における H と K の**交換子部分群** (commutator subgroup of H and K) という[1]．特に，$H = K = G$ のとき，$[G, G]$ を G の**交換子群** (commutator subgroup of G) という．

任意の $x, y, z \in G$ に対して，

$$z[x, y]z^{-1} = [zxz^{-1}, zyz^{-1}]$$

であるので，$[G, G]$ は G の正規部分群であり，$G^{\mathrm{ab}} := G/[G, G]$ を G の**アーベル化** (abelianization) という．G^{ab} は，アーベル群による G の近似であり，G がアーベル群であれば，任意の

---

[1] 英語表記の直訳は「交換子部分群」であるが，単に「交換子群」という言い方もよくされる．

$x, y \in G$ に対して $[x, y] = 1_G$ であるから，$G^{\mathrm{ab}} \cong G$ である[2]．

以下，特に断らないかぎり，群 G に対して $\mathbb{Z}$ は G 自明加群とする．

定理 3.1 $H_1(G, \mathbb{Z}) \cong G^{\mathrm{ab}}$．

証明. G の標準複体 $\mathcal{C}_* = \{C_p, \partial_p, \varepsilon\}$ を用いて，$H_1(G, \mathbb{Z})$ を記述することを考えよう．加法群のチェイン複体

$$\cdots \to \mathbb{Z} \otimes_G C_2 \xrightarrow{\mathrm{id}_{\mathbb{Z}} \otimes \partial_2} \mathbb{Z} \otimes_G C_1 \xrightarrow{\mathrm{id}_{\mathbb{Z}} \otimes \partial_1} \mathbb{Z} \otimes_G C_0$$

において，$\mathbb{Z} \otimes_G C_1$ は加法群として $\{1 \otimes \sigma \otimes \tau \mid \sigma, \tau \in G\}$ で生成されている．すると，任意の $\sigma, \tau \in G$ に対して，

$$1 \otimes \sigma \otimes \tau = 1 \cdot \sigma \otimes 1 \otimes \tau = 1 \otimes 1 \otimes \tau = 1 \otimes [\tau] \in \mathbb{Z} \otimes_G C_1$$

であるから，

$$(\mathrm{id}_{\mathbb{Z}} \otimes \partial_1)(1 \otimes \sigma \otimes \tau) = (\mathrm{id}_{\mathbb{Z}} \otimes \partial_1)(1 \otimes [\tau]) = 1 \otimes (\tau - 1)$$
$$= (1 \cdot \tau) \otimes 1 - 1 \otimes 1 = 0.$$

したがって，$\mathrm{Ker}(\mathrm{id}_{\mathbb{Z}} \otimes \partial_1) = \mathbb{Z} \otimes_G C_1$ である．

そこで，$\{1 \otimes 1 \otimes \tau \mid \tau \in G\}$ が $\mathbb{Z} \otimes_G C_1 (\cong \mathbb{Z}[G])$ の自由アーベル群としての基底であることに注意して，加法群の準同型写像 $\eta_1 : \mathbb{Z} \otimes_G C_1 \to \mathbb{Z}[G]$ を $1 \otimes 1 \otimes \tau \mapsto \tau$ によって定める．さらに，加法群 $\mathbb{Z}[G]$ から乗法群 G^{ab} への準同型写像 $\eta_2 : \mathbb{Z}[G] \to G^{\mathrm{ab}}$ を[3]

$$\sum_{\sigma \in G} a_\sigma \sigma \mapsto \left(\prod_{\sigma \in G} \sigma^{a_\sigma} \right)$$

によって定める[3]．すると，η_1, η_2 は全射であるから，$\eta := \eta_2 \circ \eta_1 : \mathbb{Z} \otimes_G C_1 \to G^{\mathrm{ab}}$ も全射準同型写像となる．一方，$\mathbb{Z} \otimes_G C_2$ は加法群として，

$$\{1 \otimes \sigma[\sigma_1, \sigma_2] \mid \sigma, \sigma_1, \sigma_2 \in G\}$$

で生成されており，

2) アーベル化についての詳細は拙著『シローの定理』を参照されたい．

3) $\sigma \in G$ に対して，σ の G^{ab} における剰余類も σ と表す．$[\sigma]$ と書いてしまうと，標準複体の基底の元と混乱しかねない．

$$\eta \circ (\mathrm{id}_{\mathbb{Z}} \otimes \partial_2)(1 \otimes \sigma[\sigma_1, \sigma_2]) = \eta(1 \otimes \sigma(\sigma_1[\sigma_2] - [\sigma_1\sigma_2] + [\sigma_1]))$$
$$= \sigma_2 \cdot (\sigma_1\sigma_2)^{-1} \cdot \sigma_1 = 1$$

となるので，η は準同型写像 $\widetilde{\eta} : H_1(G, \mathbb{Z}) \to G^{\mathrm{ab}}$ を誘導する.

逆に，写像 $\theta : G \to H_1(G, \mathbb{Z})$ を $\sigma \mapsto [1 \otimes 1 \otimes \sigma]$ で定めると[4]，任意の $\sigma, \tau \in G$ に対して，

$$\theta(\sigma\tau) = [1 \otimes 1 \otimes \sigma\tau]$$
$$= [1 \otimes 1 \otimes \sigma\tau] + [(\mathrm{id}_{\mathbb{Z}} \otimes \partial_2)(1 \otimes [\sigma, \tau])]$$
$$= [1 \otimes 1 \otimes \sigma] + [1 \otimes 1 \otimes \tau] = \theta(\sigma) + \theta(\tau)$$

[4] $[1 \otimes 1 \otimes \sigma]$ は $1 \otimes 1 \otimes \sigma$ の $H_1(G, \mathbb{Z})$ における剰余類を表す. 記号が煩雑になるが, 括弧が何を意味しているか一つひとつ確認しながら読み進めてほしい.

となるので，θ は準同型写像である. 特に，θ の像はアーベル群であるから，θ は準同型写像 $\widetilde{\theta} : G^{\mathrm{ab}} \to H_1(G, \mathbb{Z})$ を誘導する. このとき，$\widetilde{\eta} \circ \widetilde{\theta} = \mathrm{id}$, $\widetilde{\theta} \circ \widetilde{\eta} = \mathrm{id}$ となり，$\widetilde{\eta}, \widetilde{\theta}$ は同型写像である. □

例 3.2 G がアーベル群であれば，$H_1(G, \mathbb{Z}) \cong G$ である.

例 3.3 $n \geq 2$ に対して，D_n を n 次の 2 面体群とする[5]. このとき，

$$H_1(D_n, \mathbb{Z}) = \begin{cases} \mathbb{Z}/2\mathbb{Z}, & n \text{ が奇数}, \\ \mathbb{Z}/2\mathbb{Z} \times \mathbb{Z}/2\mathbb{Z}, & n \text{ が偶数} \end{cases}$$

である[6].

[5] $|D_n| = 2n$ である. 文献によっては D_{2n} と書かれることもあるので注意されたい.

[6] 詳細は拙著『シローの定理』を参照されたい.

例 3.4 $n \geq 2$ に対して，$\mathfrak{S}_n, \mathfrak{A}_n$ をそれぞれ，n 次対称群，n 次交代群とする. このとき，

$$H_1(\mathfrak{S}_n, \mathbb{Z}) \cong \mathbb{Z}/2\mathbb{Z},$$
$$H_1(\mathfrak{A}_n, \mathbb{Z}) = \begin{cases} 0, & n \geq 5 \text{ または } n = 2, \\ \mathbb{Z}/3\mathbb{Z}, & n = 3, 4 \end{cases}$$

である[5].

3.2 ▶ 1 次元コホモロジー群の計算

G を群，M を G 加群とする．G の標準複体 $\mathcal{C}_* = \{C_p, \partial_p, \varepsilon\}$ を用いて，$H^1(G, M)$ を記述することを考える．コチェイン複体

$$\mathrm{Hom}_G(C_0, M) \xrightarrow{\delta^0} \mathrm{Hom}_G(C_1, M) \xrightarrow{\delta^1} \mathrm{Hom}_G(C_2, M) \xrightarrow{\delta^2} \cdots$$

において，C_2 は $\{[\sigma, \tau] = 1 \otimes \sigma \otimes \tau \,|\, \sigma, \tau \in G\}$ を基底とする G 自由加群であるから，$f \in \mathrm{Hom}_G(C_1, M)$ に対して，

$$
\begin{aligned}
f \in \mathrm{Ker}(\delta^1) &\Longleftrightarrow f \circ \partial_2 = 0 \\
&\Longleftrightarrow (f \circ \partial_2)([\sigma, \tau]) = 0 \quad (\sigma, \tau \in G) \\
&\Longleftrightarrow f([\sigma\tau]) = f([\sigma]) + \sigma \cdot f([\tau]) \quad (\sigma, \tau \in G)
\end{aligned}
$$

となる．さらに，$f \in \mathrm{Im}(\delta^0)$ とすると，ある $g \in \mathrm{Hom}_G(C_0, M)$ が存在して，

$$f = \delta^0(g) \Longleftrightarrow f([\sigma]) = (g \circ \partial_1)([\sigma]) = \sigma \cdot g(1) - g(1) \quad (\sigma \in G)$$

となるので，

$$f \in \mathrm{Im}(\delta^0) \Longleftrightarrow \text{ある } m \in M \text{ が存在して，} f([\sigma]) = \sigma \cdot m - m \ (\sigma \in G)$$

であることが分かる．これを踏まえて以下の定義を考える．

定義 3.5（ねじれ準同型）

(1) 写像 $f : G \to M$ が

$$f(\sigma\tau) = f(\sigma) + \sigma \cdot f(\tau) \quad (\sigma, \tau \in G)$$

を満たすとき，f を**ねじれ準同型** (crossed homomorphism) という[7]．さらに，ねじれ準同型全体の集合を

$$\mathrm{Cros}(G, M) := \{f : G \to M \,|\, f \text{ はねじれ準同型}\}$$

と置く．M の加法を利用して，任意の $f_1, f_2 \in \mathrm{Cros}(G, M)$ に対して，

[7] "クロスドホモモルフィズム"と片仮名読みすることが一般的かもしれない．

$$(f_1 + f_2)(\sigma) := f_1(\sigma) + f_2(\sigma) \quad (\sigma \in G)$$

と定義することで，$\mathrm{Cros}(G, M)$ は加法群になる．

(2) 写像 $f : G \to M$ がある $m \in M$ に対して

$$f(\sigma) = \sigma \cdot m - m \quad (\sigma \in G)$$

を満たすとき，f を m に付随する**主ねじれ準同型** (principal crossed homomorphism) といい[8]，d_m と表す．さらに，主ねじれ準同型全体の集合を

$$\mathrm{Prin}(G, M) := \{d_m : G \to M \,|\, m \in M\}$$

と置く．すると，簡単な直接的計算によって，主ねじれ準同型はねじれ準同型であり，$\mathrm{Prin}(G, M)$ は $\mathrm{Cros}(G, M)$ の部分群であることが分かる．

本節の最初に述べたことから，

$$H^1(G, M) \cong \mathrm{Cros}(G, M)/\mathrm{Prin}(G, M)$$

である．実際，写像 $\Phi : \mathrm{Cros}(G, M) \to \mathrm{Hom}_G(C_1, M)$ を任意の $f \in \mathrm{Cros}(G, M)$ に対して，

$$\Phi(f)([\sigma]) := f(\sigma) \quad (\sigma \in G)$$

と定めると，この Φ が求める同型写像を誘導する．

定義から明らかなように，G の M への作用が自明なときは，ねじれ準同型は通常の群準同型写像に他ならない．また，このとき，主ねじれ準同型は自明な準同型，すなわち，零写像である．したがって以下を得る．

定理 3.6 $H^1(G, \mathbb{Z}) \cong \mathrm{Hom}(G, \mathbb{Z})$ [9]．特に，G が有限群であれば，$H^1(G, \mathbb{Z}) = 0$ である．

証明．前半は明らか．G を有限群とし，$f \in \mathrm{Hom}(G, \mathbb{Z})$ とする．$g \neq 1_G$ である任意の $g \in G$ に対して，ある $n \geq 2$ が存在して，$g^n = 1_G$ となる．このとき，$0 = f(1_G) = f(g^n) = nf(g) \in \mathbb{Z}$

8) "プリンシパル クロス ド ホモモルフィズム" と片仮名読みすることが一般的かもしれない．

9) $\mathrm{Hom}(G, \mathbb{Z})$ は，任意の $f, f' \in \mathrm{Hom}(G, \mathbb{Z})$ に対して，$(f+f')(g) := f(g) + f'(g)$，$(g \in G)$ と定めることにより加法群になることに注意せよ．

であるので，$f(g) = 0$ である．つまり，f は零写像である．□

　さて，上のことから，1次元コホモロジー群 $H^1(G, M)$ を計算するには，G から M へのねじれ準同型写像がどれだけあるかを調べればよい．そのために，ねじれ準同型写像の性質をいくつか調べよう．

補題 3.7 G を群，M を左 G 加群とする．$f : G \to M$ をねじれ準同型写像とする．このとき，

(1) $f(1_G) = 0$.
(2) 任意の $\sigma \in G$ に対して，$f(\sigma^{-1}) = -\sigma^{-1}f(\sigma)$.

証明. (1) ねじれ準同型の定義より，

$$f(1_G) = f(1_G \cdot 1_G) = f(1_G) + 1_G \cdot f(1_G) = f(1_G) + f(1_G)$$

となる．これより，$f(1_G) = 0$ を得る．
　(2) (1) より，

$$0 = f(1_G) = f(\sigma^{-1}\sigma) = f(\sigma^{-1}) + \sigma^{-1}f(\sigma)$$

となるので，これより求める式が得られる．□

　$f : G \to M$ をねじれ準同型とするとき，$f(\sigma\tau) = f(\sigma) + \sigma f(\tau)$ と $f(\sigma^{-1}) = -\sigma^{-1}f(\sigma)$ により，f は G の生成元上での値で写像として一意的に決まってしまうことが分かる．では，生成元上での値を <u>任意に</u> 指定してねじれ準同型写像を構成できるだろうか．これは一般には不可能である．一般に，表示が与えられた群から別の群への準同型写像がどれだけ存在するかは，表示の普遍写像性質を用いて記述することができる．これと同様のことがねじれ準同型写像についても成り立つ．まず，自由群の場合について述べよう．

定理 3.8 $F(X)$ を X 上の自由群とし，$\iota : X \hookrightarrow F(X)$ を自然な包含写像とする．任意の $F(X)$ 加群 M と任意の写像 $f : X \to M$ に対して，あるねじれ準同型写像 $\widetilde{f} : F(X) \to M$ で $\widetilde{f} \circ \iota = f$ となるものが一意的に存在し，以下の図式が可換

となる.

証明. まず, 各 $x \in X$ に対して, $\widetilde{f}(x) := f(x)$, $\widetilde{f}(x^{-1}) := -x^{-1}\widetilde{f}(x)$ と置き, 任意の $v = x_{i_1}^{e_1} x_{i_2}^{e_2} \cdots x_{i_k}^{e_k} \in F(X)$ ($e_j = \pm 1$) に対して,

$$\widetilde{f}(v) = \widetilde{f}(x_{i_1}^{e_1}) + x_{i_1}^{e_1}\widetilde{f}(x_{i_2}^{e_2}) + \cdots + x_{i_1}^{e_1} \cdots x_{i_{k-1}}^{e_{k-1}}\widetilde{f}(x_{i_k}^{e_k})$$

と置く. この定義が $F(X)$ 上でも well-defined であることを示そう. すなわち, $v, w \in W(X)$ に対して, v と w が語として同値 ($v \sim w$ と表す) であれば $\widetilde{f}(v) = \widetilde{f}(w)$ となることを示す[10]. $v \sim w$ であるとき, v から w へは基本変形の有限列が存在する. したがって, w が v から 1 回の基本変形で得られる場合のみ示せば十分である. 基本変形には以下の 2 種類がある.

10) 自由群に関する記号や詳細は拙著『群の表示』を参照されたい.

(E1) w の文字列の中に, xx^{-1} (もしくは $x^{-1}x$) なる
部分があるとき, これを取り除く.

(E2) (E1) の逆. すなわち, w の文字列の一か所に xx^{-1}
(もしくは $x^{-1}x$) を挿入する.

そこで, w が v に (E1) を施して得られる場合を考え,

$$v = x_{i_1}^{e_1} \cdots x_{i_{j-1}}^{e_{j-1}} \underline{x_{i_j}^{e_j} x_{i_j}^{-e_j}} x_{i_{j+2}}^{e_{j+2}} \cdots x_{i_k}^{e_k},$$

$$w = x_{i_1}^{e_1} \cdots x_{i_{j-1}}^{e_{j-1}} x_{i_{j+2}}^{e_{j+2}} \cdots x_{i_k}^{e_k}$$

とする. このとき,

$$\begin{aligned}
\widetilde{f}(v) = {} & \widetilde{f}(x_{i_1}^{e_1}) + x_{i_1}^{e_1}\widetilde{f}(x_{i_2}^{e_2}) + \cdots + x_{i_1}^{e_1} \cdots x_{i_{j-2}}^{e_{j-2}}\widetilde{f}(x_{i_{j-1}}^{e_{j-1}}) \\
& + x_{i_1}^{e_1} \cdots x_{i_{j-1}}^{e_{j-1}}\widetilde{f}(x_{i_j}^{e_j}) + x_{i_1}^{e_1} \cdots x_{i_{j-1}}^{e_{j-1}} x_{i_j}^{e_j}\widetilde{f}(x_{i_j}^{-e_j}) \\
& + x_{i_1}^{e_1} \cdots x_{i_{j-1}}^{e_{j-1}}\widetilde{f}(x_{i_{j+1}}^{e_{j+1}}) + \cdots + x_{i_1}^{e_1} \cdots x_{i_{j-1}}^{e_{j-1}} x_{i_{j+1}}^{e_{j+1}} \cdots x_{i_{k-1}}^{e_{k-1}}\widetilde{f}(x_{i_k}^{e_k})
\end{aligned}$$

となる. ここで,

$$\widetilde{f}(x_{i_j}^{e_j}) + x_{i_j}^{e_j}\widetilde{f}(x_{i_j}^{-e_j})$$

$$= \begin{cases} \widetilde{f}(x_{i_j}) + x_{i_j}\widetilde{f}(x_{i_j}^{-1}) = \widetilde{f}(x_{i_j}) - x_{i_j}x_{i_j}^{-1}\widetilde{f}(x_{i_j}) = 0, \ e_j = 1 \\ \widetilde{f}(x_{i_j}^{-1}) + x_{i_j}^{-1}\widetilde{f}(x_{i_j}) = -x_{i_j}^{-1}\widetilde{f}(x_{i_j}) + x_{i_j}^{-1}\widetilde{f}(x_{i_j}) = 0, \ e_j = -1 \end{cases}$$

であるから，どちらにしても $\widetilde{f}(v) = \widetilde{f}(w)$ であることが分かる．w が v に (E2) を施して得られる場合も同様である．したがって，$\widetilde{f}$ は well-defined である．

$\widetilde{f}$ がねじれ準同型であること，および，$\widetilde{f} \circ \iota = f$ であることは定義から直ちに従う．$\widetilde{f}$ は F の生成系 X 上での値が一意的に定まるねじれ準同型であるので，$\widetilde{f}$ の一意性についても明らか．$\square$

補題 3.9 G を群，M を G 加群とする．N を G の正規部分群とし，N は M に自明に作用しているとする（これによって，自然に M を G/N 加群とみなす）．$f : G \to M$ をねじれ準同型写像とし，$f(N) = 0$ を満たすとする．このとき，f は G/N 上のねじれ準同型写像 $\overline{f} : G/N \to M$ を誘導する．

証明. 写像 $\overline{f} : G/N \to M$ を，任意の $x \in G$ に対して $\overline{f}([x]) = f(x)$ によって定める．すると，これは well-defined である．実際，$[x] = [y]$ なる任意の $x, y \in G$ に対して，$y = xn$ $(n \in N)$ とするとき，

$$\overline{f}([y]) = f(y) = f(xn) = f(x) + xf(n) = f(x) = \overline{f}([x])$$

となる[11]．さらに，任意の $x, y \in G$ に対して，

$$\overline{f}([xy]) = f(xy) = f(x) + xf(y) = \overline{f}([x]) + [x]\overline{f}([y])$$

となるので，$\overline{f}$ はねじれ準同型である．$\square$

さて，表示が与えられた群を定義域とするねじれ準同型について考えよう．簡単に，記号の確認も兼ねて群の表示について復習する[12]．

定義 3.10（正規閉包）一般に，群 G と部分集合 $T \subset G$ に対して，T とその共役元たちで生成される G の部分群

$$\langle xtx^{-1} \mid x \in G, \ t \in T \rangle$$

を G における T の **正規閉包** (normal closure) といい，$\mathrm{NC}_G(T)$ と表す[13]．

[11] $y = nx (n \in N)$ と書いたとしても，$f([y]) = f(n) + nf(x) = f(x) = f([x])$ となり，同じ結果が得られる．

[12] 詳細は拙著『群の表示』を参照されたい．

[13] あまり一般的な記号ではない．本書の中で便宜的に使用する記号である．群 G と部分集合 $T \subset G$ に対して，$\mathrm{NC}_G(T)$ は，G において T を含む最小の正規部分群である．

定義 3.11（群の表示）G を群とし，G の生成元の集合 $S := \{s_\lambda\}_{\lambda \in \Lambda}$ が与えられているとする．S と 1 対 1 対応がつく集合 $X := \{x_\lambda\}_{\lambda \in \Lambda}$ を考え，X 上の自由群を $F(X)$ とし，対応 $x_\lambda \mapsto s_\lambda$ により定まる全射準同型を $\varphi : F(X) \to G$ とする[14]．

今，$R = \{r_\mu\}_{\mu \in \Lambda'}$ を $\mathrm{Ker}(\varphi)$ の部分集合であって，$\mathrm{NC}_F(R) = \mathrm{Ker}(\varphi)$ となっているとする．このとき，$G = \langle X \,|\, R \rangle$ と書いて，これを G の**表示** (presentation) という．特に，表示 $\langle X \,|\, R \rangle$ は X が有限集合のとき**有限生成** (finitely generated) といい，R が有限集合のとき**有限関係** (finitely related) という．さらに，X, R ともに有限集合のとき**有限表示** (finite presentation) という．X, R の元をそれぞれ，表示 $\langle X \,|\, R \rangle$ の**生成元** (generator)，**関係子** (relator) という[15]．

例 3.12 X 上の自由群 $F(X)$ は $\langle X \,|\, 1_F \rangle$ なる表示をもつ群とみなせる．すなわち，非自明な関係子が一つもない表示をもつ群である．2 つの元で生成される群の表示の例をいくつか挙げておく[16]．

$$\mathbb{Z} * \mathbb{Z} = \langle x, y \,|\, 1 \rangle, \quad \mathbb{Z}^{\oplus 2} = \langle x, y \,|\, [x, y] \rangle,$$
$$\mathbb{Z}/2\mathbb{Z} * \mathbb{Z}/3\mathbb{Z} = \langle x, y \,|\, x^2, y^3 \rangle,$$
$$\mathbb{Z}/2\mathbb{Z} \oplus \mathbb{Z}/3\mathbb{Z} = \langle x, y \,|\, x^2, y^2, [x, y] \rangle.$$

定理 3.13 $G = \langle X \,|\, R \rangle$ を表示が与えられた群とし，M を G 加群とする．$F(X)$ を X 上の自由群とし，$\varphi : F(X) \to G$ を標準的な全射準同型とする．φ を通して M を $F(X)$ 加群とみなす．写像 $f : X \to M$ が

$$\widetilde{f}(r) = 0, \quad (r \in R)$$

を満たすとき，ねじれ準同型 $\overline{f} : G \to M$ で $\overline{f} \circ \varphi \circ \iota = f$ を満たすものが一意的に存在する．ここで，$\iota : X \to F(X)$ は自然な包含写像，$\widetilde{f}$ は定理 3.8 で考えた写像である．特に，以下の図式は可換である．

$$X \xrightarrow{\iota} F(X) \xrightarrow{\varphi} F(X)/\mathrm{NC}_{F(X)}(R) \cong G$$

(diagram: $f : X \to M$, $\widetilde{f} : F(X) \to M$, $\overline{f}$)

証明. 任意の $y \in F(X)$, $r \in R$ に対して,

$$\widetilde{f}(yry^{-1}) = \widetilde{f}(y) + y\widetilde{f}(r) - yry^{-1}\widetilde{f}(y) = 0$$

となる[17]. したがって, $\widetilde{f}$ は $\mathrm{NC}_{F(X)}(R)$ の生成元上で 0 になるので, $\widetilde{f}(\mathrm{NC}_{F(X)}(R)) = 0$ である. ゆえに, 補題 3.9 により, $\widetilde{f}$ はねじれ準同型 $\widetilde{f}' : F(X)/\mathrm{NC}_{F(X)}(R) \to M$ を誘導する. そこで, φ が誘導する同型写像 $\overline{\varphi} : F(X)/\mathrm{NC}_{F(X)}(R) \to G$ を用いて, $\overline{f} := \widetilde{f}' \circ \overline{\varphi}^{-1} : G \to M$ と置けばこれが求めるものである. また, ねじれ準同型は生成元の行き先によって完全に決まるので, $\overline{f}$ は f に対して一意的に定まることも分かる. □

[17] $yry^{-1} \in R$ は M に自明に作用していることに注意せよ.

定理 3.14 $G = \langle X \,|\, R \rangle$ とし, M を G 加群とする. $F(X)$ を X 上の自由群とするとき,

$$\mathrm{Cros}(G, M) \cong \{f \in \mathrm{Cros}(F(X), M) \,|\, f(r) = 0 \ (r \in R)\}$$

が成り立つ.

証明. 上式右辺の加法群を C と置く. $\varphi : F(X) \to G$ を標準的な全射準同型とする. 写像 $\Phi : \mathrm{Cros}(G, M) \to C$ を, $f \mapsto f \circ \varphi$ によって定める. Φ は加法群の準同型写像である. 一方, 写像 $\Psi : C \to \mathrm{Cros}(G, M)$ を $f \mapsto \overline{f \circ \iota}$ によって定める. ここで, $\iota : X \to F(X)$ は自然な包含写像, $\overline{f \circ \iota} : G \to M$ は定理 3.13 によって, $f \circ \iota$ から定まるねじれ準同型写像である. すると, Ψ も加法群の準同型写像であり, $\Phi \circ \Psi = \mathrm{id}$, $\Psi \circ \Phi = \mathrm{id}$ となるので, Φ, Ψ は同型写像である. □

この定理により, G に表示が与えられれば, G から M へのねじれ準同型写像を (理論的には) すべて見つけることができる. したがって, $H^1(G, M)$ が計算できる.

例 3.15 $V = \mathbb{Z}^2$ とし, $\mathrm{SL}(2, \mathbb{Z})$ の V への自然な作用を考え

る．この場合の 1 次元コホモロジー群を計算してみよう．まず，$\mathrm{SL}(2,\mathbb{Z})$ は

$$\mathrm{SL}(2,\mathbb{Z}) = \langle \sigma, \tau \,|\, \sigma\tau\sigma = \tau\sigma\tau, \ (\sigma\tau\sigma)^4 = 1 \rangle$$

なる表示をもつ．ここで，$\sigma = \begin{pmatrix} 1 & 1 \\ 0 & 1 \end{pmatrix}, \tau := \begin{pmatrix} 1 & 0 \\ -1 & 1 \end{pmatrix}$ である[18]．

(1) $\mathrm{Cros}(\mathrm{SL}(2,\mathbb{Z}), V)$ について．$X := \{\sigma, \tau\}$ と置くと，定理 3.14 により，$\mathrm{Cros}(\mathrm{SL}(2,\mathbb{Z}), V)$ は $\mathrm{Cros}(F(X), V)$ の元であって，関係子上で 0 に等しいもの全体からなる．特に，$\mathrm{Cros}(F(X), V)$ の元 f は，$F(X)$ の生成元 σ, τ 上の値で一意的に決まるので，

$$f(\sigma) := \begin{pmatrix} a_1 \\ a_2 \end{pmatrix}, \ f(\tau) := \begin{pmatrix} b_1 \\ b_2 \end{pmatrix}$$

と置いて，$a_i, b_i \ (i = 1, 2)$ たちに関する条件を求めよう．

- $f(\sigma\tau\sigma\tau^{-1}\sigma^{-1}\tau^{-1}) = 0$ について．この条件は

$$f(\sigma) + \sigma f(\tau) + \sigma\tau f(\sigma) = f(\tau) + \tau f(\sigma) + \tau\sigma f(\tau)$$

と同値であり，簡単な計算により，$b_1 = a_2 = 0$ を得る．

- $f((\sigma\tau\sigma)^4) = 0$ について．簡単な計算により，$b_1 = a_2 = 0$ なる条件の下で，$f((\sigma\tau\sigma)^4) = 0$ からは a_i, b_i たちの自明な関係しか出てこないことが分かる．

よって，写像 $\Phi: \mathrm{Cros}(\mathrm{SL}(2,\mathbb{Z}), V) \to \mathbb{Z}^2$ を $f \mapsto \begin{pmatrix} a_1 \\ b_2 \end{pmatrix}$ によって定めると，Φ は同型写像である．

(2) $\mathrm{Prin}(\mathrm{SL}(2,\mathbb{Z}), V)$ について．任意の $\boldsymbol{x} = \begin{pmatrix} x \\ y \end{pmatrix} \in V$ に対して，

$$d_{\boldsymbol{x}}(\sigma) = \begin{pmatrix} y \\ 0 \end{pmatrix}, \quad d_{\boldsymbol{x}}(\tau) = \begin{pmatrix} 0 \\ -x \end{pmatrix}$$

となる．つまり，$\Phi|_{\mathrm{Prin}(\mathrm{SL}(2,\mathbb{Z}), V)}$ は全射である．

よって，(1), (2) より，$H^1(\mathrm{SL}(2,\mathbb{Z}), V) \cong \mathbb{Z}^2 / \Phi(\mathrm{Prin}(\mathrm{SL}(2,\mathbb{Z}), V)) =$

3.2 1 次元コホモロジー群の計算 ◀ 071

0 を得る.

3.3 ▶ 問題

問題 3.1 主ねじれ準同型はねじれ準同型であることを示せ.

解答. G を群, M を G 加群とし, $f : G \to M$ を $m \in M$ に付随する主ねじれ準同型とする. このとき, 任意の $g, h \in G$ に対して

$$f(gh) = (gh) \cdot m - m = g \cdot m - m + g \cdot (h \cdot m - m) = f(g) + g \cdot f(h)$$

となるので, f はねじれ準同型である. □

問題 3.2 G を群とし, G^{ab} を G のアーベル化とする. G^{ab} を加法群とみなすとき, $\mathrm{Hom}(G, \mathbb{Z}) \cong \mathrm{Hom}_{\mathbb{Z}}(G^{\mathrm{ab}}, \mathbb{Z})$ が成り立つことを示せ.

解答. 任意の $f \in \mathrm{Hom}(G, \mathbb{Z})$, および任意の交換子 $[g, h] = ghg^{-1}h^{-1} \in G$ に対して,

$$f([g, h]) = f(g) + f(h) - f(g) - f(h) = 0$$

であるから, f は準同型写像 $\widetilde{f} : G^{\mathrm{ab}} = G/[G, G] \to \mathbb{Z}$ を誘導する. このとき, 写像 $\Phi : \mathrm{Hom}(G, \mathbb{Z}) \to \mathrm{Hom}_{\mathbb{Z}}(G^{\mathrm{ab}}, \mathbb{Z})$ を $f \mapsto \widetilde{f}$ によって定めると, Φ は加法群の準同型写像である. 一方, 任意の $h \in \mathrm{Hom}_{\mathbb{Z}}(G^{\mathrm{ab}}, \mathbb{Z})$ に対して, 自然な全射 $\pi : G \to G^{\mathrm{ab}}$ と h の合成写像を $\widetilde{h} : G \to \mathbb{Z}$ と置くと, $\widetilde{h}$ は準同型写像である. そこで, 写像 $\Psi : \mathrm{Hom}_{\mathbb{Z}}(G^{\mathrm{ab}}, \mathbb{Z}) \to \mathrm{Hom}(G, \mathbb{Z})$ を $h \mapsto \widetilde{h}$ によって定めると Ψ は準同型写像であり, Φ と Ψ は互いに他の逆写像であるから, Φ と Ψ は同型写像である. □

問題 3.3 $\mathrm{SL}(2, \mathbb{Z})$ において,

$$\sigma := \begin{pmatrix} 1 & 2 \\ 0 & 1 \end{pmatrix}, \ \tau := \begin{pmatrix} 1 & 0 \\ 2 & 1 \end{pmatrix}$$

が生成する部分群を Γ と置くと，Γ は $\{\sigma, \tau\}$ を基底とする階数 2 の自由群であることが知られている[19]．今，$V := \mathbb{Z}^{\oplus 2}$ とし，$\mathrm{SL}(2, \mathbb{Z})$ の V への自然な作用を Γ に制限するとき，$H^1(\Gamma, V)$ を計算せよ．

19) 拙著『群の表示』の定理 6.36 を参照されたい.

解答. 任意の $f \in \mathrm{Cros}(\Gamma, V)$ に対して，

$$f(\sigma) := \begin{pmatrix} a_1 \\ a_2 \end{pmatrix}, \ f(\tau) := \begin{pmatrix} b_1 \\ b_2 \end{pmatrix}$$

と置くと，Γ は $\{\sigma, \tau\}$ を基底とする自由群であるので，写像 $\Phi : \mathrm{Cros}(\Gamma, V) \to \mathbb{Z}^{\oplus 4}$ を

$$f \mapsto {}^t(a_1, a_2, b_1, b_2)$$

で定めれば，Φ は同型写像である．したがって，Φ によって $\mathrm{Prin}(\Gamma, V)$ がどのように写されるかを調べればよい．任意の $\boldsymbol{x} = \begin{pmatrix} x \\ y \end{pmatrix} \in V$ に対して，

$$\Phi(d_{\boldsymbol{x}}) = {}^t(2y, 0, 0, 2x)$$

となるので，

$$H^1(\Gamma, V) \cong \mathbb{Z}^4 / \Phi(\mathrm{Prin}(\Gamma, V)) = \mathbb{Z}^{\oplus 2} \oplus (\mathbb{Z}/2\mathbb{Z})^{\oplus 2}$$

となる．$\square$

問題 3.4 $n \geq 2$ に対して，n 次対称群 $\mathfrak{S}_n$ を考える．$M := \mathbb{Z}$ とし，$\mathfrak{S}_n$ の M への作用を

$$\sigma \cdot m := (\mathrm{sgn}(\sigma))m, \quad \sigma \in \mathfrak{S}_n, \ m \in M$$

によって定める[20]．このとき，$H^1(\mathfrak{S}_n, M)$ を計算せよ．

20) $\mathrm{sgn}(\sigma)$ は σ の「符号」を表す.

解答. まず，$\sigma_i = (i \ i+1) \ (1 \leq i \leq n-1)$ と置くと，$\mathfrak{S}_n$ は

$$\mathfrak{S}_n = \langle \sigma_1, \sigma_2, \ldots, \sigma_{n-1} \mid \sigma_i^2 = 1, (1 \leq i \leq n-1),$$
$$\sigma_i \sigma_{i+1} \sigma_i = \sigma_{i+1} \sigma_i \sigma_{i+1}, (1 \leq i \leq n-2),$$
$$\sigma_i \sigma_j = \sigma_j \sigma_i, (|j - i| \geq 2) \rangle$$

なる表示をもつ[21]．

3.3 問題 ◀ *073*

(1) $\mathrm{Cros}(\mathfrak{S}_n, M)$ について. $X := \{\sigma_1, \ldots, \sigma_{n-1}\}$ と置くと, 定理 3.14 により, $\mathrm{Cros}(\mathfrak{S}_n, M)$ は $\mathrm{Cros}(F(X), M)$ の元であって, 関係子上で 0 に等しいもの全体からなる. そこで, $f(\sigma_i) := m_i \in M$ と置いて, m_i $(1 \le i \le n-1)$ に関する条件を求めよう.

- $f(\sigma_i^2) = 0$ について. この条件は

$$f(\sigma_i) + \sigma_i f(\sigma_i) = 0 \iff f(\sigma_i) - f(\sigma_i) = 0$$

となり, これは自明な関係式である.

- $f(\sigma_i \sigma_{i+1} \sigma_i \sigma_{i+1}^{-1} \sigma_i^{-1} \sigma_{i+1}^{-1}) = 0$ について. この条件は

$$f(\sigma_i) + \sigma_i f(\sigma_{i+1}) + \sigma_i \sigma_{i+1} f(\sigma_i) = f(\sigma_{i+1}) + \sigma_{i+1} f(\sigma_i) + \sigma_{i+1} \sigma_i f(\sigma_{i+1})$$

と同値であり, 簡単な計算により, $m_i = m_{i+1}$ $(1 \le i \le n-1)$ を得る.

- $f(\sigma_i \sigma_j \sigma_i^{-1} \sigma_j^{-1}) = 0$ について. 同様に計算すると, $m_i = m_{i+1}$ なる条件の下で自明な関係式しか出てこないことが分かる.

よって, 写像 $\Phi : \mathrm{Cros}(\mathfrak{S}_n, M) \to \mathbb{Z}$ を $f \mapsto f(\sigma_1) = m_1$ によって定めると, Φ は同型写像である.

(2) $\mathrm{Prin}(\mathfrak{S}_n, M)$ について. 任意の $m \in M$ に対して,

$$d_m(\sigma_1) = \sigma_1 \cdot m - m = -2m$$

となる.

よって, (1), (2) より, $H^1(\mathfrak{S}_n, M) \cong \mathbb{Z}/\Phi(\mathrm{Prin}(\mathfrak{S}_n, M)) = \mathbb{Z}/2\mathbb{Z}$ を得る. $\square$

問題 3.5 G を群とする. $n \ge 1$, および R を可換環とし[22], $M := R^n$ とする.

[22] $R = \mathbb{Z}$ の場合でよい.

(1) $\rho : G \to \mathrm{GL}(n, R)$ を G を準同型写像とし, 任意の $g \in G$ と $m \in M$ に対して, $g \cdot m := \rho(g)(m)$ と定めることによって M を G 加群とみなす.

今, $f : G \to M$ をねじれ準同型とするとき, $\rho' : G \to \mathrm{GL}(n+1, R)$ を

$$g \mapsto \begin{pmatrix} \rho(g) & f(g) \\ O & 1 \end{pmatrix}$$

で定めると，ρ' は準同型写像となることを示せ.

(2) 準同型写像 $\rho' : G \to \mathrm{GL}(n+1, R)$ が

$$g \mapsto \begin{pmatrix} \rho(g) & f(g) \\ O & 1 \end{pmatrix} \quad (\rho(g) \text{ は } n \times n \text{ 行列})$$

なる形で与えられているとする．このとき，$\rho : G \to \mathrm{GL}(n, R)$ を $g \mapsto \rho(g)$ で定めれば，ρ は準同型写像であることを示せ．さらに，ρ により M を G 加群とみなすとき，写像 $f : G \to M$ を $g \mapsto f(g)$ で定めれば，f はねじれ準同型であることを示せ．

解答. (1) 任意の $g, h \in G$ に対して，

$$\rho'(gh) = \begin{pmatrix} \rho(gh) & f(gh) \\ 0 & 1 \end{pmatrix} = \begin{pmatrix} \rho(g)\rho(h) & f(g) + \rho(g) \cdot f(h) \\ 0 & 1 \end{pmatrix}$$

$$= \begin{pmatrix} \rho(g) & f(g) \\ 0 & 1 \end{pmatrix} \begin{pmatrix} \rho(h) & f(h) \\ 0 & 1 \end{pmatrix}$$

となるので，ρ' は準同型写像である．

(2) 任意の $g, h \in G$ に対して，$\rho'(gh) = \rho'(g)\rho'(h)$ が成り立つから，(1) と同様の計算により，この両辺の行列の $(1,1)$, $(1,2)$ ブロック成分を見比べれば求める結果が得られる．□

4 ▶ 群準同型写像と（コ）ホモロジー

この章では，群準同型写像が誘導する（コ）ホモロジー群の間の準同型写像の性質について考察する．特に，自然な包含写像や，商写像などの場合が重要である．この章の目標は，群の拡大が与えられた場合に，それから 1, 2 次元のコホモロジー群の完全系列[1] を導くことである．

1) 「コホモロジー 5 項完全系列」という．

4.1 ▶ 群準同型写像から誘導された写像

まず，一般に，群準同型写像が与えられると，それから（コ）ホモロジー群の間の準同型写像が誘導されることを示そう．G, G' を群とし，$\mu : G' \to G$ を群準同型写像とする．M を G 加群とする．このとき，μ を通して M は G' 加群とみなせる．すなわち，G' の M への作用を，任意の $g' \in G'$ と $m \in M$ に対して，

$$g' \cdot m := \mu(g') \cdot m$$

と定めればよい．さらに，M, N を G 加群とし，$f : M \to N$ を G 準同型写像とすると，任意の $g' \in G$ と $m \in M$ に対して，

$$f(g' \cdot m) = f(\mu(g') \cdot m) = \mu(g') \cdot f(m) = g' \cdot f(m)$$

となるので，上の意味で f は G' 準同型写像とみなすことができる．

さて，$\mathcal{C}_* := \{C_p, \partial_p, \varepsilon\}$ を G の $\mathbb{Z}$ 上の自由分解とすると，これは G' 加群と G' 準同型写像からなる完全系列とみなせ

る[2]．そこで，$\mathcal{C}'_* := \{C'_p, \partial'_p, \varepsilon'\}$ を G' の $\mathbb{Z}$ 上の自由分解とすると，定理 2.22，および定理 2.23 と同様にして，チェインホモトープを除いて一意的に，G' 準同型写像からなるチェイン写像 $\mu_* = \{\mu_p\}_{p \geq 0} : \mathcal{C}'_* \to \mathcal{C}_*$ が存在することが分かる．

$$\cdots \longrightarrow C'_p \xrightarrow{\partial'_p} C'_{p-1} \longrightarrow \cdots \longrightarrow C'_1 \xrightarrow{\partial_1} C'_0 \xrightarrow{\varepsilon'} \mathbb{Z} \longrightarrow 0$$

$$\mu_p \downarrow \qquad \mu_{p-1} \downarrow \qquad\qquad\qquad \mu_1 \downarrow \qquad \mu_0 \downarrow \qquad \mathrm{id} \downarrow$$

$$\cdots \longrightarrow C_p \xrightarrow{\partial_p} C_{p-1} \longrightarrow \cdots \longrightarrow C_1 \xrightarrow{\partial_1} C_0 \xrightarrow{\varepsilon} \mathbb{Z} \longrightarrow 0$$

したがって，μ_* は加法群の準同型写像からなる（コ）チェイン写像

$$\mathrm{id}_M \otimes \mu_* = \{\mathrm{id}_M \otimes \mu_p : M \otimes_{G'} C'_p \to M \otimes_G C_p\}_{p \geq 0}$$

$$\mu^* = \{\mu^p : \mathrm{Hom}_G(C_p, M) \to \mathrm{Hom}_{G'}(C'_p, M)\}_{p \geq 0}$$

を誘導し，さらにこれらは，各 $p \geq 0$ に対して加法群の準同型写像

$$\mu_{p,*} : H_p(G', M) \to H_p(G, M)$$

$$\mu^{p,*} : H^p(G, M) \to H^p(G', M)$$

を誘導する[3]．チェイン写像 μ_* はチェインホモトープを除いて一意的であるので，この定義は well-defined であることに注意されたい．

4.2 ▷ 包含写像，商写像から誘導された写像

定義 4.1（移入写像，制限写像） G を群，H を G の部分群とし，$\iota : H \to G$ を自然な包含写像とする．M を G 加群とする．ι が誘導する写像

$$\iota_{p,*} : H_p(H, M) \to H_p(G, M)$$

$$\iota^{p,*} : H^p(G, M) \to H^p(H, M)$$

をそれぞれ，**移入写像**，あるいは**制限写像** (restriction map) という[4]．

このままでは，$\iota_{p,*}$，$\iota^{p,*}$ を具体的に計算できない．そこで，G の標準複体 $\mathcal{C}_* := \{C_p, \partial_p, \varepsilon\}$ と，H の標準複体 $\mathcal{C}'_* := \{C'_p, \partial'_p, \varepsilon'\}$ を用いてこれらの写像を記述してみよう．そのためには，$\mathcal{C}'_*$ から $\mathcal{C}_*$ へのチェイン写像を具体的に 1 つ求めればよい．

今，自然な包含写像 $\iota : H \to G$ は，群環の間の単射環準同型写像 $\bar{\iota} : \mathbb{Z}[H] \to \mathbb{Z}[G]$,

$$\sum_{h \in H} a_h h \mapsto \sum_{h \in H} a_h \iota(h) \in \mathbb{Z}[G]$$

を誘導する．さらに，この $\bar{\iota}$ は，各 $p \geq 0$ に対して単射な H 準同型写像 $\widetilde{\iota}_p : C'_p \to C_p$,

$$[\sigma_1, \ldots, \sigma_p] \mapsto [\iota(\sigma_1), \ldots, \iota(\sigma_p)] \quad (\sigma_i \in H)$$

を誘導する．このとき，明らかに $\widetilde{\iota}_* := \{\widetilde{\iota}_p\}$ はチェイン写像である．ゆえに，ι が誘導する（コ）ホモロジー群の間の準同型写像はそれぞれ，

$$\iota_{p,*} : H_p(H, M) \to H_p(G, M),$$
$$m \otimes \sigma[\sigma_1, \ldots, \sigma_p] \mapsto m \otimes \iota(\sigma)[\iota(\sigma_1), \ldots, \iota(\sigma_p)],$$
$$\iota^{p,*} : H^p(G, M) \to H^p(H, M), \quad [f] \mapsto [f \circ \widetilde{\iota}_p]$$

によって与えられる[5]．

次に商写像が誘導する（コ）ホモロジー群の準同型写像について考えよう．G を群，K を G の正規部分群，M を G 加群とする．このとき，

$$M_K = M/\langle k \cdot m - m \mid k \in K, \ m \in M \rangle,$$
$$M^K = \{m \in M \mid k \cdot m = m \ (k \in K)\}$$

を考える．任意の $\sigma \in G, k \in K, m \in M$ に対して，

$$\sigma \cdot (k \cdot m - m) = \sigma k \sigma^{-1} \cdot (\sigma \cdot m) - \sigma \cdot m$$

が成り立つので，G の M_K への作用が定まる．明らかに，K の M_K への作用は自明である．一方，任意の $\sigma \in G$ と $m \in M^K$ に対して，

[5] 一般に，$m \otimes \sigma[\sigma_1, \ldots, \sigma_p]$ はサイクルではないことに注意されたい．実際はこのような形の元の $\mathbb{Z}$ 上の 1 次結合として表される．ここでは簡単のためにこのように略記した．以下同様に略記することがあるので注意されたい．

$$k \cdot (\sigma \cdot m) = \sigma \cdot (\sigma^{-1} k \sigma \cdot m) = \sigma \cdot m \quad (k \in K)$$

であるので，$\sigma \cdot m \in M^K$ である．つまり，G の M^K への作用が考えられる．明らかに，K の M^K への作用は自明である．したがって，M_K, M^K はそれぞれ，

$$G/K \times M_K \to M_K, \quad ([\sigma], [m]) \mapsto [\sigma \cdot m],$$
$$G/K \times M^K \to M^K, \quad ([\sigma], m) \mapsto \sigma \cdot m$$

によって，G/K 加群とみなせる．

定義 4.2（収縮写像，膨張写像）上の記号の下，自然な商写像 $\pi : G \to G/K$ は（コ）ホモロジー群の間の準同型写像

$$\pi_{p,*} : H_p(G, M_K) \to H_p(G/K, M_K)$$
$$\pi^{p,*} : H^p(G/K, M^K) \to H^p(G, M^K)$$

を誘導する．これらをそれぞれ，**収縮写像** (deflation map)，あるいは**膨張写像** (inflation map) という[6]．

6) "π が誘導する写像" といえば通じるであろう．

誘導された準同型写像 $\pi_{p,*}, \pi^{p,*}$ を，G の標準複体 $\mathcal{C}_* := \{C_p, \partial_p, \varepsilon\}$ と，G/K の標準複体 $\mathcal{C}'_* := \{C'_p, \partial'_p, \varepsilon'\}$ を用いて記述してみよう．$\mathcal{C}_*$ から $\mathcal{C}'_*$ へのチェイン写像を具体的に 1 つ求めればよい．

自然な商写像 $\pi : G \to G/K$ は，群環の間の全射環準同型写像 $\bar{\pi} : \mathbb{Z}[G] \to \mathbb{Z}[G/K]$，

$$\sum_{g \in G} a_g g \mapsto \sum_{g \in G} a_g \pi(g) \in \mathbb{Z}[G/K]$$

を誘導する．さらに，この $\bar{\pi}$ は，各 $p \geq 0$ に対して全射な G 準同型写像 $\tilde{\pi}_p : C_p \to C'_p$,

$$[\sigma_1, \ldots, \sigma_p] \mapsto [\pi(\sigma_1), \ldots, \pi(\sigma_p)] \quad (\sigma_i \in G)$$

を誘導する．このとき，明らかに $\tilde{\pi}_* := \{\tilde{\pi}_p\}$ はチェイン写像である．したがって，π が誘導する（コ）ホモロジー群の間の準同型写像はそれぞれ，

080 ▶ **4** 群準同型写像と（コ）ホモロジー

$$\pi_{p,*} : H_p(G, M_K) \to H_p(G/K, M_K),$$
$$[m] \otimes \sigma[\sigma_1, \ldots, \sigma_p] \mapsto [m] \otimes \pi(\sigma)[\pi(\sigma_1), \ldots, \pi(\sigma_p)],$$
$$\pi^{p,*} : H^p(G/K, M^K) \to H^p(G, M^K), \quad [f] \mapsto [f \circ \tilde{\pi}_p]$$

によって与えられる.

4.3 群の拡大と群の（コ）ホモロジー

　群の拡大が与えられたとき，5 項からなる（コ）ホモロジー群の完全系列が誘導される. 本節では特にコホモロジーの 5 項完全系列について詳しく解説する. これはスペクトル系列を用いた一般論からも導かれるが, のちの章で 2 次元コホモロジー群の計算に応用することを鑑みて, 具体的に写像を構成して証明する. 以下, G を群, H を G の正規部分群とし, 群の拡大

$$1 \to H \xrightarrow{\iota} G \xrightarrow{\pi} G/H \to 1 \tag{4.1}$$

を考える.

4.3.1 共役作用

　今, H は G の正規部分群であるから, 任意の $\sigma \in G$ と $\tau \in H$ に対して, $\sigma\tau\sigma^{-1} \in H$ である. したがって, G は $\mathbb{Z}[H]$ に,

$$\sigma \cdot \sum_{\tau \in H} a_\tau \tau := \sum_{\tau \in H} a_\tau \sigma\tau\sigma^{-1}$$

によって自然に作用する. これを G の $\mathbb{Z}[H]$ への**共役作用** (conjugation action) という. 任意の H 自由加群 C は H 加群として $\mathbb{Z}[H]$ のいくつかの直和に同型であるから, この同型を通して, G は C に共役によって作用する. さらに, この作用は G の H の（コ）ホモロジー群への作用を誘導する. 以下, これを示そう.

　まず, M を任意の G 加群とし, $\mathcal{C}_* := \{C_p, \partial_p, \varepsilon\}$ を G の $\mathbb{Z}$ 上の自由分解とする. 一般に, G 加群は G の作用を H に制限することにより H 加群とみなせるが, 以下の補題により, $\mathcal{C}_*$ は H の $\mathbb{Z}$ 上の自由分解ともみなせる.

補題 4.3 $\mathcal{C}_* = \{C_p, \partial_p, \varepsilon\}$ を G の $\mathbb{Z}$ 上の自由分解とする. このとき, $\mathcal{C}_*$ は H の $\mathbb{Z}$ 上の自由分解でもある.

証明. $\mathcal{C}_*$ は H 加群と H 準同型写像のなす完全系列であるから, 各 C_p が H 自由加群であることを示せばよい. さらに, G 自由加群 C_p は $\mathbb{Z}[G]$ のいくつかの直和[7]であるので, $\mathbb{Z}[G]$ が H 自由加群であることを示せばよい.

7) 無限個の可能性もある.

今, $\{g_\lambda\}_{\lambda \in \Lambda}$ を G の H 剰余類の代表系とする. このとき, $\mathbb{Z}[G]$ が $\{g_\lambda\}_{\lambda \in \Lambda}$ を基底とする H 自由加群となることを示そう. まず, $H\{g_\lambda\}_{\lambda \in \Lambda} = G$ は $\mathbb{Z}$ 上 $\mathbb{Z}[G]$ を生成している. さらに,

$$\sum_{\lambda \in \Lambda} x_\lambda g_\lambda = 0, \quad x_\lambda := \sum_{h \in H} x_{\lambda, h} h \in \mathbb{Z}[H]$$

とすると,

$$\sum_{\lambda \in \Lambda} \sum_{h \in H} x_{\lambda, h} h g_\lambda = 0$$

であり, 任意の $\lambda \in \Lambda$ と $h \in H$ に対して, $x_{\lambda, h} = 0$. したがって, $x_\lambda = 0$ である. よって, $\{g_\lambda\}_{\lambda \in \Lambda}$ は H 上 1 次独立である. ゆえに, $\mathbb{Z}[G]$ は H 自由加群である. $\square$

さて, 任意の $\sigma \in G$ をとって固定する. このとき, 各 $p \geq -1$ に対して, 写像 $\sigma_p : M \times C_p \to M \otimes_H C_p$ を

$$(m, x) \mapsto (\sigma \cdot m) \otimes (\sigma \cdot x)$$

によって定めると, これは H 平衡写像である. ただし, $C_{-1} = \mathbb{Z}$ とみなす. 実際, 任意の $h \in H$ に対して,

$$\begin{aligned}
\sigma_p(m \cdot h, x) &= (\sigma \cdot (m \cdot h)) \otimes (\sigma \cdot x) = ((m \cdot h) \cdot \sigma^{-1}) \otimes (\sigma \cdot x) \\
&= ((m \cdot \sigma^{-1}) \cdot \sigma h \sigma^{-1}) \otimes (\sigma \cdot x) \\
&= (m \cdot \sigma^{-1}) \otimes (\sigma h \sigma^{-1} \cdot (\sigma \cdot x)) \\
&= (\sigma \cdot m \otimes (\sigma \cdot (h \cdot x)) = \sigma_p(m, h \cdot x)
\end{aligned}$$

となる. ゆえに, σ_p は加法群の準同型写像 $\widetilde{\sigma_p} : M \otimes_H C_p \to M \otimes_H C_p$ を誘導する.

補題 4.4 上の記号の下, $\{\widetilde{\sigma_p}\}_{p \geq -1}$ はチェイン写像である.

証明. 各 $p \geq 0$, および任意の $m \in M$, $x \in C_p$ に対して,

$$(\mathrm{id}_M \otimes \partial_p) \circ \widetilde{\sigma_p}(m \otimes x) = \sigma \cdot m \otimes \partial_p(\sigma \cdot x) = \sigma \cdot m \otimes \sigma \cdot \partial_p(x)$$

$$= \widetilde{\sigma_{p-1}} \circ (\mathrm{id}_M \otimes \partial_p)(m \otimes x)$$

が成り立つ. ここで, $\partial_0 = \varepsilon$ である. $M \otimes_H C_p$ は $m \otimes x$ なる形の元で加法群として生成されるので, $(\mathrm{id}_M \otimes \partial_p) \circ \widetilde{\sigma_p} = \widetilde{\sigma_{p-1}} \circ (\mathrm{id}_M \otimes \partial_p)$ となる. □

定義 4.5(ホモロジー群への共役作用) 補題 4.4 により, $\{\widetilde{\sigma_p}\}_{p \geq -1}$ は各 $p \geq 0$ に対して加法群の準同型写像 $\overline{\sigma}_p : H_p(H, M) \to H_p(H, M)$ を誘導する. 明らかに, $\overline{(\sigma^{-1})}_p = (\overline{\sigma}_p)^{-1}$ であるから, $\overline{\sigma}_p$ は $H_p(H, M)$ の加法群としての自己同型写像である. よって, 対応 $\sigma \mapsto \overline{\sigma}_p$ により写像 $\Phi : G \to \mathrm{Aut}(H_p(H, M))$ が定義される. 容易に分かるように, これは群準同型写像である. したがって, G は Φ によって $H_p(H, M)$ に作用する. これを, G の**共役作用** (conjugation action) という.

次にコホモロジー群について考えよう. 任意の $\sigma \in G$ をとって固定する. このとき, 各 $p \geq -1$ に対して, 写像 $\sigma^p : \mathrm{Hom}_H(C_p, M) \to \mathrm{Hom}_H(C_p, M)$ を $f \mapsto \sigma \cdot f$ によって定める. ただし, $C_{-1} = \mathbb{Z}$ とみなす.

補題 4.6 上の記号の下, $\{\sigma^p\}_{p \geq -1}$ はコチェイン写像である.

証明. 各 $p \geq -1$, および任意の $f \in \mathrm{Hom}_H(C_p, M)$ と任意の $x \in C_{p+1}$ に対して,

$$(\partial^p \circ \sigma^p)(f)(x) = (\sigma \cdot f)(\partial_{p+1}(x)) = \sigma \cdot f(\sigma^{-1} \cdot \partial_{p+1}(x))$$

$$= \sigma \cdot f(\partial_{p+1}(\sigma^{-1} \cdot x))$$

$$= \sigma \cdot (\partial^p(f))(\sigma^{-1} \cdot x) = (\sigma^{p+1} \circ \partial^p)(f)(x)$$

となるので, $\partial^p \circ \sigma^p = \sigma^{p+1} \circ \partial^p$ を得る. □

定義 4.7(コホモロジー群への共役作用) 補題 4.6 により, $\{\sigma^p\}_{p \geq -1}$ は各 $p \geq 0$ に対して加法群の準同型写像 $\overline{\sigma}^p : H^p(H, M) \to H^p(H, M)$ を誘導する. 明らかに, $\overline{(\sigma^{-1})}^p =$

$(\overline{\sigma}^p)^{-1}$ であるから，$\overline{\sigma}^p$ は $H^p(H, M)$ の加法群としての自己同型写像である．よって，対応 $\sigma \mapsto \overline{\sigma}^p$ により写像 $\Psi : G \to \mathrm{Aut}(H^p(H, M))$ が定義される．容易に分かるように，これは群準同型写像である．したがって，G は Ψ によって $H^p(H, M)$ に作用する．これを，G の**共役作用** (conjugation action) という．

▌ 4.3.2　2次元コホモロジー群

3.2 節で群の 1-コサイクルをねじれ準同型と同一視して 1 次元コホモロジー群を考察したように[8]，この項では，2 次元コホモロジー群についても同様のことを考える．

8) 定義 3.5 のあとの解説を参照.

G を群，M を G 加群とする．G の標準複体を $\mathcal{C}_* = \{C_p, \partial_p, \varepsilon\}$ とする．コチェイン複体

$$\cdots \to \mathrm{Hom}_G(C_1, M) \xrightarrow{\delta^1} \mathrm{Hom}_G(C_2, M) \xrightarrow{\delta^2} \mathrm{Hom}_G(C_3, M) \to \cdots$$

において，C_3 は $\{[\sigma, \rho, \mu] = 1 \otimes \sigma \otimes \rho \otimes \mu \mid \sigma, \rho, \mu \in G\}$ を基底とする G 自由加群であるから，$f \in \mathrm{Hom}_G(C_2, M)$ に対して，

$$
\begin{aligned}
f \in \mathrm{Ker}(\delta^2) &\iff f \circ \partial_3 = 0\\
&\iff (f \circ \partial_3)([\sigma, \rho, \mu]) = 0 \quad (\sigma, \rho, \mu \in G)\\
&\iff \sigma \cdot f([\rho\mu]) - f([\sigma\rho, \mu]) + f([\sigma, \rho\mu]) - f([\sigma, \rho]) \quad (\sigma, \rho, \mu \in G)
\end{aligned}
$$

となる．さらに，$f \in \mathrm{Im}(\delta^1)$ とすると，ある $g \in \mathrm{Hom}_G(C_1, M)$ が存在して，

$$f = \delta^1(g) \iff f([\sigma, \rho]) = (g \circ \partial_2)([\sigma, \rho]) = \sigma \cdot g([\rho]) - g([\sigma\rho]) + g([\sigma]) \quad (\sigma, \rho \in G)$$

となる．

そこで，一般に，写像 $f : G \times G \to M$ で，

$$\sigma \cdot f(\rho, \mu) - f(\sigma\rho, \mu) + f(\sigma, \rho\mu) + f(\sigma, \rho) \quad (\sigma, \rho, \mu \in G) \quad (4.2)$$

を満たすもの全体の集合を

$$Z^2(G, M) := \{f : G \times G \to M \mid f \text{ は } (4.2) \text{ を満たす}\}$$

と置く．$\mathrm{Cros}(G, M)$ のときと同様に，M の加法を利用して $Z^2(G, M)$ を加法群とみなす．一方，写像 $f : G \times G \to M$ で

あって，ある写像 $g : G \to M$ が存在して，

$$f(\sigma, \rho) = \sigma \cdot g(\rho) - g(\sigma\rho) + g(\sigma)$$

を満たすもの全体の集合を $B^2(G, M)$ と置くと，簡単な計算によって，$B^2(G, M)$ は $Z^2(G, M)$ の部分群であることが分かる．このとき，

$$H^2(G, M) \cong Z^2(G, M)/B^2(G, M)$$

である[9]．実際，写像 $\Phi : Z^2(G, M) \to \mathrm{Hom}_G(C_2, M)$ を，任意の $f \in Z^2(G, M)$ に対して，

$$\Phi(f)([\sigma, \rho]) := f(\sigma, \rho) \quad (\sigma, \rho \in G)$$

と定めると，この Φ が求める同型写像を誘導する．

4.3.3 反則準同型写像

5 項完全系列を構成する際に重要となる反則準同型写像と呼ばれる写像を定義しよう．T を G における H の左剰余類の代表系で，$T \cap H = \{1_G\}$ を満たすものとする[10]．このとき，任意の G 加群 M に対して，準同型写像 $\mathrm{tg} : H^1(H, M)^G \to H^2(G/H, M^H)$ を定義することを考える．

任意の $[f] \in H^1(H, M)^G$ をとる．任意の $\tau \in T$ に対して，$[\tau \cdot f] = [f]$ であるから，ある $m_\tau \in M$ が存在して，

$$(\tau \cdot f - f)(h) = h \cdot m_\tau - m_\tau \quad (h \in H)$$

となる．特に，$\tau = 1_G$ のときは $m_{1_G} = 0$ としておく．

そこで，任意の $\sigma \in G$ に対して，$\sigma = \tau h \; (\tau \in T, h \in H)$ とするとき，

$$m_\sigma := m_\tau + \tau \cdot f(h) \in M$$

と定める．

補題 4.8 任意の $\sigma \in G$ と $k \in H$ に対して，

(1) $m_{\sigma k} = m_\sigma + \sigma \cdot f(k)$.

(2) $(\sigma \cdot f)(k) = f(k) + k \cdot m_\sigma - m_\sigma$.

証明. $\sigma = \tau h$ $(\tau \in T, h \in H)$ とする.

(1) 今, $\sigma k = \tau(hk)$ であるから,

$$m_{\sigma k} = m_\tau + \tau \cdot f(hk) = m_\tau + \tau \cdot (f(h) + h \cdot f(k))$$
$$= m_\sigma + \sigma \cdot f(k)$$

となる.

(2) 以下の式より得られる.

$$(\sigma \cdot f)(k) = \sigma \cdot f(\sigma^{-1} k \sigma) = \sigma \cdot f(h^{-1}\tau^{-1} k \tau h)$$
$$= \sigma \cdot (f(h^{-1}) + h^{-1} \cdot f(\tau^{-1} k \tau) + h^{-1}\tau^{-1} k \tau \cdot f(h))$$
$$= \tau h \cdot f(h^{-1}) + \underline{\tau \cdot f(\tau^{-1} k \tau)} + k \tau \cdot f(h)$$
$$= \underline{f(k) + k \cdot m_\tau - m_\tau} + k \tau \cdot f(h) - \tau \cdot f(h)$$
$$= f(k) + k \cdot m_\sigma - m_\sigma$$

$\square$

さて, ここで, 写像 $\alpha_f : G \times G \to M$ を

$$(\sigma, \rho) \mapsto m_{\sigma\rho} - \sigma \cdot m_\rho - m_\sigma$$

によって定める. すると以下が成り立つ.

補題 4.9 (1) 任意の $\sigma, \rho, \mu \in G$ に対して,

$$\sigma \cdot \alpha_f(\rho, \mu) - \alpha_f(\sigma\rho, \mu) + \alpha_f(\sigma, \rho\mu) - \alpha_f(\sigma, \rho) = 0.$$

(2) 任意の $\sigma, \rho \in G$ と任意の $h, k \in H$ に対して,

$$\alpha_f(\sigma h, \rho k) = \alpha_f(\sigma, \rho).$$

(3) 任意の $\sigma, \rho \in G$ に対して, $\alpha_f(\sigma, \rho) \in M^H$.

証明. (1) 以下の計算より従う.

$$\text{左辺} = \sigma \cdot (m_{\rho\mu} - \rho \cdot m_\mu - m_\rho) - (m_{\sigma\rho\mu} - \sigma\rho \cdot m_\mu - m_{\sigma\rho})$$
$$+ (m_{\sigma\rho\mu} - \sigma \cdot m_{\rho\mu} - m_\sigma) - (m_{\sigma\rho} - \sigma \cdot m_\rho - m_\sigma)$$
$$= 0.$$

(2) 以下の計算より従う.

$$\alpha_f(\sigma h, \rho k) = m_{\sigma h \rho k} - \sigma h \cdot m_{\rho k} - m_{\sigma h}$$

$$= m_{\sigma \rho \cdot \rho^{-1} h \rho k} - \sigma h \cdot m_{\rho k} - m_{\sigma h}$$

$$= m_{\sigma \rho} + \sigma \rho \cdot (f(\rho^{-1} h \rho) + \rho^{-1} h \rho \cdot f(k))$$
$$\quad - \sigma h \cdot (m_{\rho} + \rho \cdot f(k)) - (m_{\sigma} + \sigma \cdot f(h))$$

$$= m_{\sigma \rho} + \sigma \cdot (f(h) + h \cdot m_{\rho} - m_{\rho}) + \sigma h \rho \cdot f(k)$$
$$\quad - \sigma h \cdot (m_{\rho} + \rho \cdot f(k)) - (m_{\sigma} + \sigma \cdot f(h))$$

$$= m_{\sigma \rho} - \sigma \cdot m_{\rho} - m_{\sigma} = \alpha_f(\sigma, \rho).$$

(3) 任意の $\sigma, \rho \in G$, および任意の $h \in H$ をとる. $h \cdot \alpha_f(\sigma, \rho) = \alpha_f(\sigma, \rho)$ を示す. 補題 4.8 を用いて,

$$(\sigma \rho \cdot f)(h) = f(h) + h \cdot m_{\sigma \rho} - m_{\sigma \rho},$$

$$(\sigma \cdot (\rho \cdot f))(h) = \sigma \cdot ((\rho \cdot f)(\sigma^{-1} h \sigma))$$
$$= \sigma \cdot (f(\sigma^{-1} h \sigma) + \sigma^{-1} h \sigma \cdot m_{\rho} - m_{\rho})$$
$$= f(h) + h \cdot m_{\sigma} - m_{\sigma} + h \sigma \cdot m_{\rho} - \sigma \cdot m_{\rho}$$

となる. よって, 第 1 式と第 2 式を用いると求める結果を得る.
$\hfill\square$

したがって, α_f は G/H の M^H への作用に関する 2-コサイクルとみなすことができる. これを $\overline{\alpha_f}$ で表す.

補題 4.10 上の記号の下, $[f] = [f'] \in H^1(H, M)^G$ であれば, $[\overline{\alpha_f}] = [\overline{\alpha_{f'}}] \in H^2(G/H, M^H)$ である.

証明. まず $\{m'_{\sigma}\}_{\sigma \in G}$ を $\{m_{\sigma}\}_{\sigma \in G}$ と同様に f' を用いて定める. このとき, 補題 4.8 より, 任意の $h \in H$ に対して

$$(\sigma \cdot f')(h) = f'(h) + h \cdot m'_{\sigma} - m'_{\sigma}, \tag{4.3}$$
$$(\sigma \cdot f)(h) = f(h) + h \cdot m_{\sigma} - m_{\sigma}$$

が成り立つ. 一方, 仮定より, ある $n \in M$ が存在して, 任意の $h \in H$ に対して,

$$f'(h) = f(h) - (h \cdot n - n) \tag{4.4}$$

が成り立つ. よって, 任意の $\sigma \in G$ と任意の $h \in H$ に対して,

$$f'(\sigma^{-1}h\sigma) = f(\sigma^{-1}h\sigma) - (\sigma^{-1}h\sigma \cdot n - n)$$

となるので，両辺に左から σ を作用させて，

$$(\sigma \cdot f')(h) = (\sigma \cdot f)(h) - (h\sigma \cdot n - \sigma \cdot n)$$

を得る．そこで，(4.3) を用いると，

$$f'(h) + h \cdot m'_\sigma - m'_\sigma = f(h) + h \cdot m_\sigma - m_\sigma - (h\sigma \cdot n - \sigma \cdot n)$$

となる．再び (4.4) を用いると，

$$m'_\sigma - m_\sigma + \sigma \cdot n - n = h \cdot (m'_\sigma - m_\sigma + \sigma \cdot n - n)$$

を得る．よって，$c_\sigma := m'_\sigma - m_\sigma + \sigma \cdot n - n$ と置くと，$c_\sigma \in M^H$ であることが分かる．さらに簡単な計算により，任意の $\sigma, \rho \in G$ に対して，

$$m'_{\sigma\rho} - \sigma \cdot m'_\rho - m'_\sigma = (m_{\sigma\rho} - \sigma \cdot m_\rho - m_\sigma) + (c_{\sigma\rho} - \sigma \cdot c_\rho - c_\sigma)$$

となることが分かる．すなわち，$[\alpha_{f'}] = [\alpha_f] \in H^2(G, M^H)$ である．

さらに，任意の $\sigma \in G$ と $h \in H$ に対して，

$$\begin{aligned}
c_{\sigma h} &= m'_{\sigma h} - m_{\sigma h} + \sigma h \cdot n - n \\
&= m'_\sigma + \sigma \cdot f'(h) - (m_\sigma + \sigma \cdot f(h)) + \sigma h \cdot n - n \\
&= m'_\sigma - m_\sigma + \sigma \cdot n - n = c_\sigma
\end{aligned}$$

となるので，$c : G \to M^H$ は写像 $\bar{c} : G/H \to M^H$ を定める．これにより，

$$\overline{\alpha_{f'}}([\sigma], [\rho]) = \overline{\alpha_f}([\sigma], [\rho]) + \partial^2(\bar{c})([\sigma], [\rho]) \quad ([\sigma], [\rho] \in G/H)$$

となり，求める結果を得る．□

定義 4.11（反則準同型写像）以上の記号の下，写像 $\mathrm{tg} : H^1(H, M)^G \to H^2(G/H, M^H)$ を $[f] \mapsto [\alpha_f]$ によって定めると，tg は加法群の準同型写像になる．これを**反則準同型写像** (transgression) という[11]．

11) "トランスグレッション"と片仮名読みしているのはよく耳にする．転入写像と呼ばれることもある．

4.3.4　5 項完全系列

この項では，これまでの準備を基に，以下の重要な定理を示すのが目標である．

定理 4.12 群の拡大 (4.1) と任意の G 加群 M に対して，以下のような完全系列が存在する．

$$0 \to H^1(G/H, M^H) \xrightarrow{\pi^{1,*}} H^1(G,M) \xrightarrow{\iota^{1,*}} H^1(H,M)^G$$
$$\xrightarrow{\mathrm{tg}} H^2(G/H, M^H) \xrightarrow{\pi^{2,*}} H^2(G,M).$$

証明. 順に証明する．

(1) $\pi^{1,*}$ の単射性について．$[f] \in \mathrm{Ker}(\pi^{1,*})$ とする．ここで，$f : G/H \to M^H$ はねじれ準同型である．すると，ある $m \in M$ が存在して，任意の $\sigma \in G$ に対して，$f(\pi(\sigma)) = \sigma \cdot m - m$ が成り立つ．このとき，任意の $h \in H$ に対して，$0 = f(\pi(h)) = h \cdot m - m$ であるので，$m \in M^H$ である．したがって，$f = \delta^0(m) = d_m$ となるので，$[f] = 0$ である．

(2) (i) $\mathrm{Im}(\iota^{1,*}) \subset H^1(H,M)^G$ であること．任意の $[f] \in H^1(G,M)$ をとる．すると，任意の $\sigma \in G$，および任意の $h \in H$ に対して，

$$\begin{aligned}
(\sigma \cdot f)(h) &= \sigma \cdot f(\sigma^{-1} h \sigma) \\
&= \sigma \cdot (f(\sigma^{-1}) + \sigma^{-1} f(h) + \sigma^{-1} h \cdot f(\sigma)) \\
&= f(h) + (h \cdot f(\sigma) - f(\sigma))
\end{aligned}$$

となるので，$[f|_H] = [\sigma \cdot f|_H]$ である．よって，$\iota^{1,*}([f]) = [f|_H] \in H^1(H,M)^G$ である．

(ii) $\mathrm{Im}(\pi^{1,*}) \subset \mathrm{Ker}(\iota^{1,*})$ であること．これは，$\pi \circ \iota$ が自明な準同型であることから明らかである．

(iii) $\mathrm{Im}(\pi^{1,*}) \supset \mathrm{Ker}(\iota^{1,*})$ であること．$[f] \in \mathrm{Ker}(\iota^{1,*})$ とする．ここで，$f : G \to M$ はねじれ準同型である．すると，ある $n \in M$ が存在して，

$$f(h) = h \cdot n - n \quad (h \in H)$$

となる．そこで，$f' := f - d_n : G \to M$ と置くと，f' はねじ

れ準同型であり，$[f'] = [f] \in H^1(G, M)$ である．さらに，任意の $h \in H$ に対して，$f'(h) = 0$ である．よって，f' はねじれ準同型 $\overline{f'} : G/H \to M$ を誘導する．一方，任意の $\sigma \in G$ と $h \in H$ に対して，

$$\overline{f'}([\sigma]) = \overline{f'}([h\sigma]) = \overline{f'}([h]) + h \cdot \overline{f'}([\sigma]) = h \cdot \overline{f'}([\sigma])$$

であるから，$\overline{f'}([\sigma]) \in M^H$ である．このとき，$f' = \pi^{1,*}(\overline{f'})$ であるから，$[f] = [f'] \in \mathrm{Im}(\pi^{1,*})$ となる．

(3) (i) $\mathrm{Im}(\iota^{1,*}) \subset \mathrm{Ker}(\mathrm{tg})$ であること．任意の $[f] \in H^1(G, M)$ をとる．$f|_H$ に対して，$\alpha_{f|_H}$ を構成することを考える．上の記号を踏襲すれば，各 $\sigma \in G$ に対して，$m_\sigma = f(\sigma)$ となるように m_σ をとれることが分かるので，この $\{m_\sigma\}_{\sigma \in G}$ を用いれば $\alpha_{f|_H} = 0$ であり，$[\overline{\alpha_{f|_H}}] = 0$ となる．すなわち，$\mathrm{tg}(\iota^{1,*}([f])) = 0$ である．

(ii) $\mathrm{Im}(\iota^{1,*}) \supset \mathrm{Ker}(\mathrm{tg})$ であること．任意の $[f] \in \mathrm{Ker}(\mathrm{tg})$ に対して，$[\overline{\alpha_f}] = 0 \in H^2(G/H, M^H)$ である．よって，ある写像 $\varphi : G/H \to M^H$ が存在して，

$$\overline{\alpha_f}([\sigma], [\rho]) = \varphi([\sigma\rho]) - [\sigma] \cdot \varphi([\rho]) - \varphi([\sigma]) \quad ([\sigma], [\rho] \in G/H)$$

となる．さらに

$$\alpha_f(\sigma, \rho) = \varphi'(\sigma\rho) - \sigma \cdot \varphi'(\rho) - \varphi'(\sigma) \quad (\sigma, \rho \in G)$$

が成り立つ．ここで，$\varphi' := \varphi \circ \pi : G \to M^H$ である．また，$\alpha_f(1_G, 1_G) = -\varphi'(1_G) = -\varphi([1_G])$ であり，$\alpha_f(1_G, 1_G) = -m_{1_G} = 0$ であるから，任意の $h \in H$ に対して，$\varphi'(h) = \varphi([1_G]) = 0$ である．

さて，写像 $\theta : G \to M$ を $\sigma \mapsto m_\sigma - \varphi'(\sigma)$ によって定める．すると，θ はねじれ準同型である．実際，任意の $\sigma, \rho \in G$ に対して，

$$m_{\sigma\rho} - \sigma \cdot m_\rho - m_\sigma = \varphi'(\sigma\rho) - \sigma \cdot \varphi'(\rho) - \varphi'(\sigma)$$

であるので，

$$m_{\sigma\rho} - \varphi'(\sigma\rho) = (m_\sigma - \varphi'(\sigma)) + \sigma \cdot (m_\rho - \varphi'(\rho))$$

より, $\theta(\sigma\rho) = \theta(\sigma) + \sigma \cdot \theta(\rho)$ が成り立つ. このとき, 任意の $h \in H$ に対して,

$$\theta(h) = m_h - \varphi'(h) = m_h = f(h)$$

となるので, $f = \theta|_H$ となり, $[f] = \iota^{1,*}([\theta])$ を得る.

(4) (i) $\mathrm{Im(tg)} \subset \mathrm{Ker}(\pi^{2,*})$ であること. 任意の $[f] \in H^1(H,M)^G$ に対して,

$$\pi^{2,*}(\mathrm{tg}([f])) = \pi^{2,*}([\overline{\alpha_f}]) = [\alpha_f] = 0 \in H^2(G,M)$$

となるので明らか.

(ii) $\mathrm{Im(tg)} \supset \mathrm{Ker}(\pi^{2,*})$ であること. 任意の $[\varphi] \in \mathrm{Ker}(\pi^{2,*})$ をとる. すると, $\varphi \circ (\pi \times \pi) : G \times G \to M$ は 2-コバウンダリーであるので, ある写像 $g : G \to M$ が存在して, 任意の $\sigma, \rho \in G$ に対して,

$$\varphi([\sigma],[\rho]) = \sigma \cdot g(\rho) - g(\sigma\rho) + g(\sigma)$$

となる. そこで, 写像 $f : H \to M$ を $h \mapsto g(h) - g(1)$ によって定める.

f がねじれ準同型であることを示そう. 今, 任意の $\sigma, \rho \in G$ と $h, k \in H$ に対して, $\varphi([\sigma h],[\rho k]) = \varphi([\sigma],[\rho])$ であるから,

$$\sigma h \cdot g(\rho k) - g(\sigma h \rho k) + g(\sigma h) = \sigma \cdot g(\rho) - g(\sigma\rho) + g(\sigma) \quad (4.5)$$

が成り立つ. まず, $\sigma = \rho = k = 1$ とすると, $h \cdot g(1) = g(1)$ となるので, $g(1) \in M^H$ である. そこで, (4.5) において, $\sigma = \rho = 1$ とすると, 任意の $h, k \in H$ に対して,

$$h \cdot g(k) - g(hk) + g(h) = g(1)$$

を得る. これを変形すると,

$$g(hk) - g(1) = h \cdot (g(k) - g(1)) + (g(h) - g(1))$$

となるので, f はねじれ準同型である[12].

$[f] \in H^1(H,M)^G$ となることを示そう. 任意の $\sigma \in G$ と $h \in H$ をとる. このとき, (4.5) において, $\sigma = \sigma^{-1}, \rho = \sigma,$

[12] $h \cdot g(1) = g(1)$ に注意せよ.

$k = 1$ と置き直すと，

$$\sigma^{-1}h \cdot g(\sigma) - g(\sigma^{-1}h\sigma) + g(\sigma^{-1}h) = \sigma^{-1} \cdot g(\sigma) - g(1) + g(\sigma^{-1})$$

となるので，両辺に左から σ を作用させて，

$$h \cdot g(\sigma) - \sigma \cdot g(\sigma^{-1}h\sigma) + \sigma \cdot g(\sigma^{-1}h) = g(\sigma) - \sigma \cdot g(1) + \sigma \cdot g(\sigma^{-1})$$

を得る．一方，(4.5) において，$h = 1$, $\rho = \sigma^{-1}$, $k = h$ と置き直せば，

$$\sigma \cdot g(\sigma^{-1}h) - g(h) + g(\sigma) = \sigma \cdot g(\sigma^{-1}) - g(1) + g(\sigma)$$

となる．この 2 つの式を用いると

$$\sigma \cdot g(\sigma^{-1}h\sigma) = h \cdot g(\sigma) - g(\sigma) + \sigma \cdot g(1) + g(h) - g(1)$$

を得る．ゆえに，

$$
\begin{aligned}
(\sigma \cdot f - f)(h) &= \sigma \cdot f(\sigma^{-1}h\sigma) - f(h) \\
&= \sigma \cdot (g(\sigma^{-1}h\sigma) - g(1)) - (g(h) - g(1)) \\
&= h \cdot g(\sigma) - g(\sigma) \\
&= h \cdot (g(\sigma) - g(1)) - (g(\sigma) - g(1))
\end{aligned}
$$

となり，$[\sigma \cdot f] = [f]$ を得る．

さて，このねじれ準同型 f を用いて $\{m_\sigma\}_{\sigma \in G}$，および $\overline{\alpha_f}$ を構成することを考える．まず，上式より，任意の $\tau \in T$ に対して $m_\tau = g(\tau) - g(1)$ と置ける．任意の $\sigma \in G$ に対して，$\sigma = \tau h$ ($\tau \in T, h \in H$) と置くと，

$$\tau \cdot g(1) = \varphi([\tau], [1_G]) = \varphi([\tau], [h]) = \tau \cdot g(h) - g(\tau h) + g(\tau)$$

となるので，

$$m_\sigma = m_\tau + \tau \cdot (g(h) - g(1)) = g(\sigma) - g(1)$$

である．よって，任意の $\sigma, \rho \in G$ に対して，

$$(\varphi + \overline{\alpha_f})([\sigma], [\rho]) = \sigma \cdot g(1)$$

となる．ここで, 任意の $\sigma \in G$ と $h \in H$ に対して, $h \cdot (\sigma \cdot g(1)) =$ $\sigma \cdot (\sigma^{-1} h \sigma \cdot g(1)) = \sigma \cdot g(1)$ であるから $\sigma \cdot g(1) \in M^H$ である. そこで, $[\sigma] \mapsto \sigma \cdot g(1)$ によって定まる写像 $l : G/H \to M^H$ を考 えると, l は well-defined で, 簡単な計算により, $\varphi + \overline{\alpha_f} = \delta^1(l)$ となることが分かる. したがって, $[\varphi] = -[\overline{\alpha_f}] \in \mathrm{Im}(\mathrm{tg})$ で ある. $\square$

定理 4.12 の双対版として, ホモロジー群の 5 項完全系列なる ものも存在する. ここでは主張のみを述べるに留める.

定理 4.13 群の拡大 (4.1) と任意の G 加群 M に対して, 以下 のような完全系列が存在する.

$$H_2(G, M) \to H_2(G/H, M_H) \to H_1(H, M)_G$$
$$\to H_1(G, M) \to H_1(G/H, M_H) \to 0.$$

コホモロジーの 5 項完全系列の使い方の例として, H と G/H の 1 次元コホモロジーから G の 1 次元コホモロジーを求めるこ とや, G/H や G の 2 次元コホモロジーに非自明な元が存在す ることを示すことなどがある. 以下の例や演習問題で確認して ほしい.

例 4.14 (1) $n \geq 2$ に対して, $V := \mathbb{Z}^2$ とし, $\mathrm{GL}(2, \mathbb{Z})$ の V への自然な作用を考える. 群の拡大

$$1 \to \mathrm{SL}(2, \mathbb{Z}) \to \mathrm{GL}(2, \mathbb{Z}) \xrightarrow{\det} \{\pm 1\} \to 1$$

が誘導するコホモロジーの 5 項完全列の 1 次元の部分に注目す ると,

$$0 \to H^1(\{\pm 1\}, V^{\mathrm{SL}(2, \mathbb{Z})}) \to H^1(\mathrm{GL}(2, \mathbb{Z}), V) \to H^1(\mathrm{SL}(2, \mathbb{Z}), V)^{\mathrm{GL}(2, \mathbb{Z})}$$

となる. ここで, 簡単な計算により $V^{\mathrm{SL}(2, \mathbb{Z})} = 0$ が分かり, 例 3.15 の結果も合わせると, $H^1(\mathrm{GL}(2, \mathbb{Z}), V) = 0$ であることが 分かる.

(2) $n \geq 3$ に対して, n 次の 2 面体群 $D_n = \langle \, \sigma, \tau \,|\, \sigma^n =$

$\tau^2 = 1$, $\tau\sigma = \sigma^{-1}\tau$ ⟩ と，D_n の $\mathbb{Z}$ への自明な作用を考える．$C_n := \langle\sigma\rangle$ と置くと，C_n は D_n の正規部分群であり，位数 n の巡回群である．また，剰余群 D_n/C_n は 2 次の巡回群である．そこで，群の拡大

$$1 \to C_n \to D_n \xrightarrow{\pi} D_n/C_n \to 1$$

が誘導するコホモロジーの 5 項完全系列の 2 次元の部分に注目すると，

$$H^1(C_n, \mathbb{Z})^{D_n} \to H^2(D_n/C_n, \mathbb{Z}) \xrightarrow{\pi^{2,*}} H^2(D_n, \mathbb{Z})$$

を得る．ここで，C_n は有限群であるので，$H^1(C_n, \mathbb{Z}) = 0$ であり，$\pi^{2,*}$ は単射である．よって，定理 2.31 から，$H^2(D_n, \mathbb{Z})$ は $\mathbb{Z}/2\mathbb{Z}$ を部分群にもつことが分かる[13]．

13) 定理 5.5 のあとで，$n = 3$ のとき π_*^2 が同型になることを示す．実は，n が奇数のときは同型になることが知られている．

▶ 4.4 ▷ 問題

問題 4.1 $n \geq 2$ とする．群の拡大

$$1 \to \mathfrak{A}_n \to \mathfrak{S}_n \xrightarrow{\mathrm{sgn}} \{\pm 1\} \to 1$$

を利用して，$H^2(\mathfrak{S}_n, \mathbb{Z})$ が $\mathbb{Z}/2\mathbb{Z}$ を部分群にもつことを示せ[14]．

14) sgn は，置換に対してその符号を対応させる準同型写像である．

解答. 例 4.14 の (2) とまったく同様である． □

問題 4.2 (1) $\mathrm{SL}(2, \mathbb{Z})$ の表示

$$\mathrm{SL}(2, \mathbb{Z}) = \langle \sigma, \tau \mid \sigma\tau\sigma = \tau\sigma\tau, \ (\sigma\tau\sigma)^4 = 1 \rangle$$

を利用して，$\mathrm{SL}(2, \mathbb{Z})$ のアーベル化を求めよ．

(2) 群の拡大

$$1 \to \mathrm{SL}(2, \mathbb{Z}) \to \mathrm{GL}(2, \mathbb{Z}) \xrightarrow{\det} \{\pm 1\} \to 1$$

を利用して，$H^2(\mathrm{GL}(2, \mathbb{Z}), \mathbb{Z})$ が $\mathbb{Z}/2\mathbb{Z}$ を部分群にもつことを示せ．

解答. (1) 与えられた表示に関係子 $[\sigma, \tau]$ を加え，Tietze 変換を施せば，

$$\mathrm{SL}(2, \mathbb{Z})^{\mathrm{ab}} = \langle \sigma, \tau \mid \sigma\tau\sigma = \tau\sigma\tau, \ (\sigma\tau\sigma)^4 = 1, \ [\sigma, \tau] \rangle,$$
$$= \langle \sigma, \tau \mid \sigma = \tau, \ (\sigma\tau\sigma)^4 = 1, \ [\sigma, \tau] \rangle,$$
$$= \langle \sigma \mid \sigma^{12} = 1 \rangle$$

となるので，$\mathrm{SL}(2, \mathbb{Z})^{\mathrm{ab}} = \mathbb{Z}/12\mathbb{Z}$.

(2) (1) の結果により，$H^1(\mathrm{SL}(2, \mathbb{Z}), \mathbb{Z}) = 0$ であることが分かるので，あとは例 4.14 の (2) とまったく同じである．□

問題 4.3 (1) $\mathrm{SL}(2, \mathbb{F}_2)$ の表示

$$\mathrm{SL}(2, \mathbb{F}_2) = \langle s, t \mid s^2 = t^2 = (ts)^3 = 1 \rangle, \quad s = \begin{bmatrix} 1 & 1 \\ 0 & 1 \end{bmatrix}, t = \begin{bmatrix} 0 & 1 \\ 1 & 0 \end{bmatrix}$$

を利用して，$\mathrm{SL}(2, \mathbb{F}_2)$ のアーベル化を求めよ．

(2) 自然な全射環準同型 $\mathbb{Z} \to \mathbb{F}_2, (n \mapsto n \pmod 2)$ が誘導する群準同型写像 $\pi : \mathrm{SL}(2, \mathbb{Z}) \to \mathrm{SL}(2, \mathbb{F}_2)$ の核を $\Gamma(2)$ と置く．$\Gamma(2)$ の表示

$$\Gamma(2) = \langle v_1, \ v_2, \ z \mid z^2 = [v_1, z] = [v_2, z] = 1 \rangle,$$
$$v_1 := \begin{bmatrix} 1 & 2 \\ 0 & 1 \end{bmatrix}, v_2 = \begin{bmatrix} 1 & 0 \\ 2 & 1 \end{bmatrix}, z = \begin{bmatrix} -1 & 0 \\ 0 & -1 \end{bmatrix}$$

を利用して，$\Gamma(2)$ のアーベル化を求めよ．

(3) $\mathrm{SL}(2, \mathbb{F}_2)$ の $\mathbb{Z}/2\mathbb{Z}$ への自明な作用を考える．群の拡大

$$1 \to \Gamma(2) \to \mathrm{SL}(2, \mathbb{Z}) \xrightarrow{\pi} \mathrm{SL}(2, \mathbb{F}_2) \to 1$$

を利用して，$H^2(\mathrm{SL}(2, \mathbb{F}_2), \mathbb{Z}/2\mathbb{Z})$ が $\mathbb{Z}/2\mathbb{Z}$ を部分群にもつことを示せ．

解答. (1) 与えられた表示に関係子 $[s, t]$ を加え，Tietze 変換を施せば，

$$\mathrm{SL}(2, \mathbb{F}_2)^{\mathrm{ab}} = \langle s, t \mid s^2 = t^2 = (ts)^3 = [s, t] = 1 \rangle$$
$$= \langle s, t \mid s^2 = t^2 = [s, t] = 1, s = t \rangle$$
$$= \langle s \mid s^2 = 1 \rangle$$

となるので, $\mathrm{SL}(2, \mathbb{F}_2)^{\mathrm{ab}} = \mathbb{Z}/2\mathbb{Z}$ となる.

(2) 与えられた表示に関係式 $[v_1, v_2]$ を付け加えればよく, $\Gamma(2)^{\mathrm{ab}} \cong \mathbb{Z}^{\oplus 2} \oplus \mathbb{Z}/2\mathbb{Z}$ である.

(3) 与えられた群の拡大の, $\mathbb{Z}/2\mathbb{Z}$ 係数コホモロジーの 5 項完全系列を考えると

$$0 \to H^1(\mathrm{SL}(2, \mathbb{F}_2), \mathbb{Z}/2\mathbb{Z}) \xrightarrow{\pi^{1,*}} H^1(\mathrm{SL}(2, \mathbb{Z}), \mathbb{Z}/2\mathbb{Z})$$
$$\to H^1(\Gamma(2), \mathbb{Z}/2\mathbb{Z})^{\mathrm{SL}(2,\mathbb{Z})} \xrightarrow{\mathrm{tg}} H^2(\mathrm{SL}(2, \mathbb{F}_2), \mathbb{Z}/2\mathbb{Z})$$

となる. (1) の結果より, $H^1(\mathrm{SL}(2, \mathbb{F}_2), \mathbb{Z}/2\mathbb{Z}) \cong \mathrm{Hom}_{\mathbb{Z}}(\mathrm{SL}(2, \mathbb{F}_2)^{\mathrm{ab}}, \mathbb{Z}/2\mathbb{Z}) \cong \mathbb{Z}/2\mathbb{Z}$ であり, 問題 4.2 の結果より, $H^1(\mathrm{SL}(2, \mathbb{Z}), \mathbb{Z}/2\mathbb{Z}) \cong \mathrm{Hom}_{\mathbb{Z}}(\mathbb{Z}/12\mathbb{Z}, \mathbb{Z}/2\mathbb{Z}) \cong \mathbb{Z}/2\mathbb{Z}$ である. よって, $\pi^{1,*}$ は同型写像である. これより, 反則準同型写像が単射であることが分かる.

そこで, $H^1(\Gamma(2), \mathbb{Z}/2\mathbb{Z})^{\mathrm{SL}(2,\mathbb{Z})}$ を計算しよう. (2) の結果より,

$$H^1(\Gamma(2), \mathbb{Z}/2\mathbb{Z}) \cong \mathrm{Hom}_{\mathbb{Z}}(\Gamma(2)^{\mathrm{ab}}, \mathbb{Z}/2\mathbb{Z}) \cong (\mathbb{Z}/2\mathbb{Z})^{\oplus 3}$$

である. $\Gamma(2)^{\mathrm{ab}}$ を加法群とみなすと, 任意の $\gamma \in \Gamma(2)$ に対して, $[\gamma] \in \Gamma(2)^{\mathrm{ab}}$ は

$$[\gamma] = a[\gamma_1] + b[\gamma_2] + c[z], \quad (a, b \in \mathbb{Z}, \ c \in \mathbb{Z}/2\mathbb{Z})$$

と一意的に表される. また, $\gamma_1^*, \gamma_2^*, z^* \in \mathrm{Hom}_{\mathbb{Z}}(\Gamma(2)^{\mathrm{ab}}, \mathbb{Z}/2\mathbb{Z})$ をそれぞれ, 任意の $x := a[\gamma_1] + b[\gamma_2] + c[z] \in \Gamma(2)^{\mathrm{ab}}$ に対して,

$$\gamma_1^*(x) := a \pmod 2, \ \gamma_2^*(x) := b \pmod 2, \ z^*(x) := c$$

によって定めると, $\gamma_1^*, \gamma_2^*, z^*$ は $\mathrm{Hom}_{\mathbb{Z}}(\Gamma(2)^{\mathrm{ab}}, \mathbb{Z}/2\mathbb{Z})$ の $\mathbb{F}_2$ ベクトル空間としての基底である. さらに, 簡単な計算により,

$$\sigma \cdot \gamma_1^* = \gamma_1^* + \gamma_2^*, \ \sigma \cdot \gamma_2^* = -\gamma_2^*, \ \sigma \cdot z^* = \gamma_2^* + z^*,$$
$$\tau \cdot \gamma_1^* = -\gamma_1^*, \ \tau \cdot \gamma_2^* = \gamma_1^* + \gamma_2^*, \ \tau \cdot z^* = \gamma_1^* + z^*$$

である. これらの式を用いることで, $H^1(\Gamma(2), \mathbb{Z}/2\mathbb{Z})^{\mathrm{SL}(2,\mathbb{Z})}$ は

$\mathrm{Hom}_{\mathbb{Z}}(\Gamma(2)^{\mathrm{ab}}, \mathbb{Z}/2\mathbb{Z})$ において，$\gamma_1^* + \gamma_2^* + z^*$ を基底とする部分空間であることが分かる．よって，$H^1(\Gamma(2), \mathbb{Z}/2\mathbb{Z})^{\mathrm{SL}(2,\mathbb{Z})} \cong \mathbb{Z}/2\mathbb{Z}$ であり，反則準同型写像の単射性から求める結果を得る．

□

5 ▶ 2次元コホモロジーの計算

　一般に，与えられた群 G の 2 次元コホモロジーは，G の拡大の同型類との間に 1 対 1 対応がつけられるという，よく知られた事実[1] があり，2 次元コホモロジーの構造を知ることは応用上も大変重要である．本章では，コホモロジー 5 項完全系列の応用として，群の表示を用いた 2 次元コホモロジーの計算について解説する．一般に，与えられた群の 2 次元コホモロジー群を求めることは大変難しく，群の表示を用いるだけで計算することは甚だ困難である場合がほとんどである．Hopf の公式によれば，与えられた群が有限表示をもてば，整係数 2 次元（コ）ホモロジーは有限生成になる．これ以上の情報をどの程度引き出せるかは，表示における関係子たちの構造がいかに簡明で扱いやすいかということに大きく依存する．本章では，巡回群の直積や半直積，自由積といった，構造が極めて簡単な場合の例を用いながら，群の表示から 2 次元コホモロジーを計算する方法を解説するが[2]，それでも計算過程は大変長い．この章で解説する内容は幾分技巧的であるので，初学者は読み飛ばしても問題ない．

5.1 ▶ 2次元コホモロジーの組み合わせ群論的解釈

　本節では，4.3.4 項で解説した 5 項完全系列を用いて，表示が与えられた群に対して，その 2 次元コホモロジーを表示の言葉で記述することを考える．

[1] 「因子団」という概念を用いる．例えば，彌永[2]などを参照せよ．

[2] ここで解説する手法自体は，理論上は，群の表示が与えられた一般の群に対しても適用できるが，関係子たちのなす群の，自由群として基底を求める部分が極めて困難であり，通常は現実的ではない．また，一般に，群の直積や半直積の（コ）ホモロジーはスペクトル系列を用いて比較的容易に計算できる．また，群の自由積や融合積の（コ）ホモロジーはマイヤー−ビートリス完全系列を用いて計算する方法が知られており，本章の計算方法によらなければ計算できないものではないことに注意されたい．

G を群とし，M を G 加群とする．また，G には表示，$G = \langle X \mid R \rangle$ が与えられているとする．簡単のため，F を X 上の自由群，R の F における正規閉包を $\overline{R}$ と表す．$\pi : F \to G$ を表示から定まる標準的な全射準同型とし，π を通して M を F 加群ともみなす．$\iota : \overline{R} \hookrightarrow F$ を自然な包含写像とすると，群の拡大

$$1 \to \overline{R} \overset{\iota}{\to} F \overset{\pi}{\to} G \to 1 \tag{5.1}$$

が得られる．この拡大から誘導されるコホモロジー群の5項完全系列は

$$0 \to H^1(G, M) \xrightarrow{\pi^{1,*}} H^1(F, M) \xrightarrow{\iota^{1,*}} H^1(\overline{R}, M)^F$$
$$\xrightarrow{\mathrm{tg}} H^2(G, M) \xrightarrow{\pi^{2,*}} H^2(F, M)$$

となる[3]．一般に，自由群の2次元以上のコホモロジー群は自明であるので，$H^2(F, M) = 0$ であり，したがってこの場合，反則準同型は全射である．ゆえに，$H^1(\overline{R}, M)^G$ と制限写像 $\iota^{1,*}$ の像が計算できれば，2次元コホモロジー $H^2(G, M)$ を計算できることになる．$\iota^{1,*}$ についてはただの制限写像であるから，その像は容易に計算できる．しかしながら，$H^1(\overline{R}, M)^G$ を計算するのは，一般に相当厳しい．理論的には，$\overline{R}$ は F の部分群であり，F の表示は明らかに分かっているので，Reidemeister – Schreier の方法を用いれば，$\overline{R}$ の表示，すなわち，自由群としての $\overline{R}$ の基底が求まることになる．ところが，この計算を完遂させるためには，$\overline{R}$ の F における Schreier 代表系（言い換えれば，G の元たちの標準形）が具体的に与えられ，かつ計算に適したものでなければならない．しかしながら，特別な例を除いて，このようなものを一般に構成することは甚だ現実的ではないのである．具体的に計算可能な例は次節で解説することにして，ここでは <u>自明係数</u>2次元コホモロジーの有限生成性に関する考察を行っておこう．

[3] $\overline{R}$ は M に自明に作用するので，$M^{\overline{R}} = M$ であることに注意せよ．

補題 5.1 上の記号の下，M は G 自明加群とする．このとき，$H^1(\overline{R}, M)^F \cong \mathrm{Hom}_{\mathbb{Z}}(\overline{R}/[F, \overline{R}], M)$ が成り立つ．ここで，$[F, \overline{R}]$ は F における，F と $\overline{R}$ の交換子部分群である．

証明. まず, $\overline{R}$ は M に自明に作用するので, $H^1(\overline{R}, M) = \mathrm{Hom}(\overline{R}, M)$ である. そこで, 任意の $f \in \mathrm{Hom}(\overline{R}, M)^F$ に対して, F が M に自明に作用することに注意して,

$$f([x, r]) = f((xrx^{-1})r^{-1}) = f(xrx^{-1}) - f(r)$$
$$= (x^{-1} \cdot f)(r) - f(r) = 0 \ (x \in F, \ r \in \overline{R})$$

が成り立つので, f は準同型写像 $\overline{f} : \overline{R}/[F, \overline{R}] \to M$ を誘導する. 写像 $\Phi : \mathrm{Hom}_{\mathbb{Z}}(\overline{R}, M)^F \to \mathrm{Hom}_{\mathbb{Z}}(\overline{R}/[F, \overline{R}], M)$ を $f \mapsto \overline{f}$ によって定めると, Ψ は加法群の準同型写像である. さらに, 自然な全射準同型写像 $\varpi : \overline{R} \to \overline{R}/[F, \overline{R}]$ に対して, 写像 $\Psi : \mathrm{Hom}_{\mathbb{Z}}(\overline{R}/[F, \overline{R}], M) \to \mathrm{Hom}(\overline{R}, M)^F$ を $h \mapsto h \circ \varpi$ によって定める. ここで, 任意の $x \in F$ と任意の $r \in \overline{R}$ に対して,

$$(x \cdot (h \circ \varpi))(r) = (h \circ \varpi)(x^{-1}rx) = (h \circ \varpi)([x^{-1}, r]r) = (h \circ \varpi)(r)$$

となるので, $h \circ \varpi \in \mathrm{Hom}(\overline{R}, M)^F$ であることに注意する. すると, Ψ は加法群の準同型写像であり, Φ の逆写像であることが容易に示されるので, Φ, Ψ は同型写像である. $\square$

定理 5.2 G を有限表示群とし, M を有限生成で G が自明に作用する加法群とする. このとき, $H^2(G, M)$ は有限生成である.

証明. $G = \langle X \mid R \rangle$ を G の有限表示とし, $R := \{r_1, \ldots, r_m\}$ と置く. $\overline{R}$ は $xrx^{-1}, (x \in F, r \in R)$ なる形の元全体で生成されていたので, $\overline{R}/[F, \overline{R}]$ は $xrx^{-1} \pmod{[F, \overline{R}]} \ (x \in F, r \in R)$ なる形の元全体で生成される. ところが, $xrx^{-1} = [x, r]r \equiv r \pmod{[F, \overline{R}]}$ であるから, $\overline{R}/[F, \overline{R}]$ は加法群として R で生成されることが分かる. よって, 仮定より $\mathrm{Hom}_{\mathbb{Z}}(\overline{R}/[F, \overline{R}], M)$ は加法群として有限生成であり, 補題 5.1 より求める結果を得る.

$\square$

コホモロジーと双対的にホモロジーについても考察することができる. 本書ではあまり扱わないので, 簡単に述べる程度に留める[4]. M を G が自明に作用する加法群とする. 群の拡大 (5.1) から誘導されるホモロジー群の 5 項完全系列は

[4] 詳細は演習問題と考えて各自行間を埋めてみよ.

$$H_2(F, M) \to H_2(G, M) \to H_1(\overline{R}, M)_F$$
$$\xrightarrow{\iota_{1,*}} H_1(F, M) \to H_1(G, M) \to 0$$

となる. $H_2(F, M) = 0$ であるので, $H_2(G, M) \cong \mathrm{Ker}(\iota_{1,*})$ である. M は $\overline{R}$ 加群としても F 加群としても自明であるから,

$$H_1(\overline{R}, M)_F \cong (\overline{R}^{\mathrm{ab}} \otimes_{\mathbb{Z}} M)_F = \overline{R}^{\mathrm{ab}} \otimes_F M \cong (\overline{R}/[F, \overline{R}]) \otimes_{\mathbb{Z}} M$$

となり, $\langle X \mid R \rangle$ が G の有限表示で, かつ M が加法群として有限生成であれば, $\overline{R}/[F, \overline{R}] \otimes_{\mathbb{Z}} M$ の部分群である $H_2(G, M)$ も有限生成であることが分かる.

一方, $M = \mathbb{Z}$ が G 自明加群であれば, 同型 $H_1(\overline{R}, \mathbb{Z})_F \cong \overline{R}/[F, \overline{R}]$, $H_1(F, \mathbb{Z}) \cong F^{\mathrm{ab}}$ のもとで, $\iota_{1,*}$ は包含写像が誘導する自然な写像 $\overline{R}/[F, \overline{R}] \to F^{\mathrm{ab}}$ とみなせる. これの核が $H_2(G, \mathbb{Z})$ であるから, 以下の有名な定理が得られる.

定理 5.3（Hopf の公式） 上の記号の下, $H_2(G, \mathbb{Z}) \cong (\overline{R} \cap [F, F])/[F, \overline{R}]$ が成り立つ[5]. したがって, G が有限表示をもてば $H_2(G, \mathbb{Z})$ は有限生成である.

▶ 5.2 有限巡回群の直積の場合

まず, 最も扱いやすい群の一つとして巡回群が考えられるが, これはかなり特殊な場合であって, すでに 2.4.2 節で（コ）ホモロジー群について解説しているので, 演習問題[6] として扱うことにした. そこで, 本節では巡回群の直積について考えよう[7].

$m, n \geq 2$ に対して, $C_m := \{1, \sigma, \dots, \sigma^{m-1}\}$, $C_n := \{1, \tau, \dots, \tau^{n-1}\}$ をそれぞれ, σ, τ が生成する位数 m, n の（乗法的）巡回群とし,

$$C_{m,n} := C_m \times C_n = \{\sigma^i \tau^j \mid 0 \leq i \leq m-1,\ 0 \leq j \leq n-1\}$$

と置く. すると, $C_{m,n}$ は表示

$$C_{m,n} = \langle x, y \mid x^m = y^n = 1,\ [x, y] = 1 \rangle$$

5) Hopf[16] は aspherical 空間の 2 次元ホモロジー群を, その基本群の表示を用いてこのように代数的な記述ができることを示した. 右辺は関係子の言葉で書かれた群であるが, 左辺は群の同型によらないので右辺もそうである. この事実だけでも大変重要である.

6) 詳しくは問題 5.1 を参照せよ.

7) 一般に, 2 つの群 G と H の直積群の自由分解を, G と H の自由分解から構成する方法が知られており, 本書でも 7.1 節で解説する. これを用いれば（コ）ホモロジー群を計算できる. 普遍係数定理（定理 8.13）も参照せよ. ここでは, あくまで, 表示を用いて 2 次元コホモロジーを解釈するための具体例の一つと考えていただきたい.

をもつ. F を $\{x, y\}$ 上の自由群とし, 対応 $x \mapsto \sigma$, $y \mapsto \tau$ によって定まる標準的全射準同型を $\varphi : F \to C_{m,n}$ とする. $R := \{x^m, y^n, [x, y]\}$ と置くと, $\overline{R} = \mathrm{Ker}(\varphi)$ である.

さて, $T := \{x^i y^j \mid 0 \le i \le m-1, \ 0 \le j \le n-1\}$ と置くと, T は $\overline{R}$ の F における Schreier 代表系である. そこで, Reidemeister–Schreier の方法[8] により, $\overline{R}$ の基底を求めると,

$$x^i y^j x y^{-j} x^{-(i+1)}, \quad (0 \le i \le m-2, \ 1 \le j \le n-1),$$

$$x^{m-1} y^j x y^{-j}, \quad (i = m-1, \ 1 \le j \le n-1),$$

$$x^m,$$

$$x^i y^n x^{-i}, \quad (0 \le i \le m-1, \ j = n-1)$$

となる. これを用いれば, 任意の $C_{m,n}$ 加群 M に対して, $H^1(\overline{R}, M)^F$ を計算することができる.

一般の場合で議論をすることも可能であるが, 計算が大変長くなるので, ここでは, $m = n = 2$ の場合を例にとって考えてみよう. この場合, $\overline{R}$ の基底は

$$\alpha := x^2, \ \beta := y^2, \ \gamma := xy^2 x^{-1}, \ \delta := [y, x] = yxy^{-1}x^{-1},$$

$$\varepsilon := xyxy^{-1}$$

となる. M を $C_{2,2}$ 加群とする. $f \in H^1(\overline{R}, M) = \mathrm{Hom}(\overline{R}, M)$ に対して, $f \in (\mathrm{Hom}(\overline{R}, M))^F$ となるための条件を求めよう. $x \cdot f = f$ かつ $y \cdot f = f$ となる条件を求めればよい.

$$a := f(\alpha), \ b := f(\beta) \ c := f(\gamma), \ d := f(\delta), \ e := f(\varepsilon) \in M$$

と置く.

(1) $x \cdot f = f$ について. $(x \cdot f)(\alpha) = f(\alpha)$ において, 左辺は $x \cdot f(x^{-1}\alpha x) = x \cdot f(\alpha)$ となるので, $x \cdot a = a$ を得る. 同様に, $u = \beta, \gamma, \delta, \varepsilon$ に対して, $(x \cdot f)(u) = f(u)$ から得られる関係式をまとめると以下の表のようになる.

	u	$(x \cdot f)(u) = f(u)$
(i)	α	$x \cdot a = a$
(ii)	β	$x \cdot c = b$
(iii)	γ	$x \cdot b = c$
(iv)	δ	$-x \cdot a + x \cdot e = d$
(v)	ε	$x \cdot d + x \cdot a = e$

8) 拙著『群の表示』を参照されたい.

(2) $y \cdot f = f$ について. (1) と同様であるので, 計算結果のみ
記述する.

	u	$(y \cdot f)(u) = f(u)$
(vi)	α	$y \cdot d + y \cdot e = a$
(vii)	β	$y \cdot b = b$
(viii)	γ	$y \cdot c = c$
(ix)	δ	$y \cdot (-c - d + b) = d$
(x)	ε	$y \cdot (-b + d + c + a) = e$

よって, $H^1(\overline{R}, M)^F \cong \{(a,b,c,d,e) \in M^{\oplus 5} \,|\, \text{(i) から (x) の線}$
形関係式$\}$ となる. これを少し簡易化しよう. まず, (iii) と (v)
を用いて c と e をそれぞれ消去することを考えると, 上の線形
関係式は

(i)	$x \cdot a = a$
(vi)$'$	$(x+1) \cdot d = (y-1) \cdot a$
(vii)	$y \cdot b = b$
(ix)$'$	$(1-x) \cdot b = (1+y) \cdot d$
(x)$'$	$(x-1) \cdot b = (yx-1) \cdot d + (yx-1) \cdot a$

と同値である[9]. (x)$'$ において, (i) と (vi)$'$ を用いて a を消去
すると $(x-1) \cdot b = (x + yx) \cdot d$ となるが, これは (ix)$'$ の両辺
に左から x を作用させれば得られるので, この式も省くことが
できる. そこで,

$$L := \{(a,b,d) \in M^x \oplus M^y \oplus M \,|\, (1-x) \cdot b$$
$$= (1+y) \cdot d,\ (y-1) \cdot a = (1+x) \cdot d\}$$

と置くと, 加法群としての同型写像 $\Phi : H^1(\overline{R}, M)^F \to L$,
$\Phi(f) = (f(\alpha), f(\beta), f(\delta))$ が得られる[10]. また, 任意の
$f \in H^1(F, M)$ に対して, $f(x) = s$, $f(y) = t \in M$ と置くと,
$f(\alpha) = (1+x) \cdot s$, $f(\beta) = (1+y) \cdot t$, $f(\delta) = (1-x) \cdot t + (y-1) \cdot s$
である. したがって,

$$K := \{((1+x) \cdot s,\ (1+y) \cdot t,\ (1-x) \cdot t + (y-1) \cdot s) \,|\, s, t \in M\}$$

と置けば, $(\Phi \circ \iota^{1,*})(H^1(F, M)) = K$ であり, 以下の定理を
得る.

定理 5.4 上の記号の下, $H^2(C_{2,2}, M) \cong L/K$.

9) (i) と (vii) を用いて
簡略化できるものは簡略
化し, 自明な関係式と同
値なものは省いた. 例え
ば, (vi)$'$ は (vi) の両辺
に y を左から作用させ,
(v) を用いて e を消去す
れば得られる. 他も同様
である.

10) ここで, $g \in C_{2,2}$ に
対して, $M^g := \{m \in M \,|\, g \cdot m = m\}$ である.

特に, $M = \mathbb{Z}$ で $C_{2,2}$ が $\mathbb{Z}$ に自明に作用する場合は, $(y-1) \cdot a = (1+x) \cdot d = 0$ と同値であるので, これを用いて整理すると, $H^2(C_{2,2}, \mathbb{Z}) \cong (\mathbb{Z}/2\mathbb{Z})^{\oplus 2}$ となる.

5.3 ▶ 2面体群の場合

次に, 巡回群の半直積として表される, 2面体群について考えてみよう. $n \geq 3$ に対して, $D_n = \{1, \sigma, \dots, \sigma^{n-1}, \tau, \sigma\tau, \dots, \sigma^{n-1}\}$ を n 次の2面体群とすると, D_n は表示

$$D_n = \langle x, y \mid x^n = y^2 = 1, \ yxy = x^{-1} \rangle$$

をもつ. F を $\{x, y\}$ 上の自由群とし, 対応 $x \mapsto \sigma$, $y \mapsto \tau$ によって定まる標準的全射準同型を $\varphi : F \to D_n$ とする. $R := \{x^n, y^2, (yx)^2\}$ と置くと, $\overline{R} = \mathrm{Ker}(\varphi)$ である.

さて, $T := \{x^i y^j \mid 0 \leq i \leq n-1, \ 0 \leq j \leq 1\}$ と置くと, T は $\overline{R}$ の F における Schreier 代表系である. そこで, Reidemeister–Schreier の方法[11] により, $\overline{R}$ の基底を求めて整理すると,

11) 拙著『群の表示』を参照されたい.

$\alpha := x^n$,

$\beta_0 := yxy^{-1}x^{-(n-1)}$, $\beta_k := x^k yxy^{-1}x^{-(k-1)} \quad (1 \leq k \leq n-1)$,

$\gamma_k := x^k y^2 x^{-k} \quad (0 \leq k \leq n-1)$

となる. これを用いれば, 任意の D_n 加群 M に対して, $H^1(\overline{R}, M)^F$ を計算することができる.

一般の場合で議論をすることも可能であるが, 計算が大変長くなるので, ここでは, $n = 3$ の場合を例にとって考えてみよう[12]. この場合, $\overline{R}$ の基底は $\{\alpha, \beta_k, \gamma_k \mid, 0 \leq k \leq 2\}$ である. M を D_3 加群とする. $f \in H^1(\overline{R}, M) = \mathrm{Hom}(\overline{R}, M)$ に対して, $f \in (\mathrm{Hom}(\overline{R}, M))^F$ となるための条件を求めよう. $x \cdot f = f$ かつ $y \cdot f = f$ となる条件を求めればよい.

12) それでも長い. ちなみに, $D_3 = \mathfrak{S}_3$ である.

$a := f(\alpha), \ b_k := f(\beta_k) \ c_k := f(\gamma_k) \in M \ (0 \leq k \leq 2)$

と置く.

(1) $x \cdot f = f$ について．計算結果のみ記述する．

	u	$(x \cdot f)(u) = f(u)$
(i)	α	$x \cdot a = a$
(ii)	β_0	$x \cdot (b_2 - a) = b_0$
(iii)	β_1	$x \cdot (b_0 + a) = b_1$
(iv)	β_2	$x \cdot b_1 = b_2$
(v)	γ_0	$x \cdot c_2 = c_0$
(vi)	$\gamma_k \ (1 \le k \le 2)$	$x \cdot c_{k-1} = c_k$

(2) $y \cdot f = f$ について．計算結果のみ記述する．

	u	$(y \cdot f)(u) = f(u)$
(vii)	α	$y \cdot (b_0 + b_1 + b_2) = a$
(viii)	β_0	$y \cdot (c_0 - c_1 - b_0 - b_2) = b_0$
(ix)	β_1	$y \cdot (a + b_0 - c_0 + c_2) = b_1$
(x)	β_2	$y \cdot (b_2 + c_1 - c_2) = b_2$
(xi)	γ_0	$y \cdot c_0 = c_0$
(xii)	γ_1	$y \cdot c_2 = c_1$
(xiii)	γ_2	$y \cdot c_1 = c_2$

これらの線形関係式を，最終的に a, b_0, c_0 のみが残るように，以下のように簡易化する．

- (ix) と (x) の両辺をそれぞれ -1 倍し，(vii) の両辺に左から y を作用させたものを足し合わせると，(viii) が得られるので (viii) を省く．

- (iii)，(iv) によって，b_1, b_2 をそれぞれ消去し，(vi) によって c_2, c_1 を順に消去する．

- (v) は自明な関係式になるので省く．

- (xii) は $yx^2 \cdot c_0 = x \cdot c_0$ となるが，これは (xi) の両辺に左から x を作用させることで得られる[13]ので省く．(xiii) も (xi) から得られるので省く．

- (i) を用いると (ii) は自明な関係式になるので省く．

- (vii) の両辺に左から y を作用させ，(i) を用いて $(1 + x + x^2) \cdot b_0 = (y - 2) \cdot a$ と変形する．同様に，(ix) を $(x - 1) \cdot c_0 = (x - y) \cdot (a + b_0)$ と変形し，これを (ix)' と置く．

- (x) の両辺に左から x^2 を作用させて変形すると，$(x - 1) \cdot c_0 = (x - y) \cdot (b_0 + a)$ となり，これは (ix)' と同値な式であるので省く．

[13] D_3 の関係式から，xy の作用と yx^2 の作用は同じものであることに注意せよ．

以上の議論より,

$$L := \{(a,b,c) \in M^x \oplus M \oplus M^y \mid$$
$$(1+x+x^2) \cdot b = (y-2) \cdot a, \ (x-1) \cdot c$$
$$= (x-y) \cdot (a+b)\}$$

と置くと, 加法群としての同型写像 $\Phi : H^1(\overline{R}, M)^F \to L$, $\Phi(f) = (f(\alpha), f(\beta_0), f(\gamma_0))$ が得られる[14]. また, 任意の $f \in H^1(F, M)$ に対して, $f(x) = s, f(y) = t \in M$ と置くと, $f(\alpha) = (1+x+x^2) \cdot s, f(\beta_0) = (1-x^2) \cdot t + (-1-x+y) \cdot s$, $f(\gamma_0) = (1+y) \cdot t$ である. したがって,

$$K := \{((1+x+x^2) \cdot s, \ (1-x^2) \cdot t + (-1-x+y) \cdot s, \ (1+y) \cdot t) \mid s, t \in M\}$$

と置けば, $(\Phi \circ \iota_{1,*})(H^1(F, M)) = K$ であり, 以下の定理が得られる.

定理 5.5 上の記号の下, $H^2(D_3, M) \cong L/K$.

特に, $M = \mathbb{Z}$ で D_3 が $\mathbb{Z}$ に自明に作用する場合は, $(1+x+x^2) \cdot b = (y-2) \cdot a$ は $3b = -a$ と同値であるので, a の成分も省くことができる. さらに, $(x-1) \cdot c_0 = (x-y) \cdot (a+b_0)$ は自明な関係式であり, 簡単な計算から $H^2(D_3, \mathbb{Z}) \cong \mathbb{Z}/2\mathbb{Z}$ となることが分かる. したがって, 例 4.14 の (2) で考察した準同型写像 $\pi^{2,*}$ は, $n = 3$ のとき同型写像である.

5.4 ▷ PSL$(2, \mathbb{Z})$ の場合

次に, 有限巡回群の自由積として表される, $\mathbb{Z}$ 上の 2 次の射影特殊線形群 PSL$(2, \mathbb{Z})$ について考えよう. PSL$(2, \mathbb{Z})$ は表示

$$\mathrm{PSL}(2, \mathbb{Z}) = \langle \sigma, \tau \mid \sigma^3 = \tau^2 = 1 \rangle$$

をもつ[15]. F を $\{\sigma, \tau\}$ 上の自由群とし, 対応 $\sigma \mapsto \begin{bmatrix} 1 & -1 \\ 1 & 0 \end{bmatrix}$,

[14] ここで, $g \in D_3$ に対して, $M^g := \{m \in M \mid g \cdot m = m\}$ である.

[15] $\mathbb{Z}/3\mathbb{Z} * \mathbb{Z}/2\mathbb{Z}$ に同型である. 詳細は拙著『群の表示』を参照されたい.

$y \mapsto \begin{bmatrix} 0 & 1 \\ -1 & 0 \end{bmatrix}$ によって定まる標準的な全射準同型を $\varphi : F \to$ PSL$(2, \mathbb{Z})$ とする. $R := \{x^3, y^2\}$ と置くと, $\overline{R} = \mathrm{Ker}(\varphi)$ である.

さて,

$$T := \{\tau^k \sigma^{e_1} \tau \sigma^{e_2} \tau \cdots \tau \sigma^{e_m}, \ \tau^k \sigma^{e_1} \tau \sigma^{e_2} \tau \cdots \tau \sigma^{e_m} \tau \mid k \in \{0,1\}, \ m \geq 0, \ e_i = 1, 2\}$$

と置くと, T は $\overline{R}$ の F における Schreier 代表系である. そこで, Reidemeister–Schreier の方法[16] により, $\overline{R}$ の基底を求めて整理すると,

16) 拙著『群の表示』を参照されたい.

$$v := \tau^2, \quad w_k := \tau^k \sigma^3 \tau^{-k},$$

$$x_k(e_1, \ldots, e_m) := \tau^k \sigma^{e_1} \tau \sigma^{e_2} \cdots \tau \sigma^{e_m} \tau^2 \sigma^{-e_m} \tau^{-1} \cdots \sigma^{-e_2} \tau^{-1} \sigma^{-e_1} \tau^{-k},$$

$$y_k(e_1, \ldots, e_m) := \tau^k \sigma^{e_1} \tau \sigma^{e_2} \cdots \tau \sigma^{e_m} \tau \sigma^3 \tau^{-1} \sigma^{-e_m} \tau^{-1} \cdots \sigma^{-e_2} \tau^{-1} \sigma^{-e_1} \tau^{-k}$$

となる. ただし, $m \geq 1$, $e_i \in \{1, 2\}$ $(1 \leq i \leq m)$, かつ $k \in \{0, 1\}$ である. これを用いて, PSL$(2, \mathbb{Z})$ 加群 M に対して, $H^1(\overline{R}, M)^F$ を計算することができる.

そこで, $f \in H^1(\overline{R}, M) = \mathrm{Hom}(\overline{R}, M)$ に対して, $f \in (\mathrm{Hom}(\overline{R}, M))^F$ となるための条件を求めよう. $x \cdot f = f$ かつ $y \cdot f = f$ となる条件を求めればよい. 各 $m \geq 1$, $e_i \in \{1, 2\}$, $(1 \leq i \leq m)$ および, $k \in \{0, 1\}$ に対して,

$$a := f(v), \quad b_k(e_1, \ldots, e_m) := f(x_k(e_1, \ldots, e_m)),$$

$$c_k(e_1, \ldots, e_m) := f(y_k(e_1, \ldots, e_m)), \quad d_k := f(w_k)$$

と置く. 以下計算結果のみの記述とする.

(1) $\tau \cdot f = f$ について.

	u	$(\tau \cdot f)(u) = f(u)$
(i)	v	$\tau \cdot a = a$
(ii)	$x_0(e_1, \ldots, e_m)$	$\tau \cdot b_1(e_1, \ldots, e_m) = b_0(e_1, \ldots, e_m)$
(iii)	$x_1(e_1, \ldots, e_m)$	$\tau \cdot b_0(e_1, \ldots, e_m) = b_1(e_1, \ldots, e_m)$
(iv)	$y_0(e_1, \ldots, e_m)$	$\tau \cdot c_1(e_1, \ldots, e_m) = c_0(e_1, \ldots, e_m)$
(v)	$y_1(e_1, \ldots, e_m)$	$\tau \cdot c_0(e_1, \ldots, e_m) = c_1(e_1, \ldots, e_m)$
(vi)	w_0	$\tau \cdot d_0 = d_1$
(vii)	w_1	$\tau \cdot d_1 = d_0$

(2) $\sigma \cdot f = f$ について.

	u	$(\sigma \cdot f)(u) = f(u)$
(viii)	v	$\sigma \cdot b_0(2) = a$
(ix)	$x_0(2, e_2, \ldots, e_m)$	$\sigma \cdot b_0(1, e_2, \ldots, e_m) = b_0(2, e_2, \ldots, e_m)$
(ix)$'$	$x_0(1, e_2, \ldots, e_m)$	$\sigma \cdot b_1(e_2, \ldots, e_m) = b_0(1, e_2, \ldots, e_m)$
(x)	$x_1(e_1, \ldots, e_m)$	$\sigma \cdot b_0(2, e_1, \ldots, e_m) = b_1(e_1, \ldots, e_m)$
(xi)	$y_0(2, e_2, \ldots, e_m)$	$\sigma \cdot c_0(1, e_2, \ldots, e_m) = c_0(2, e_2, \ldots, e_m)$
(xi)$'$	$y_0(1, e_2, \ldots, e_m)$	$\sigma \cdot c_1(e_2, \ldots, e_m) = c_0(1, e_2, \ldots, e_m)$
(xii)	$y_1(e_1, \ldots, e_m)$	$\sigma c_0(2, e_1, \ldots, e_m) = c_1(e_1, \ldots, e_m)$
(xiii)	w_0	$\sigma \cdot d_0 = d_0$
(xiv)	w_1	$\sigma \cdot c_0(2) = d_1$

これらの線形関係式を，最終的に a, d_0 のみが残るように，以下
のように簡易化する.

- τ^2 の M への作用は自明であることに注意すると，(ii), (iv),
  (vi) はそれぞれ，(iii), (v), (vii) の両辺に左から τ を作用さ
  せることで得られるので省く.
- (ix)$'$ は (ix) と (x) から得られるので省く．同様に，(xi)$'$ は
  (xi) と (xii) から得られるので省く.
- (iii), (v), (vii) によって，それぞれ $b_1(e_1, \ldots, e_m), c_1(e_1, \ldots, e_m),$
  d_1 を消去する.
- (ix) と (x) より，

$$b_0(2, e_2, \ldots, e_m) = \sigma^2 \tau \cdot b_0(e_2, \ldots, e_m),$$
$$b_0(1, e_2, \ldots, e_m) = \sigma \tau \cdot b_0(e_2, \ldots, e_m)$$

  となるので，各 $b_0(e_1, \ldots, e_m)$ は帰納的に $b_0(2)$ を用いて表せ
  ることが分かる．同様に，(xi) と (xii) より，各 $c_0(e_1, \ldots, e_m)$
  は $c_0(2)$ を用いて表せる．そこで，この関係式を用いて，
  $b_0(2), c_0(2)$ 以外の $b_0(e_1, \ldots, e_m), c_0(e_1, \ldots, e_m)$ を消去す
  る.
- (viii) と (xiv) より，$b_0(2) = \sigma^2 \cdot a, \ c_0(2) = \sigma^2 \cdot d_1$ である
  ので，これらの関係式を用いて $b_0(2), c_0(2)$ を消去する.

以上の議論により，加法群の同型写像 $\Phi : H^1(\overline{R}, M)^F \to M^\tau \oplus M^\sigma$, $\Phi(f) = (f(\tau^2), f(\sigma^3))$ が得られる[17]．また，任
意の $f \in H^1(F, M)$ に対して，$f(\sigma) = s, f(\tau) = t \in M$ と置

[17] ここで，$g \in \mathrm{PSL}(2, \mathbb{Z})$ に対して，$M^g := \{m \in M \mid g \cdot m = m\}$ である.

くと，$f(\sigma^3) = (1 + \sigma + \sigma^2) \cdot s$, $f(\tau^2) = (1 + \tau) \cdot t$ であり，

$$(\Phi \circ \iota^{1,*})(H^1(F, M)) = \{((1+\tau) \cdot t, (1+\sigma+\sigma^2) \cdot s), \mid s, t \in M\}$$

である．したがって，以下を得る．

定理 5.6 上の記号の下，

$$H^2(\mathrm{PSL}(2, \mathbb{Z}), M) \cong \left(M^\tau \big/ (1+\tau)M\right) \oplus \left(M^\sigma \big/ (1+\sigma+\sigma^2)M\right).$$

5.5 ▶ 問題

問題 5.1 $n \geq 2$ に対して，位数 n の巡回群 $C_n = \{1, \sigma, \sigma^2, \ldots, \sigma^{n-1}\}$ を考える．C_n の表示 $\langle x \mid x^n \rangle$ に対して，$X = \{x\}$, $R = \{x^n\}$ と置き，対応 $x \mapsto \sigma$ によって定まる，X 上の自由群 F から C_n への標準的な全射準同型を $\varphi : F \to C_n$ と置く．

(1) R の F における正規閉包 $\overline{R}$ の基底を求めよ．

(2) M を C_n 加群とするとき，群の拡大 (5.1) が誘導するコホモロジーの 5 項完全系列を考えることで，$H^2(C_n, M) = M^{C_n}/(1+\sigma+\cdots+\sigma^{n-1})M$ となることを示せ．

解答． (1) F は階数 1 の自由群であるからアーベル群である．よって，任意の $x \in F$ に対して，$x\,x^n\,x^{-1} = x^n$ となり，$\overline{R}$ は x^n で生成されることが分かる．特に，$\overline{R}$ は $\{x^n\}$ を基底とする階数 1 の自由群である．

(2) まず，$\overline{R}$ は M に自明に作用するので，F 加群として $H^1(\overline{R}, M) \cong \mathrm{Hom}_\mathbb{Z}(\overline{R}, M)$ である．さらに，$\overline{R}$ は $\{x^n\}$ を基底とする自由アーベル群であるから，任意の $f \in \mathrm{Hom}_\mathbb{Z}(\overline{R}, M)$ に対して対応 $f \mapsto f(x^n)$ を考えることで，加法群としての同型 $\Phi : \mathrm{Hom}_\mathbb{Z}(\overline{R}, M) \cong M$ が得られる．任意の $y \in F$ に対して，

$$(y \cdot f)(x^n) = y \cdot f(y^{-1} x^n y) = y \cdot f(x^n)$$

であるから，Φ は F 同型写像である．したがって，$H^1(\overline{R}, M)^F \cong$

$M^F = M^{C_n}$ を得る.

次に,この同型の下で $\mathrm{Im}(\iota_{1,*})$ がどのように記述されるかを調べる.そこで,任意の $h \in H^1(F, M)$ に対して,

$$\iota_{1,*}(h)(x^n) = h(x^n) = (1 + x + \cdots + x^{n-1}) \cdot h(x)$$
$$= (1 + \sigma + \cdots + \sigma^{n-1}) \cdot h(x)$$

であり,自由群 F の普遍性からねじれ準同型 $h : F \to M$ は対応 $x \mapsto h(x)$ によって一意的に決まることを考えると,$\mathrm{Im}(\iota_{1,*})$ は同型 $H^1(\overline{R}, M)^F \cong M^F = M^{C_n}$ の下で $(1 + \sigma + \cdots + \sigma^{n-1})M$ に一致する.これより求める結果が得られる.□

問題 5.2 3 次の 2 面体群 $D_3 = \{1, \sigma, \ldots, \sigma^{n-1}, \tau, \sigma\tau, \ldots, \sigma^{n-1}\}$ を同型写像 $D_3 \to \mathfrak{S}_3; \sigma \mapsto (1\,2\,3), \tau \mapsto (2\,3)$ により,3 次対称群 $\mathfrak{S}_3$ と同一視する.$M = \mathbb{Z}^3$ とし,D_3 の M への作用を成分の置換として定める[18].このとき,5.3 節の結果を利用して $H^2(D_3, M)$ を計算せよ.

18) 問題 1.3 を参照せよ.

解答. まず,

$$M^x = \left\{ \begin{pmatrix} m \\ m \\ m \end{pmatrix} \,\middle|\, m \in \mathbb{Z} \right\}, \quad M^y = \left\{ \begin{pmatrix} k \\ l \\ l \end{pmatrix} \,\middle|\, k, l \in \mathbb{Z} \right\}$$

であることに注意する.そこで,

$$a := \begin{pmatrix} m \\ m \\ m \end{pmatrix} \in M^x, \ b := \begin{pmatrix} n_1 \\ n_2 \\ n_3 \end{pmatrix} \in M, \ c := \begin{pmatrix} k \\ l \\ l \end{pmatrix} \in M^y$$

と置いて,関係式 $(1 + x + x^2) \cdot b = (y - 2) \cdot a$,$(x - 1) \cdot c = (x - y) \cdot (a + b)$ をそれぞれ書き下すと,これらは,

$$m = -(n_1 + n_2 + n_3), \ k = n_1 - n_3 + l$$

と同値であることが分かる.よって,文字 m, k をこれらの式で消去すると,同型対応 $H^1(\overline{R}, M)^F \cong \mathbb{Z}^4; f \mapsto (n_1, n_2, n_3, l)$ が得られる.あとは,この同型の下で $\mathrm{Im}(\iota_{1,*})$ がどのようにな

5.5 問題 ◀ *111*

るかを調べればよい. そこで, 任意の $f \in H^1(F, M)$ に対して,

$$f(x) := \begin{pmatrix} s_1 \\ s_2 \\ s_3 \end{pmatrix}, \quad f(y) := \begin{pmatrix} t_1 \\ t_2 \\ t_3 \end{pmatrix}$$

と置いて計算すると,

$$
\begin{aligned}
n_1 &= -s_3 + t_1 - t_2, \\
n_2 &= -s_1 - s_2 + s_3 + t_2 - t_3, \\
n_3 &= -s_3 - t_1 + t_3, \\
l &= t_2 + t_3
\end{aligned}
$$

となる. よって, 単因子論[19]を用いて, $H^2(D_3, M) \cong \mathbb{Z}/2\mathbb{Z}$ であることが分かる. □

[19] 拙著『群の表示』の付録を参照されたい.

6 ▸ G 準同型写像と（コ）ホモ ロジー

この章では，係数の間の準同型写像が与えられたときに，（コ）ホモロジー群の間の準同型写像が誘導されることを示し，特に，係数加群の短完全列から（コ）ホモロジー群の長完全列が導かれることを示す．さらに，与えられた群とその指数有限な部分群に対して，それらの（コ）ホモロジー群の間の関係についても考察する．

▸ 6.1 G 準同型写像から誘導された写像

A, B を G 加群とし，$f : A \to B$ を G 準同型写像とする．$\mathcal{C}_* := \{C_p, \partial_p, \varepsilon\}$ を G の $\mathbb{Z}$ 上の自由分解とする．このとき，各 $p \geq 0$ に対して，加法群の準同型写像 $f_p := f \otimes \mathrm{id}_{C_p} : A \otimes_G C_p \to B \otimes_G C_p$ と $f^p : \mathrm{Hom}_G(C_p, A) \to \mathrm{Hom}_G(C_p, B)$ をそれぞれ，

$$f_p(a \otimes x_p) := f(a) \otimes x_p \quad (a \in A, \ x_p \in C_p),$$
$$f^p(h) := f \circ h$$

によって定める．

補題 6.1 上の記号を踏襲する．このとき，

(1) $f_* := \{f_p\}_{p \geq 0} : A \otimes_G \mathcal{C}_* \to B \otimes_G \mathcal{C}_*$ はチェイン写像である．

(2) $f^* := \{f^p\}_{p \geq 0} : \mathrm{Hom}_G(\mathcal{C}_*, A) \to \mathrm{Hom}_G(\mathcal{C}_*, B)$ はコチェイン写像である．

証明. 簡単な計算により分かる. □

定義 6.2（誘導された準同型写像）A, B を G 加群とし, f : $A \to B$ を G 準同型写像とする. 補題 6.1 より, 各 $p \geq 0$ に対して,（コ）チェイン写像 f_*, f^* はそれぞれ（コ）ホモロジー群の間の準同型写像

$$f_{p,*} : H_p(G, A) \to H_p(G, B), \quad f^{p,*} : H^p(G, A) \to H^p(G, B)$$

を誘導する. これを f から誘導された**準同型写像** (induced homomorphism from f) という[1].

[1] 文脈によっては,「f が誘導する準同型 $f_{p,*}$ が…」などと言うこともある.

6.2 ▶ 群の（コ）ホモロジーの長完全系列

この節では, G 加群の完全系列が与えられたときに, それら G 加群を係数とする G の（コ）ホモロジー群の間の長完全系列が得られることを示す. まず, 環上の加群の分裂拡大やテンソル積に関するいくつかの事実を確認しておこう. 以下, R を環とする[2].

[2] R は可換環でなくてもよい.

▌ 6.2.1　分裂完全系列

定義 6.3（分裂完全系列）R 加群の完全系列

$$0 \to A \xrightarrow{\varphi} B \xrightarrow{\psi} C \to 0 \tag{6.1}$$

において, ある R 準同型写像 $s : C \to B$ が存在して, $\psi \circ s = \mathrm{id}_C$ となるとき, この完全系列は**分裂する** (split) といい, s を**切断** (section) という. またこのとき, (6.1) を**分裂完全系列** (split exact sequence) という.

補題 6.4 完全系列 (6.1) が分裂するとき, $B \cong A \oplus C$ である.

証明. まず, $\varphi : A \to B$ は単射であるので, $A \cong \mathrm{Im}(\varphi)$ であることに注意する. 任意の $b \in B$ に対して,

$$\psi(b - s \circ \psi(b)) = \psi(b) - \psi \circ s \circ \psi(b) = \psi(b) - \psi(b) = 0$$

114 ▶ 6　G 準同型写像と（コ）ホモロジー

であるので, $b - s \circ \psi(b) \in \mathrm{Ker}(\psi) = \mathrm{Im}(\varphi)$ である. そこで, 写像 $\Phi : B \to \mathrm{Im}(\varphi) \oplus C$ を

$$b \mapsto (b - s \circ \psi(b), \psi(b))$$

によって定める. すると, Φ は R 準同型写像である. 一方, 写像 $\Psi : \mathrm{Im}(\varphi) \oplus C \to B$ を

$$(x, y) \mapsto x + s(y)$$

によって定めると, Ψ は R 準同型写像であり, $\Phi \circ \Psi = \mathrm{id}$, $\Psi \circ \Phi = \mathrm{id}$ となり, Φ, Ψ は同型写像である. $\square$

命題 6.5 以下は同値である.

(1) 完全系列 (6.1) が分裂する.

(2) 完全系列 (6.1) において, ある R 準同型写像 $s' : B \to A$ が存在して, $s' \circ \varphi = \mathrm{id}_A$ となる.

証明. $(1) \Longrightarrow (2)$ 写像 $s' : B \to A$ を

$$b \mapsto \varphi^{-1}(b - s \circ \psi(b))$$

で定める[3]. すると, s' は R 準同型写像で, 任意の $a \in A$ に対して,

$$s' \circ \varphi(a) = \varphi^{-1}(\varphi(a) - s \circ \psi \circ \varphi(a)) = a$$

を満たすので, これが求めるものである.

[3] $\varphi^{-1} : \mathrm{Im}(\varphi) \to A$ である.

$(2) \Longrightarrow (1)$ 任意の $c \in C$ に対して, ψ の全射性から $\psi(b) = c$ となる $b \in B$ が存在する. そこで, 対応 $s : C \to B$ を $c \mapsto b - \varphi \circ s'(b)$ によって定める. もし, ある $b' \in B$ で $\psi(b') = c$ となるものが存在したとすると, $b - b' \in \mathrm{Ker}(\psi) = \mathrm{Im}(\varphi)$ であるから, $b - b' = \varphi(a)$ $(a \in A)$ と置けば,

$$(b - \varphi \circ s'(b)) - (b' - \varphi \circ s'(b')) = b - b' - \varphi \circ s'(b - b') = b - b' - \varphi(a) = 0$$

となる. すなわち, $s(c)$ は $\psi(b) = c$ となる $b \in B$ のとり方によらず well-defined である. さらに, s が R 準同型写像であることも容易に示せる. 任意の $c \in C$ に対して,

$$\psi \circ s(c) = \psi(b - \varphi \circ s'(b)) = \psi(b) = c$$

となるので s は切断である. $\square$

6.2.2 自由加群のテンソル積と Hom

補題 6.6 F を R 自由加群とする. このとき, R 加群の完全系列

$$0 \to A \xrightarrow{\varphi} B \xrightarrow{\psi} C \to 0$$

に対して,

$$0 \to A \otimes_R F \xrightarrow{\varphi \otimes \mathrm{id}_F} B \otimes_R F \xrightarrow{\psi \otimes \mathrm{id}_F} C \otimes_R F \to 0$$

$$0 \to \mathrm{Hom}_R(F, A) \xrightarrow{\widetilde{\varphi}} \mathrm{Hom}_R(F, B) \xrightarrow{\widetilde{\psi}} \mathrm{Hom}_R(F, C) \to 0$$

はともに加法群の完全系列である[4].

[4] $\widetilde{\varphi}$ は $f \mapsto \varphi \circ f$ によって定まる写像である. $\widetilde{\psi}$ についても同様である.

証明. $X = \{x_\lambda\}_{\lambda \in \Lambda}$ を F の基底とする.

(1) テンソル積について. 定理 2.4 と同様の議論により, $\varphi \otimes \mathrm{id}_F$ の単射性のみを示せば十分である. 任意の $t \in \mathrm{Ker}(\varphi \otimes \mathrm{id}_F)$ をとる. すると, t は

$$t = \sum_{\lambda \in \Lambda} a_\lambda \otimes x_\lambda \quad (a_\lambda \in A)$$

なる形に一意的に表せる. このとき,

$$(\varphi \otimes \mathrm{id}_F)(t) = \sum_{\lambda \in \Lambda} \varphi(a_\lambda) \otimes x_\lambda = 0$$

であるので, 任意の $\lambda \in \Lambda$ に対して $\varphi(a_\lambda) = 0$ であり, φ は単射であるから, $a_\lambda = 0$ となる. したがって, $t = 0$ となり, $\varphi \otimes \mathrm{id}_F$ は単射である.

(2) Hom について.

- $\mathrm{Ker}(\widetilde{\varphi}) = 0$ であること. 任意の $f \in \mathrm{Ker}(\widetilde{\varphi})$ をとると, $\widetilde{\varphi}(f) = \varphi \circ f = 0$. すなわち, 任意の $x \in F$ に対して, $\varphi(f(x)) = 0$ となる. φ は単射であるから, $f(x) = 0$ である. よって, $f = 0$ となる.

- $\mathrm{Im}(\widetilde{\varphi}) \subset \mathrm{Ker}(\widetilde{\psi})$ は明らか.

- $\mathrm{Im}(\widetilde{\varphi}) \supset \mathrm{Ker}(\widetilde{\psi})$ であること. 任意の $h \in \mathrm{Ker}(\widetilde{\psi})$ に対して, 任意の $x \in F$ をとると $\psi(h(x)) = 0$ となる. よって, $h(x) \in \mathrm{Ker}(\psi) = \mathrm{Im}(\varphi)$ となるので, ある, $a_x \in A$ が存在して, $h(x) = \varphi(a_x)$ となる. ここで, φ は単射であるから, このような $a_x \in A$ は $x \in F$ に対して一意的に決まる. 任意の $x, y \in F$ に対して, $h(x+y) = \varphi(a_x + a_y)$ より, $a_{x+y} = a_x + a_y$ である. そこで, 写像 $f : F \to A$ を $x \mapsto a_x$ によって定めると, f は R 準同型写像で $h = \widetilde{\varphi}(f)$ となる[5].

- $\widetilde{\psi}$ が全射であること. 任意の $k \in \mathrm{Hom}_R(F, C)$ をとる. すると, 各 $\lambda \in \Lambda$ に対して, $k(x_\lambda) \in C$ であるが, ψ は全射であるので, $k(x_\lambda) = \psi(b_\lambda)$ となる $b_\lambda \in B$ が存在する. 今, F は X を基底とする R 自由加群であるから, $x_\lambda \mapsto b_\lambda$ となる R 準同型写像 $h : F \to B$ が存在する. このとき, $k = \widetilde{\psi}(h)$ である. □

[5] 任意の $r \in R$ と $x \in F$ に対して $a_{rx} = ra_x$ となることも同様に示される.

6.2.3 群のホモロジーの長完全系列

G を群とし,

$$0 \to A \xrightarrow{\varphi} B \xrightarrow{\psi} C \to 0 \tag{6.2}$$

を G 加群の完全系列とする[6]. $\mathcal{C}_* := \{C_p, \partial_p, \varepsilon\}$ を G の $\mathbb{Z}$ 上の自由分解とする. 各 $p \geq 0$ に対して, 以下のような可換図式を考える.

[6] すなわち, $\mathbb{Z}[G]$ 加群の完全系列である.

$$
\begin{array}{ccccccc}
& 0 & & 0 & & 0 & \\
& \downarrow & & \downarrow & & \downarrow & \\
\cdots \longrightarrow & A \otimes_G C_{p+1} & \xrightarrow{\mathrm{id} \otimes \partial_{p+1}} & A \otimes_G C_p & \xrightarrow{\mathrm{id} \otimes \partial_p} & A \otimes_G C_{p-1} & \longrightarrow \cdots \\
& {\scriptstyle \varphi \otimes \mathrm{id}} \downarrow & & {\scriptstyle \varphi \otimes \mathrm{id}} \downarrow & & {\scriptstyle \varphi \otimes \mathrm{id}} \downarrow & \\
\cdots \longrightarrow & B \otimes_G C_{p+1} & \xrightarrow{\mathrm{id} \otimes \partial_{p+1}} & B \otimes_G C_p & \xrightarrow{\mathrm{id} \otimes \partial_p} & B \otimes_G C_{p-1} & \longrightarrow \cdots \\
& {\scriptstyle \psi \otimes \mathrm{id}} \downarrow & & {\scriptstyle \psi \otimes \mathrm{id}} \downarrow & & {\scriptstyle \psi \otimes \mathrm{id}} \downarrow & \\
\cdots \longrightarrow & C \otimes_G C_{p+1} & \xrightarrow{\mathrm{id} \otimes \partial_{p+1}} & C \otimes_G C_p & \xrightarrow{\mathrm{id} \otimes \partial_p} & C \otimes_G C_{p-1} & \longrightarrow \cdots \\
& \downarrow & & \downarrow & & \downarrow & \\
& 0 & & 0 & & 0 &
\end{array}
$$

各 C_p は G 自由加群であるから, 補題 6.6 より, 各列は加法群の完全系列になっている. 今, 加法群の準同型写像 $\delta_p : H_p(G,C) \to H_{p-1}(G,A)$ を以下の順序で構成する.

(1) 任意の $c_p \in \mathrm{Ker}(\mathrm{id}_C \otimes \partial_p)$ をとる. すると, $\psi \otimes \mathrm{id}_{C_p}$ の全射性から, ある $b_p \in B \otimes_G C_p$ で, $(\psi \otimes \mathrm{id}_{C_p})(b_p) = c_p$ となるものが存在する.

(2) 次に,

$$(\psi \otimes \mathrm{id}_{C_{p-1}}) \circ (\mathrm{id}_B \otimes \partial_p)(b_p) = (\mathrm{id}_C \otimes \partial_p) \circ (\psi \otimes \mathrm{id}_{C_p})(b_p)$$
$$= (\mathrm{id}_C \otimes \partial_p)(c_p) = 0$$

であるので, ある $a_{p-1} \in A \otimes_G C_{p-1}$ で, $(\varphi \otimes \mathrm{id}_{C_{p-1}})(a_{p-1}) = (\mathrm{id}_B \otimes \partial_p)(b_p)$ となるものが存在する.

(3) このとき,

$$(\varphi \otimes \mathrm{id}_{C_{p-2}}) \circ (\mathrm{id}_A \otimes \partial_{p-1})(a_{p-1}) = (\mathrm{id}_B \otimes \partial_{p-1}) \circ (\varphi \otimes \mathrm{id}_{C_{p-1}})(a_{p-1})$$
$$= (\mathrm{id}_B \otimes \partial_{p-1}) \circ (\mathrm{id}_B \otimes \partial_p)(b_p) = 0$$

であり, $\varphi \otimes \mathrm{id}_{C_{p-2}}$ は単射であるから, $(\mathrm{id}_A \otimes \partial_{p-1})(a_{p-1}) = 0$ である. つまり, a_{p-1} はサイクルである.

(4) $[a_{p-1}] \in H_{p-1}(G,A)$ は b_p のとり方によらず, c_p に対して一意的に定まる. 実際, $b'_p \in B \otimes_G C_p$ を $(\psi \otimes \mathrm{id}_{C_p})(b'_p) = c_p$ を満たす元とする. ここで, $a'_{p-1} \in \mathrm{Ker}(\mathrm{id}_A \otimes \partial_{p-1}) \subset A \otimes_G C_{p-1}$ を, $(\varphi \otimes \mathrm{id}_{C_{p-1}})(a'_{p-1}) = (\mathrm{id}_B \otimes \partial_p)(b'_p)$ を満たす元とする. このとき, $b_p - b'_p \in \mathrm{Ker}(\psi \otimes \mathrm{id}_{C_p}) = \mathrm{Im}(\varphi \otimes \mathrm{id}_{C_p})$ であるので, ある $a_p \in A \otimes_G C_p$ で, $b_p - b'_p = (\varphi \otimes \mathrm{id}_{C_p})(a_p)$ となるものがとれる. すると,

$$(\varphi \otimes \mathrm{id}_{C_{p-1}}) \circ (\mathrm{id}_A \otimes \partial_p)(a_p) = (\mathrm{id}_B \otimes \partial_p) \circ (\varphi \otimes \mathrm{id}_{C_p})(a_p)$$
$$= (\mathrm{id}_B \otimes \partial_p)(b_p - b'_p)$$
$$= (\varphi \otimes \mathrm{id}_{C_{p-1}})(a_{p-1} - a'_{p-1})$$

となるので, $\varphi \otimes \mathrm{id}_{C_{p-1}}$ の単射性から,

$$a_{p-1} - a'_{p-1} = (\mathrm{id}_A \otimes \partial_p)(a_p)$$

となり, $[a_{p-1}] = [a'_{p-1}] \in H_{p-1}(G,A)$ である. したがっ

て，準同型写像 $\mathrm{Ker}(\mathrm{id}_C \otimes \partial_p) \to H_{p-1}(G, A)$ が定まる.

(5) さらに，$[a_{p-1}] \in H_{p-1}(G, A)$ は $c_p \in C \otimes_G C_p$ が属する
ホモロジー類にのみ依存する．実際，$c_p \in \mathrm{Im}(\mathrm{id}_C \otimes \partial_{p+1})$
とし，$c_p = (\mathrm{id}_C \otimes \partial_{p+1})(c_{p+1})$ となる $c_{p+1} \in C \otimes_G C_{p+1}$
をとる．このとき，$\psi \otimes \mathrm{id}_{C_{p+1}}$ の全射性から，ある $b_{p+1} \in$
$B \otimes_G C_{p+1}$ で $(\psi \otimes \mathrm{id}_{C_{p+1}})(b_{p+1}) = c_{p+1}$ となるものが存
在する．このとき，

$$(\psi \otimes \mathrm{id}_{C_p}) \circ (\mathrm{id}_B \otimes \partial_{p+1})(b_{p+1})$$
$$= (\mathrm{id}_C \otimes \partial_{p+1}) \circ (\psi \otimes \mathrm{id}_{C_{p+1}})(b_{p+1}) = c_p$$

であるから，(1) の構成を考えると，$b_p = (\mathrm{id}_B \otimes \partial_{p+1})(b_{p+1})$
としてよい．すると，$(\mathrm{id}_B \otimes \partial_p)(b_p) = 0$ であるから，こ
の場合 $a_{p-1} = 0$ となる.

(6) 以上より，対応 $[c_p] \mapsto [a_{p-1}]$ によって写像 δ_p :
$H_p(G, C) \to H_{p-1}(G, A)$ が定まる．構成の仕方から δ_p
が加法群の準同型写像であることも分かる.

定義 6.7（連結準同型）上で定義された写像 $\delta_p : H_p(G, C) \to$
$H_{p-1}(G, A)$ を完全系列 (6.2) に付随するホモロジー群の**連結準
同型写像** (connecting homomorphism) という.

各 $p \geq 1$ に対して，$\varphi \otimes \mathrm{id}_{C_p}$, $\psi \otimes \mathrm{id}_{C_p}$ が誘導するホモロ
ジー群の間の準同型写像をそれぞれ，

$$\varphi_p : H_p(G, A) \to H_p(G, B), \quad \psi_p : H_p(G, B) \to H_p(G, C)$$

と置く.

定理 6.8（群のホモロジーの長完全系列）上の記号を踏襲する
とき，以下の完全系列が存在する.

$$\cdots \xrightarrow{\delta_{p+1}} H_p(G, A) \xrightarrow{\varphi_p} H_p(G, B) \xrightarrow{\psi_p} H_p(G, C) \xrightarrow{\delta_p} H_{p-1}(G, A) \xrightarrow{\varphi_{p-1}} \cdots$$

これを群のホモロジーの**長完全系列** (long exact sequence) と
いう.

証明. (1) $\mathrm{Im}(\varphi_p) = \mathrm{Ker}(\psi_p)$ であること．$\mathrm{Im}(\varphi_p) \subset \mathrm{Ker}(\psi_p)$

であることは $\psi \circ \varphi = 0$ より明らか．逆を示そう．そこで，任意の $b \in \mathrm{Ker}(\psi_p)$ をとり，$b = [b_p]$ $(b_p \in \mathrm{Ker}(\mathrm{id}_B \otimes \partial_p))$ とすると，

$$(\psi \otimes \mathrm{id}_{C_p})(b_p) = (\mathrm{id}_C \otimes \partial_{p+1})(c_{p+1})$$

となる $c_{p+1} \in C \otimes_G C_{p+1}$ がとれる．さらに，$\psi \otimes \mathrm{id}_{C_{p+1}}$ の全射性から，$c_{p+1} = (\psi \otimes \mathrm{id}_{C_{p+1}})(b_{p+1})$ となる $b_{p+1} \in B \otimes_G C_{p+1}$ がとれる．このとき，

$$
\begin{aligned}
(\psi \otimes \mathrm{id}_{C_p})(b_p) &= (\mathrm{id}_C \otimes \partial_{p+1}) \circ (\psi \otimes \mathrm{id}_{C_{p+1}})(b_{p+1}) \\
&= (\psi \otimes \mathrm{id}_{C_p}) \circ (\mathrm{id}_B \otimes \partial_{p+1})(b_{p+1})
\end{aligned}
$$

であるので，$b_p - (\mathrm{id}_B \otimes \partial_{p+1})(b_{p+1}) \in \mathrm{Ker}(\psi \otimes \mathrm{id}_{C_p}) = \mathrm{Im}(\varphi \otimes \mathrm{id}_{C_p})$ となり，

$$b_p - (\mathrm{id}_B \otimes \partial_{p+1})(b_{p+1}) = (\varphi \otimes \mathrm{id}_{C_p})(a_p)$$

となる $a_p \in A \otimes_G C_p$ がとれる．さらに，

$$
\begin{aligned}
(\varphi \otimes \mathrm{id}_{C_{p-1}}) \circ (\mathrm{id}_A \otimes \partial_p)(a_p) &= (\mathrm{id}_B \otimes \partial_p) \circ (\varphi \otimes \mathrm{id}_{C_p})(a_p) \\
&= (\mathrm{id}_B \otimes \partial_p)(b_p - (\mathrm{id}_B \otimes \partial_{p+1})(b_{p+1})) = 0
\end{aligned}
$$

となり，$\varphi \otimes \mathrm{id}_{C_{p-1}}$ の単射性から $(\mathrm{id}_A \otimes \partial_p)(a_p) = 0$ である．すなわち，a_p はサイクルである．よって，

$$
\begin{aligned}
[b_p] &= [b_p - (\mathrm{id}_B \otimes \partial_{p+1})(b_{p+1})] = [(\varphi \otimes \mathrm{id}_{C_p})(a_p)] \\
&= \varphi_p([a_p]) \in \mathrm{Im}(\varphi_p)
\end{aligned}
$$

である．

(2) $\mathrm{Im}(\psi_p) = \mathrm{Ker}(\delta_p)$ であること．任意の $c \in \mathrm{Im}(\psi_p)$ をとり，$c = [(\psi \otimes \mathrm{id}_{C_p})(b_p)]$ $(b_p \in \mathrm{Ker}(\mathrm{id}_B \otimes \partial_p))$ とする．すると，δ_p の構成の仕方から，$\delta_p(c) = 0$ となる．よって，$c \in \mathrm{Ker}(\delta_p)$．次に逆を示そう．そこで，任意の $c = [c_p] \in \mathrm{Ker}(\delta_p)$ をとり，$\delta_p(c) = [a_{p-1}] = 0 \in H_{p-1}(G, A)$ とする．すると，$a_{p-1} = (\mathrm{id}_A \otimes \partial_p)(a_p)$ となる $a_p \in A \otimes_G C_p$ がとれる．このとき，

$$
\begin{aligned}
(\mathrm{id}_B \otimes \partial_p) \circ (\varphi \otimes \mathrm{id}_{C_p})(a_p) &= (\varphi \otimes \mathrm{id}_{C_{p-1}}) \circ (\mathrm{id}_A \otimes \partial_p)(a_p) \\
&= (\varphi \otimes \mathrm{id}_{C_{p-1}})(a_{p-1}) \\
&= (\mathrm{id}_B \otimes \partial_p)(b_p)
\end{aligned}
$$

となる. ここで, b_p は $\delta_p([c_p])$ の定義の際に用いた $B \otimes_G C_p$ の元である. したがって, $b_p - (\varphi \otimes \mathrm{id}_{C_p})(a_p) \in \mathrm{Ker}(\mathrm{id}_B \otimes \partial_p)$ となるので, $b_p - (\varphi \otimes \mathrm{id}_{C_p})(a_p)$ はサイクルである. よって,

$$c_p = (\psi \otimes \mathrm{id}_{C_p})(b_p) = (\psi \otimes \mathrm{id}_{C_p})(b_p - (\varphi \otimes \mathrm{id}_{C_p})(a_p))$$

となり, $c = [c_p] \in \mathrm{Im}(\psi_p)$ である.

(3) $\mathrm{Im}(\delta_p) = \mathrm{Ker}(\varphi_{p-1})$ であること. 任意の $c = [c_p] \in H_p(G, C)$ に対して, $\delta_p(c) = [a_{p-1}]$ の構成を思い出すと, $(\varphi \otimes \mathrm{id}_{C_{p-1}})(a_{p-1}) = (\mathrm{id}_B \otimes \partial_p)(b_p)$ であった. ゆえに, $\varphi_{p-1}(\delta_p(c)) = 0$ は明らか. よって, $\mathrm{Im}(\delta_p) \subset \mathrm{Ker}(\varphi_{p-1})$ である. 次に逆を示す. 任意の $a = [a_{p-1}] \in \mathrm{Ker}(\varphi_{p-1})$ に対して, $(\varphi \otimes \mathrm{id}_{C_{p-1}})(a_{p-1}) = (\mathrm{id}_B \otimes \partial_p)(b_p)$ となる $b_p \in B \otimes_G C_p$ がとれる. そこで, $c_p := (\psi \otimes \mathrm{id}_{C_p})(b_p) \in C \otimes_G C_p$ と置くと,

$$\begin{aligned}
(\mathrm{id}_C \otimes \partial_p)(c_p) &= (\mathrm{id}_C \otimes \partial_p) \circ (\psi \otimes \mathrm{id}_{C_p})(b_p) \\
&= (\psi \otimes \mathrm{id}_{C_{p-1}}) \circ (\mathrm{id}_B \otimes \partial_p)(b_p) \\
&= (\psi \otimes \mathrm{id}_{C_{p-1}}) \circ (\varphi \otimes \mathrm{id}_{C_{p-1}})(a_{p-1}) = 0
\end{aligned}$$

となるので, c_p はサイクルである. このとき, $\delta_p([c_p]) = a$ である. $\square$

例 6.9 $n \geq 2$ に対して, G を位数 n の巡回群とし, 自明な G 加群の完全系列

$$0 \to \mathbb{Z} \xrightarrow{\varphi} \mathbb{Z} \xrightarrow{\psi} \mathbb{Z}/n\mathbb{Z} \to 0$$

を考える. ここで, φ は $m \mapsto nm$ で与えられる準同型写像で, ψ は自然な全射準同型写像である. この完全系列が誘導するホモロジー群の長完全系列を考えると, 各 $k \geq 1$ に対して,

$$H_{2k}(G, \mathbb{Z}) \xrightarrow{\psi_{2k}} H_{2k}(G, \mathbb{Z}/n\mathbb{Z}) \xrightarrow{\delta_{2k}} H_{2k-1}(G, \mathbb{Z}) \xrightarrow{\varphi_{2k-1}} H_{2k-1}(G, \mathbb{Z})$$

を得る.

すると, 定理 2.31 より, $H_{2k}(G, \mathbb{Z}) = 0$, $H_{2k}(G, \mathbb{Z}/n\mathbb{Z}) = \mathbb{Z}/n\mathbb{Z}$, $H_{2k-1}(G, \mathbb{Z}) = \mathbb{Z}/n\mathbb{Z}$ である. ところが, φ_{2k-1} は n 倍写像から誘導された準同型であるので, この場合は零写像で

ある．よって，連結準同型 δ_{2k} は同型写像である．

6.2.4 群のコホモロジーの長完全系列

さて，群のホモロジーの長完全系列の双対版である群のコホモロジーの長完全系列について考えよう．基本的に，ホモロジー群の場合とまったく同様にして示されるので，復習のつもりで，自分で証明を書き下してみるのがよいであろう．

G 加群の完全系列 (6.2)，および G の $\mathbb{Z}$ 上の自由分解 $\mathcal{C}_* :=\{C_p, \partial_p, \varepsilon\}$ に対して，以下のような可換図式を考える．

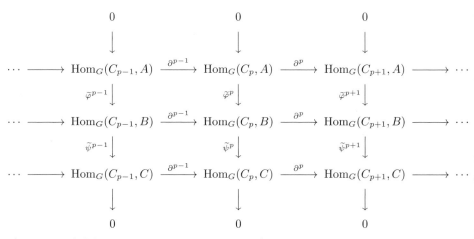

各 C_p は G 自由加群であるから，補題6.6より，各列は加法群の完全系列になっている．加法群の準同型写像 $\delta^p : H^p(G, C) \to H^{p+1}(G, A)$ を以下の順序で構成する．

(1) 任意の $c^p \in \mathrm{Ker}(\partial^p) \subset \mathrm{Hom}_G(C_p, C)$ をとる．すると，$\widetilde{\psi^p}$ の全射性から，ある $b^p \in \mathrm{Hom}_G(C_p, B)$ で，$\widetilde{\psi^p}(b^p) = c^p$ となるものが存在する．

(2) 次に，

$$\widetilde{\psi^{p+1}} \circ \partial^p(b^p) = \partial^p \circ \widetilde{\psi^p}(b^p) = \partial^p(c^p) = 0$$

であるので，ある $a^{p+1} \in \mathrm{Hom}_G(C_{p+1}, A)$ で，$\widetilde{\varphi^{p+1}}(a^{p+1}) = \partial^p(b^p)$ となるものが存在する．

(3) このとき，

$$\widetilde{\varphi}^{p+2} \circ \partial^{p+1}(a^{p+1}) = \partial^{p+1} \circ \widetilde{\varphi}^{p+1}(a^{p+1}) = \partial^{p+1} \circ \partial^p(b^p) = 0$$

であり，$\widetilde{\varphi}^{p+2}$ は単射であるから，$\partial^{p+1}(a^{p+1}) = 0$ である．つまり，a_{p+1} はコサイクルである．

(4) $[a^{p+1}] \in H^{p+1}(G, A)$ は b^p のとり方によらず，c^p に対して一意的に定まる．実際，$\overline{b^p} \in \mathrm{Hom}_G(C_p, B)$ を $\widetilde{\psi}^p(\overline{b^p}) = c^p$ を満たす元とする．ここで，$\overline{a^{p+1}} \in \mathrm{Ker}(\partial^{p+1}) \subset \mathrm{Hom}_G(C_{p+1}, A)$ を，$\widetilde{\varphi}^{p+1}(\overline{a^{p+1}}) = \partial^p(\overline{b^p})$ を満たす元とする．このとき，$b^p - \overline{b^p} \in \mathrm{Ker}(\widetilde{\psi}^p) = \mathrm{Im}(\widetilde{\varphi}^p)$ であるので，ある $a^p \in \mathrm{Hom}_G(C_p, A)$ で，$b^p - \overline{b^p} = \widetilde{\varphi}^p(a^p)$ となるものがとれる．すると，

$$\begin{aligned}
\widetilde{\varphi}^{p+1} \circ \partial^p(a^p) &= \partial^p \circ \widetilde{\varphi}^p(a^p) = \partial^p(b^p - \overline{b^p}) \\
&= \widetilde{\varphi}^{p+1}(a^{p+1} - \overline{a^{p+1}})
\end{aligned}$$

となるので，$\widetilde{\varphi}^{p+1}$ の単射性から，$a^{p+1} - \overline{a^{p+1}} = \partial^p(a^p)$ となり，$[a^{p+1}] = [\overline{a^{p+1}}] \in H^{p+1}(G, A)$ である．

(5) $[a^{p+1}] \in H^{p+1}(G, A)$ は $c^p \in \mathrm{Hom}_G(C_p, C)$ が属するコホモロジー類にのみ依存する．実際，$c^p \in \mathrm{Im}(\partial^{p-1})$ とし，$c^p = \partial^{p-1}(c^{p-1})$ となる $c^{p-1} \in \mathrm{Hom}_G(C_{p-1}, C)$ をとる．このとき，$\widetilde{\psi}^{p-1}$ の全射性から，ある $b^{p-1} \in \mathrm{Hom}_G(C_{p-1}, B)$ で $\widetilde{\psi}^{p-1}(b^{p-1}) = c^{p-1}$ となるものが存在する．すると，

$$\widetilde{\psi}^p \circ \partial^{p-1}(b^{p-1}) = \partial^{p-1} \circ \widetilde{\psi}^{p-1}(b^{p-1}) = c^p$$

であるから，$b^p = \partial^{p-1}(b^{p-1})$ としてよい．すると，$\partial^p(b^p) = 0$ であるから，この場合 $a^{p+1} = 0$ となる．

(6) 以上より，対応 $[c^p] \mapsto [a^{p+1}]$ によって写像 $\delta^p : H^p(G, C) \to H^{p+1}(G, A)$ が定まる．さらに，構成の仕方から δ^p が加法群の準同型写像であることも分かる．

定義 6.10（連結準同型）上で定義された $\delta^p : H^p(G, C) \to H^{p+1}(G, A)$ を完全系列 (6.2) に付随するコホモロジー群の**連結準同型写像** (connecting homomorphism) という．

各 $p \geq 0$ に対して，$\widetilde{\varphi}^p$, $\widetilde{\psi}^p$ が誘導するコホモロジー群の間の

準同型写像をそれぞれ,

$$\overline{\varphi}^p : H^p(G, A) \to H^p(G, B), \quad \overline{\psi}^p : H^p(G, B) \to H^p(G, C)$$

と置く.

定理 6.11((群のコホモロジーの) 長完全系列) 上の記号を踏襲するとき,以下の完全系列が存在する

$$\cdots \xrightarrow{\delta^{p-1}} H^p(G, A) \xrightarrow{\overline{\varphi}^p} H^p(G, B) \xrightarrow{\overline{\psi}^p} H^p(G, C) \xrightarrow{\delta^p} H^{p+1}(G, A) \xrightarrow{\overline{\varphi}^{p+1}} \cdots$$

これを群のコホモロジーの**長完全系列** (long exact sequence) という.

証明. (1) $\mathrm{Im}(\overline{\varphi}^p) = \mathrm{Ker}(\overline{\psi}^p)$ であること.$\mathrm{Im}(\overline{\varphi}^p) \subset \mathrm{Ker}(\overline{\psi}^p)$ であることは $\psi \circ \varphi = 0$ より明らか.逆を示そう.そこで,任意の $b \in \mathrm{Ker}(\overline{\psi}^p)$ をとり,$b = [b^p]$ $(b^p \in \mathrm{Ker}(\partial^p))$ とする.すると,$\widetilde{\psi}^p(b^p) = \partial^{p-1}(c^{p-1})$ となる $c^{p-1} \in \mathrm{Hom}_G(C_{p-1}, C)$ がとれる.さらに,$\widetilde{\psi}^{p-1}$ の全射性から,$c^{p-1} = \widetilde{\psi}^{p-1}(b^{p-1})$ となる $b^{p-1} \in \mathrm{Hom}_G(C_{p-1}, B)$ がとれる.このとき,

$$\widetilde{\psi}^p(b^p) = \partial^{p-1} \circ \widetilde{\psi}^{p-1}(b^{p-1}) = \widetilde{\psi}^p \circ \partial^{p-1}(b^{p-1})$$

であるので,$b^p - \partial^{p-1}(b^{p-1}) \in \mathrm{Ker}(\widetilde{\psi}^p) = \mathrm{Im}(\widetilde{\varphi}^p)$ となり,$b^p - \partial^{p-1}(b^{p-1}) = \widetilde{\varphi}^p(a^p)$ となる $a^p \in \mathrm{Hom}_G(C_p, A)$ がとれる.さらに,

$$\widetilde{\varphi}^{p+1} \circ \partial^p(a^p) = \partial^p \circ \widetilde{\varphi}^p(a^p) = \partial^p(b^p - \partial^{p-1}(b^{p-1})) = 0$$

となり,$\widetilde{\varphi}^{p+1}$ の単射性から $\partial^p(a^p) = 0$ である.すなわち,a^p はコサイクルである.よって,

$$b = [b^p] = [b^p - \partial^{p-1}(b^{p-1})] = [\widetilde{\varphi}^p(a^p)] = \overline{\varphi}^p([a^p]) \in \mathrm{Im}(\overline{\varphi}^p)$$

である.

　(2) $\mathrm{Im}(\overline{\psi}^p) = \mathrm{Ker}(\delta^p)$ であること.任意の $c \in \mathrm{Im}(\overline{\psi}^p)$ をとり,$c = [\widetilde{\psi}^p(b^p)]$ $(b^p \in \mathrm{Ker}(\partial^p))$ とする.すると,δ^p の構成の仕方から,$\delta^p(c) = 0$ となる.よって,$c \in \mathrm{Ker}(\delta^p)$.

次に逆を示そう．そこで，任意の $c = [c^p] \in \mathrm{Ker}(\delta^p)$ をとり，$\delta^p(c) = [a^{p+1}] = 0 \in H^{p+1}(G, A)$ とする．すると，$a^{p+1} = \partial^p(a^p)$ となる $a^p \in \mathrm{Hom}_G(C_p, A)$ がとれる．このとき，

$$\partial^p \circ \widetilde{\varphi}^p(a^p) = \widetilde{\varphi}^{p+1} \circ \partial^p(a^p) = \widetilde{\varphi}^{p+1}(a^{p+1}) = \partial^p(b^p)$$

となる．ここで，b^p は $\delta^p([c^p])$ の定義の際に用いた $\mathrm{Hom}_G(C_p, B)$ の元である．したがって，$b^p - \widetilde{\varphi}^p(a^p) \in \mathrm{Ker}(\partial^p)$ となるので，$b^p - \widetilde{\varphi}^p(a^p)$ はコサイクルである．よって，

$$c^p = \widetilde{\psi}^p(b^p) = \widetilde{\psi}^p(b^p - \widetilde{\varphi}^p(a^p))$$

となり，$c = [c^p] \in \mathrm{Im}(\overline{\psi}^p)$ である．

(3) $\mathrm{Im}(\delta^p) = \mathrm{Ker}(\overline{\varphi}^{p+1})$ であること．任意の $c = [c^p] \in H^p(G, C)$ に対して，$\delta^p(c) = [a^{p+1}]$ の構成を思い出すと，$\widetilde{\varphi}^{p+1}(a^{p+1}) = \partial^p(b^p)$ であるので，$\overline{\varphi}^{p+1}(c) = 0$ である．したがって，$\mathrm{Im}(\delta^p) \subset \mathrm{Ker}(\overline{\varphi}^{p+1})$ である．次に逆を示す．任意の $a = [a^{p+1}] \in \mathrm{Ker}(\overline{\varphi}^{p+1})$ に対して，$\widetilde{\varphi}^{p+1}(a^{p+1}) = \partial^p(b^p)$ となる $b^p \in \mathrm{Hom}_G(C_p, B)$ がとれる．そこで，$c^p := \widetilde{\psi}^p(b^p) \in \mathrm{Hom}_G(C_p, C)$ と置く．すると，

$$\partial^p(c^p) = \partial^p \circ \widetilde{\psi}^p(b^p) = \widetilde{\psi}^{p+1} \circ \partial^p(b^p) = \widetilde{\psi}^{p+1} \circ \widetilde{\varphi}^{p+1}(a^{p+1}) = 0$$

となるので，c^p はコサイクルである．このとき，$a = \delta^p([c^p]) \in \mathrm{Im}(\delta^p)$ である．□

例 6.12 $n \geq 3$ に対して，D_n を n 次の 2 面体群とし，D_n 自明加群の完全系列

$$0 \to \mathbb{Z} \xrightarrow{\varphi} \mathbb{Z} \xrightarrow{\psi} \mathbb{Z}/2\mathbb{Z} \to 0$$

を考える．ここで，φ は $m \mapsto 2m$ で与えられる写像で，ψ は自然な商写像である．この完全系列が誘導するコホモロジー群の長完全系列を考えると，

$$H^1(D_n, \mathbb{Z}) \xrightarrow{\psi^1} H^1(D_n, \mathbb{Z}/2\mathbb{Z}) \xrightarrow{\delta^1} H^2(D_n, \mathbb{Z})$$

を得る.

すると, $H^1(D_n, \mathbb{Z}) = 0$ であるから, δ^1 は単射である. また,

$$H^1(D_n, \mathbb{Z}/2\mathbb{Z}) = \mathrm{Hom}_{\mathbb{Z}}(D_n^{\mathrm{ab}}, \mathbb{Z}/2\mathbb{Z}) = \begin{cases} \mathbb{Z}/2\mathbb{Z}, & n \text{ が奇数のとき,} \\ (\mathbb{Z}/2\mathbb{Z})^{\oplus 2}, & n \text{ が偶数のとき} \end{cases}$$

となるので, $H^2(D_n, \mathbb{Z})$ はこれらの群を部分群として含むことが分かる. 特に, 定理 5.5 より, $H^2(D_3, \mathbb{Z}) = \mathbb{Z}/2\mathbb{Z}$ であるので, $n = 3$ のとき δ^1 は同型写像である[7].

7) 一般に, n が奇数のとき, δ^1 は同型写像になることが知られている.

6.3 ▶ Shapiro の同型とトランスファー写像

本節では, 群の表現論的立場から（コ）ホモロジー群の性質を考察する. 以下, G を群, H を G の部分群, M を H 加群とする.

定義 6.13（誘導加群, 余誘導加群）$\mathbb{Z}[G]$ を自然に H 加群とみなす. このとき,

$$\mathrm{Ind}_H^G M := M \otimes_H \mathbb{Z}[G], \quad \mathrm{Coind}_H^G M := \mathrm{Hom}_H(\mathbb{Z}[G], M)$$

と置く. 任意の $\sigma \in G$ に対して,

$$(m \otimes g) \cdot \sigma := m \otimes (g\sigma) \quad (m \in M, \ g \in G),$$
$$(\sigma \cdot f)(x) := f(\sigma^{-1} \cdot x) \quad (f \in \mathrm{Hom}_H(\mathbb{Z}[G], M), \ x \in \mathbb{Z}[G])$$

と定めることにより, $\mathrm{Ind}_H^G M$, $\mathrm{Coind}_H^G M$ は G 加群になる[8]. これらをそれぞれ, H 加群 M の G 加群への**誘導加群** (induced module), **余誘導加群** (coinduced module) という.

$\mathcal{C}_* := \{C_p, \partial_p, \varepsilon\}$ を G の $\mathbb{Z}$ 上の自由分解とする. 補題 4.3 により, $\mathcal{C}_*$ は H の $\mathbb{Z}$ 上の自由分解とみなせる. このとき, 定理 1.31, および定理 1.35 より, 各 $p \geq 0$ に対して以下の同型写像を得る.

$$\theta_p : M \otimes_H C_p \xrightarrow{\cong} M \otimes_H (\mathbb{Z}[G] \otimes_G C_p) \xrightarrow{\cong} \mathrm{Ind}_H^G M \otimes_G C_p,$$

$$\theta^p : \mathrm{Hom}_H(C_p, M) \xrightarrow{\cong} \mathrm{Hom}_H(\mathbb{Z}[G] \otimes_G C_p, M) \xrightarrow{\cong} \mathrm{Hom}_G(C_p, \mathrm{Coind}_H^G M).$$

126 ▶ **6** G 準同型写像と（コ）ホモロジー

定義 6.14（**Shapiro の同型**）上の記号の下，各 $p \geq 0$ に対して θ_p, θ^p は（コ）ホモロジー群の間の同型

$$\overline{\theta_p} : H_p(H, M) \xrightarrow{\cong} H_p(G, \operatorname{Ind}_H^G M),$$

$$\overline{\theta^p} : H^p(H, M) \xrightarrow{\cong} H^p(G, \operatorname{Coind}_H^G M)$$

を引き起こす．これらを **Shapiro の同型**（Shapiro's isomorphism）という．

この Shapiro の同型を G と H の標準複体の言葉でどう記述できるかを考えよう．$\mathcal{C}_* = \{C_p, \partial_p, \varepsilon\}$，$\mathcal{C}'_* = \{C'_p, \partial'_p, \varepsilon'\}$ をそれぞれ，G, H の標準複体とする．どちらも H の $\mathbb{Z}$ 上の自由分解であるから，加法群の準同型写像からなるチェインホモトピー同値写像が存在する．これを求めればよい．

まず，$\mathcal{C}'_*$ から $\mathcal{C}_*$ へのチェイン写像としては，自然な包含写像 $\iota : H \to G$ が誘導するチェイン写像 $\widetilde{\iota}_* := \{\widetilde{\iota}_p\}$ を考える．次に，$\mathcal{C}_*$ から $\mathcal{C}'_*$ へのチェイン写像を考えよう．$T := \{g_\lambda\}_{\lambda \in \Lambda}$ を G の H 剰余類の代表系で，$T \cap H = \{1_G\}$ なるものとする．任意の $\sigma \in G$ に対して，

$$\overline{\sigma} := H\sigma \cap T, \quad \widetilde{\sigma} := \sigma(\overline{\sigma})^{-1} \in H$$

と置く[9]．

補題 6.15 任意の $\sigma, \tau \in G$ に対して，

$$\overline{\sigma\tau} = \overline{\overline{\sigma}\tau}, \quad \widetilde{\sigma\tau} = \widetilde{\sigma}\,\widetilde{\overline{\sigma}\tau}$$

が成り立つ．

証明．定義より，$\overline{\sigma} = \widetilde{\sigma}^{-1}\sigma$ と書ける．よって，$\overline{\sigma}\tau = \widetilde{\sigma}^{-1}\sigma\tau$ となり，$\overline{\sigma}\tau$ と $\sigma\tau$ は同じ H 剰余類に属する．よって前者は明らか．また，

$$\sigma\tau = \widetilde{\sigma}\,\overline{\sigma}\tau = \widetilde{\sigma}\,\widetilde{\overline{\sigma}\tau}\,\overline{\overline{\sigma}\tau} = \widetilde{\sigma}\,\widetilde{\overline{\sigma}\tau}\,\overline{\sigma\tau}$$

であるから，後者も直ちに従う．□

以上の準備の下，各 $p \geq 0$ に対して加法群としての準同型写

9) つまり，σ と同値な代表元を $\overline{\sigma}$ と置く．

像 $\varphi_p : C_p \to C_p'$ を

$$\sigma_0[\sigma_1, \ldots, \sigma_p] \mapsto \widetilde{\sigma_0}[\widetilde{\widetilde{\sigma_0}\sigma_1}, \widetilde{\widetilde{\sigma_0\sigma_1}\sigma_2}, \ldots, \widetilde{\widetilde{\sigma_0 \cdots \sigma_{p-1}}\sigma_p}]$$

によって定める.

補題 6.16 上の記号の下, $\varphi_* = \{\varphi_p\}$ はチェイン写像である.

証明. 境界準同型との可換性を示せばよい. 任意の $p \geq 0$ に対して,

$$\partial_p' \circ \varphi_p(\sigma_0[\sigma_1, \ldots, \sigma_p]) = \partial_p'(\widetilde{\sigma_0}[\widetilde{\widetilde{\sigma_0}\sigma_1}, \widetilde{\widetilde{\sigma_0\sigma_1}\sigma_2}, \ldots, \widetilde{\widetilde{\sigma_0 \cdots \sigma_{p-1}}\sigma_p}])$$

$$= \widetilde{\widetilde{\sigma_0}\widetilde{\sigma_0}\sigma_1}[\widetilde{\widetilde{\sigma_0\sigma_1}\sigma_2}, \ldots, \widetilde{\widetilde{\sigma_0 \cdots \sigma_{p-1}}\sigma_p}]$$

$$+ \sum_{i=1}^{p-1}(-1)^i \widetilde{\sigma_0}[\widetilde{\widetilde{\sigma_0}\sigma_1}, \ldots, (\widetilde{\widetilde{\sigma_0 \cdots \sigma_{i-1}}\sigma_i} \cdot \widetilde{\widetilde{\sigma_0 \cdots \sigma_i}\sigma_{i+1}}), \ldots, \widetilde{\widetilde{\sigma_0 \cdots \sigma_{p-1}}\sigma_p}]$$

$$+ (-1)^p \widetilde{\sigma_0}[\widetilde{\widetilde{\sigma_0}\sigma_1}, \ldots, \widetilde{\widetilde{\sigma_0 \cdots \sigma_{p-2}}\sigma_{p-1}}]$$

であり,

$$\varphi_{p-1} \circ \partial_p(\sigma_0[\sigma_1, \ldots, \sigma_p])$$

$$= \varphi_{p-1}\Big(\sigma_0\sigma_1[\sigma_2, \ldots, \sigma_p] + \sum_{i=1}^{p-1}(-1)^i \sigma_0[\sigma_1, \ldots, \sigma_i\sigma_{i+1}, \ldots, \sigma_p]$$

$$+ (-1)^p \sigma_0[\sigma_1, \ldots, \sigma_{p-1}]\Big)$$

$$= \widetilde{\sigma_0\sigma_1}[\widetilde{\widetilde{\sigma_0\sigma_1}\sigma_2}, \ldots, \widetilde{\widetilde{\sigma_0 \cdots \sigma_{p-1}}\sigma_p}]$$

$$+ \sum_{i=1}^{p-1}(-1)^i \widetilde{\sigma_0}[\widetilde{\widetilde{\sigma_0}\sigma_1}, \ldots, \widetilde{\widetilde{\sigma_0 \cdots \sigma_{i-1}}\sigma_i\sigma_{i+1}}, \ldots, \widetilde{\widetilde{\sigma_0 \cdots \sigma_{p-1}}\sigma_p}]$$

$$+ (-1)^p \widetilde{\sigma_0}[\widetilde{\widetilde{\sigma_0}\sigma_1}, \ldots, \widetilde{\widetilde{\sigma_0 \cdots \sigma_{p-2}}\sigma_{p-1}}]$$

となる. すると, 補題 6.15 より, 各 $1 \leq i \leq p-1$ に対して,

$$\widetilde{\widetilde{\sigma_0 \cdots \sigma_{i-1}}\sigma_i\sigma_{i+1}} = \widetilde{\widetilde{\sigma_0 \cdots \sigma_{i-1}}\sigma_i} \cdot \widetilde{\widetilde{\widetilde{\sigma_0 \cdots \sigma_{i-1}}\sigma_i}\sigma_{i+1}}$$

$$= \widetilde{\widetilde{\sigma_0 \cdots \sigma_{i-1}}\sigma_i} \cdot \widetilde{\widetilde{\sigma_0 \cdots \sigma_{i-1}}\sigma_i}\sigma_{i+1}$$

であるから, 上式は一致し, φ_* はチェイン写像である. □

命題 6.17 上の記号の下, $\varphi_* \circ \widetilde{\iota}_* = \mathrm{id}$, $\widetilde{\iota}_* \circ \varphi_* \simeq \mathrm{id}$.

証明. (1) 任意の $\sigma \in H$ に対して, $\overline{\sigma} = 1_G$ であり, $\widetilde{\sigma} = \sigma$ であることに注意すると, 任意の $p \geq 0$ と任意の $\sigma_0, \sigma_1, \ldots, \sigma_p \in H$ に対して,

$$\varphi_p \circ \widetilde{\iota_p}(\sigma_0[\sigma_1, \ldots, \sigma_p]) = \sigma_0[\sigma_1, \ldots, \sigma_p]$$

である. よって, $\varphi_p \circ \widetilde{\iota_p} = \mathrm{id}_{C'_p}$ である.

(2) $\widetilde{\iota}_* \circ \varphi_*$ は $\mathcal{C}_*$ から $\mathcal{C}_*$ へのチェイン写像であるから, 系 2.24 より, $\widetilde{\iota}_* \circ \varphi_* \simeq \mathrm{id}$ である. $\square$

したがって, $\widetilde{\iota}_* : \mathcal{C}'_* \to \mathcal{C}_*$, および $\varphi_* : \mathcal{C}_* \to \mathcal{C}'_*$ はともにチェインホモトピー同値写像であり, Shapiro の同型を与える準同型写像は以下のように記述される.

(1) $\overline{\theta_p} : H_p(H, M) \xrightarrow{\cong} H_p(G, \mathrm{Ind}_H^G M)$;

$$\sum m \otimes \sigma_0 [\sigma_1, \ldots, \sigma_p] \mapsto \sum (m \otimes \iota(\sigma_0)) \otimes [\iota(\sigma_1), \ldots, \iota(\sigma_p)].$$

(2) $\overline{\theta^p} : H^p(H, M) \xrightarrow{\cong} H^p(G, \mathrm{Coind}_H^G M)$; $[f] \mapsto [F]$. ここで, 任意の $\sigma_1, \ldots, \sigma_p \in G$ と $\sigma \in H$ に対して,

$$F([\sigma_1, \ldots, \sigma_p])(\sigma) = f \circ \varphi_p(\sigma[\sigma_1, \ldots, \sigma_p])$$
$$= \widetilde{\sigma} f([\widetilde{\overline{\sigma}\sigma_1}, \ldots, \overline{\overline{\sigma \sigma_1 \cdots \sigma_{p-1}}\sigma_p}])$$

である.

定理 6.18 G を群, H を G の部分群, $[G : H] = n < \infty$ とする. 任意の H 加群 M に対して, G 加群として $\mathrm{Ind}_H^G M \cong \mathrm{Coind}_H^G M$ が成り立つ.

証明. 任意の $\sigma \in G$ と $m \in M$ に対して, 加法群としての準同型写像 $\varphi_{\sigma, m} : \mathbb{Z}[G] \to M$ を, 任意の $\tau \in G$ に対して,

$$\tau \mapsto \begin{cases} \tau \cdot (\sigma^{-1} \cdot m), & \tau\sigma^{-1} \in H, \\ 0, & \tau\sigma^{-1} \notin H \end{cases}$$

によって定める. すると, $\varphi_{\sigma, m}$ は H 準同型写像である. 実際, 任意の $h \in H$ に対して,

$$\varphi_{\sigma,m}(h \cdot \tau) = \begin{cases} h \cdot (\tau \cdot (\sigma^{-1} \cdot m)), & h\tau\sigma^{-1} \in H \Longleftrightarrow \tau\sigma^{-1} \in H, \\ 0, & h\tau\sigma^{-1} \notin H \Longleftrightarrow \tau\sigma^{-1} \notin H \end{cases}$$

である. そこで, 加法群の準同型写像 $\Phi : M \times \mathbb{Z}[G] \to \mathrm{Hom}_H(\mathbb{Z}[G], M)$ を

$$\left(m, \sum_{\sigma \in G} a_\sigma \sigma \right) \mapsto \sum_{\sigma \in G} a_\sigma \varphi_{\sigma,m}$$

によって定めると, Φ は H 平衡写像である. 実際, 任意の $\sigma \in G$, $m \in M$, $h \in H$, および任意の $\tau \in \mathbb{Z}[G]$ に対して,

$$\begin{aligned} \Phi(m \cdot h, \sigma)(\tau) = \varphi_{\sigma, m \cdot h}(\tau) &= \begin{cases} \tau \cdot (\sigma^{-1} \cdot (m \cdot h)), & \tau\sigma^{-1} \in H, \\ 0, & \tau\sigma^{-1} \notin H, \end{cases} \\ &= \begin{cases} \tau \cdot (\sigma^{-1} \cdot (h^{-1} \cdot m)), & \tau\sigma^{-1} \in H \Leftrightarrow \tau\sigma^{-1}h^{-1} \in H, \\ 0, & \tau\sigma^{-1} \notin H \Leftrightarrow \tau\sigma^{-1}h^{-1} \notin H, \end{cases} \\ &= \Phi(m, h\sigma)(\tau) \end{aligned}$$

であるから, $\Phi(m \cdot h, \sigma) = \Phi(m, h\sigma)$ となる. したがって, Φ は加法群の準同型写像 $\widetilde{\Phi} : M \otimes_H \mathbb{Z}[G] \to \mathrm{Hom}_H(\mathbb{Z}[G], M)$ を誘導する. すると, これは G 準同型写像であることが上と同様の議論によって分かる.

　一方, $\{g_i\}_{i=1}^n$ を G の H 剰余類の代表系とし, 写像 $\Psi : \mathrm{Hom}_H(\mathbb{Z}[G], M) \to M \otimes_H \mathbb{Z}[G]$ を

$$f \mapsto \sum_{i=1}^n f(g_i) \otimes g_i$$

によって定める. すると, Ψ は G 準同型写像である. 実際, 任意の $\sigma \in G$ に対して $\{g_i \sigma^{-1}\}_{i=1}^n$ も G の H 剰余類の代表系であるから, 各 $1 \le i \le n$ に対して $g_i \sigma^{-1} = h g_{i'}$ を満たす $h \in H$ と $1 \le i' \le n$ が一意的に存在する. さらに, i が 1 から n まで動くとき, i' も 1 から n まで動く. このことに注意すると, 任意の $\sigma \in G$ に対して,

$$\sigma \cdot \Psi(f) = \sigma \cdot \Big(\sum_{i=1}^{n} f(g_i) \otimes g_i \Big) = \Big(\sum_{i=1}^{n} f(g_i) \otimes g_i \Big) \cdot \sigma^{-1}$$

$$= \sum_{i=1}^{n} f(g_i) \otimes (g_i \sigma^{-1}) = \sum_{i=1}^{n} f(g_i) \otimes h g_{i'}$$

$$= \sum_{i=1}^{n} f(g_i) \cdot h \otimes g_{i'} = \sum_{i=1}^{n} h^{-1} \cdot f(g_i) \otimes g_{i'}$$

$$= \sum_{i=1}^{n} f(h^{-1} g_i) \otimes g_{i'} = \sum_{i=1}^{n} f(g_{i'} \sigma) \otimes g_{i'}$$

$$= \sum_{i=1}^{n} f(\sigma^{-1} \cdot g_{i'}) \otimes g_{i'} = \sum_{i=1}^{n} (\sigma \cdot f)(g_{i'}) \otimes g_{i'} = \Psi(\sigma \cdot f)$$

を得る.

さて, 任意の $f \in \mathrm{Hom}_H(\mathbb{Z}[G], M)$ に対して, $\widetilde{\Phi} \circ \Psi(f) = \sum_{i=1}^{n} \varphi_{g_i, f(g_i)}$ であり, 任意の $\sigma \in G$ に対して, $\sigma g_i^{-1} \in H$ となる $1 \leq i \leq n$ が一意的に存在するので, $(\widetilde{\Phi} \circ \Psi(f))(\sigma) = \sigma g_i^{-1} f(g_i) = f(\sigma g_i^{-1} g_i) = f(\sigma)$ となり, $\widetilde{\Phi} \circ \Psi = \mathrm{id}$ である. 同様に, $\Psi \circ \widetilde{\Phi} = \mathrm{id}$ であることも分かり, $\widetilde{\Phi}$, Ψ は同型写像である. □

G を群, H を G の部分群, M を $\underline{G \text{ 加群}}$ とする. $\mathbb{Z}[G]$ を右 G 加群とみなす. このとき, 全射 G 準同型写像 $\mu : \mathrm{Ind}_H^G M = M \otimes_H \mathbb{Z}[G] \to M$ を

$$m \otimes \sigma \mapsto m \cdot \sigma \quad (m \in M, \ \sigma \in G)$$

によって定め, 単射 G 準同型写像 $\nu : M \to \mathrm{Coind}_H^G M = \mathrm{Hom}_H(\mathbb{Z}[G], M)$ を

$$m \mapsto \nu(m), \quad \nu(m)(x) := x \cdot m \ (x \in \mathbb{Z}[G])$$

で定める.

定義 6.19 (トランスファー写像) 上の記号を踏襲し, さらに $[G : H] < \infty$ とする. このとき, 各 $p \geq 0$ に対して, 定理 6.18 の Ψ が誘導する準同型写像 Ψ^* を用いて定義される準同型写像

$$(\operatorname{tr}_H^G)_p : H_p(G, M) \xrightarrow{\nu_p} H_p(G, \operatorname{Coind}_H^G M) \xrightarrow{\Psi^*} H_p(G, \operatorname{Ind}_H^G M) \xrightarrow{\overline{\theta}_p^{-1}} H_p(H, M)$$

$$(\operatorname{tr}_H^G)^p : H^p(H, M) \xrightarrow{\overline{\theta}^p} H^p(G, \operatorname{Coind}_H^G M) \xrightarrow{\Psi^*} H^p(G, \operatorname{Ind}_H^G M) \xrightarrow{\mu^p} H^p(G, M)$$

をトランスファー写像 (transfer map) という.

トランスファー写像を, G と H の標準複体を用いて表すと以下のようになる.

(1) $(\operatorname{tr}_H^G)_p : H_p(G, M) \to H_p(H, M)$;

$$m \otimes [\sigma_1, \ldots, \sigma_p] \mapsto \sum_{i=1}^{n} (g_i \cdot m) \otimes \widetilde{g_i}[\widetilde{\overline{g_i \sigma_1}}, \ldots, \overline{\widetilde{g_i \sigma_1 \cdots \sigma_{p-1} \sigma_p}}]$$

(2) $(\operatorname{tr}_H^G)^p : H^p(H, M) \to H^p(G, M), \ [f] \mapsto [t(f)]$;

$$t(f)([\sigma_1, \ldots, \sigma_p]) = \sum_{i=1}^{n} (g_i^{-1} \widetilde{g_i}) \cdot f([\widetilde{\overline{g_i \sigma_1}}, \ldots, \overline{\widetilde{g_i \sigma_1 \cdots \sigma_{p-1} \sigma_p}}])$$

ここで, $[G : H] = n$ であり, $\{g_i\}_{i=1}^{n}$ は G の H 剰余類の代表系で, $\{g_i\}_{i=1}^{n} \cap H = \{1_G\}$ を満たすものである.

定理 6.20 G を群, H を G の部分群, $[G : H] = n < \infty$ とし, M を G 加群とする. また, $\iota : H \to G$ を自然な包含写像とする. このとき, 各 $p \geq 0$ に対して,

(1) $\iota_p \circ (\operatorname{tr}_H^G)_p : H_p(G, M) \to H_p(G, M)$
(2) $(\operatorname{tr}_H^G)^p \circ \iota^p : H^p(G, M) \to H^p(G, M)$

はともに n 倍写像である.

証明. (1) $\mathcal{C}_* = \{C_p, \partial_p, \varepsilon\}$ を G の標準複体とする. $\{g_i\}_{i=1}^{n}$ を G の H 剰余類の代表系で, $\{g_i\}_{i=1}^{n} \cap H = \{1_G\}$ を満たすものとする. このとき, 任意の $c \in H_p(G, M)$ に対して, $c = [\sum m \otimes [\sigma_1, \ldots, \sigma_p]]$ として定義に基づいて $\iota_p \circ (\operatorname{tr}_H^G)_p(c)$ を計算すると,

$$\iota_p \circ (\mathrm{tr}_H^G)_p(c) = \iota_p \Big(\Big[\sum_{i=1}^n \sum (g_i \cdot m) \otimes \widetilde{g_i} [\widetilde{g_i \sigma_1}, \dots, \overbrace{\widetilde{g_i \sigma_1 \cdots \sigma_{p-1} \sigma_p}}] \Big] \Big)$$

$$= \Big[\sum_{i=1}^n \sum (g_i \cdot m) \otimes g_i [\sigma_1, \dots, \sigma_p] \Big]$$

$$= \Big[\sum_{i=1}^n \sum m \otimes [\sigma_1, \dots, \sigma_p] \Big] = n \Big[\sum (m \otimes [\sigma_1, \dots, \sigma_p]) \Big] = nc$$

となる[10].

(2) (1) と同様である. □

系 6.21 G を位数 n の有限群とし, M を G 加群とし, $p \geq 1$ とする. このとき,

(1) 任意の $z \in H_p(G, M)$ に対して, $nz = 0$.
(2) 任意の $f \in H^p(G, M)$ に対して, $nf = 0$.

証明. 定理 6.20 において, $H = \{1_G\}$ と置くと, $\iota_p \circ (\mathrm{tr}_H^G)_p$, $(\mathrm{tr}_H^G)^p \circ \iota^p$ はともに n 倍写像である. 一方, ι_p, ι^p は自明な準同型 ι によって誘導される写像であるので, 自明な写像, すなわち零写像である. これより求める結果を得る. □

したがって, 以下の系として重要な事実が得られる.

系 6.22 G を位数 n の有限群とし, M を G 加群とする. k を標数が 0, もしくは n と互いに素な正標数の体とし, M は k ベクトル空間であるとする. このとき, 任意の $p \geq 1$ に対して,

$$H_p(G, M) = 0, \quad H^p(G, M) = 0.$$

特に, $\mathbb{Q}$ を G 自明加群とするとき, 任意の $p \geq 1$ に対して, $H_p(G, \mathbb{Q}) = 0, H^p(G, \mathbb{Q}) = 0$ である.

6.4 ▶ 問題

問題 6.1 完全系列 (6.1) において, C が R 自由加群であれば, これは分裂完全系列であることを示せ.

---

10) 1 行目から 2 行目の変形では, $\{\iota_p \circ \varphi_p\}$ が恒等写像にチェインホモトープであるという事実を用いた.

解答. C を R 自由加群とすると, 基底 $\{x_\lambda\}_{\lambda \in \Lambda}$ が存在する. 今, ψ は全射なので, 各 $\lambda \in \Lambda$ に対して, $\psi(b_\lambda) = x_\lambda$ となる $b_\lambda \in B$ が存在する. そこで, R 準同型写像 $s : C \to B$ を, 対応 $x_\lambda \mapsto b_\lambda, (\lambda \in \Lambda)$ によって定めれば, これが切断になる. □

問題 6.2 自明な $\mathrm{PSL}(2, \mathbb{Z})$ 加群の完全系列

$$0 \to \mathbb{Z} \xrightarrow{\varphi} \mathbb{Z} \xrightarrow{\psi} \mathbb{Z}/6\mathbb{Z} \to 0$$

を考える. ここで, φ は $m \mapsto 6m$ で与えられる写像で, ψ は自然な全射準同型写像である. この完全系列が誘導する $\mathrm{PSL}(2, \mathbb{Z})$ のコホモロジー群の長完全系列において, 連結準同型 δ^1 は同型写像であることを示せ.

解答. コホモロジー群の長完全系列より,

$$H^1(\mathrm{PSL}(2,\mathbb{Z}), \mathbb{Z}) \xrightarrow{\psi^1} H^1(\mathrm{PSL}(2,\mathbb{Z}), \mathbb{Z}/6\mathbb{Z}) \xrightarrow{\delta^1} H^2(\mathrm{PSL}(2,\mathbb{Z}), \mathbb{Z})$$

を得る.

　すると, $\mathrm{PSL}(2,\mathbb{Z})^{\mathrm{ab}} = \mathbb{Z}/2\mathbb{Z} \oplus \mathbb{Z}/3\mathbb{Z} \cong \mathbb{Z}/6\mathbb{Z}$ であるから, $H^1(\mathrm{PSL}(2,\mathbb{Z}), \mathbb{Z}) = 0, H^1(\mathrm{PSL}(2,\mathbb{Z}), \mathbb{Z}/6\mathbb{Z}) = \mathbb{Z}/6\mathbb{Z}$ である. 特に, δ^1 は単射. また, 定理5.6より, $H^2(\mathrm{PSL}(2,\mathbb{Z}), \mathbb{Z}) = \mathbb{Z}/6\mathbb{Z}$ であるから, δ^1 は同型写像となる. □

問題 6.3 G を有限群とする.

　(1) G 加群として $\mathbb{Z}[G]^{\oplus l} \cong \mathbb{Z}[G]^{\oplus m}$ であれば, $l = m$ であることを示せ.

　(2) H を G とは異なる G の部分群とする. G 加群 $\mathbb{Z}[G]$ を自然に H 加群とみなすとき, G 加群として $\mathrm{Ind}_H^G \mathbb{Z}[G] \not\cong \mathbb{Z}[G]$ であることを示せ[11].

解答. (1) G 加群として $\mathbb{Z}[G]^{\oplus l} \cong \mathbb{Z}[G]^{\oplus m}$ であれば, $\mathbb{Z}$ 加群としても同型である. そこで, $|G| = n$ と置けば, $\mathbb{Z}^{\oplus ln} \cong \mathbb{Z}^{\oplus mn}$ となるので, 有限生成アーベル群の構造定理より, $ln = mn$ となり $l = m$ を得る.

　(2) G における H 剰余類の代表系を $\{g_1, \ldots, g_t\}$ とすると, 仮定より $t \geq 2$ であり, H 加群として $\mathbb{Z}[G] \cong \mathbb{Z}[H]^{\oplus t}$ である.

[11] したがって, 一般に, G 加群 M に対して, G 加群として $\mathrm{Ind}_H^G M \not\cong M$ である.

したがって，$\mathrm{Ind}_H^G \mathbb{Z}[G] = \mathbb{Z}[H]^{\oplus t} \otimes_H \mathbb{Z}[G] \cong \mathbb{Z}[G]^{\oplus t}$ となり，(1) より求める結果を得る．□

問題 6.4 G を群，H を G の指数有限な部分群とし，$[G:H] = n$ とする．また，$\{g_1, \ldots, g_n\}$ を G における H 剰余類の代表系とする．定理 3.1 による自然な同型 $H_1(G, \mathbb{Z}) \cong G^{\mathrm{ab}}$，$H_1(H, \mathbb{Z}) \cong H^{\mathrm{ab}}$ を考えるとき，$(\mathrm{tr}_H^G)_1 : G^{\mathrm{ab}} \to H^{\mathrm{ab}}$ は

$$\sigma \pmod{[G,G]} \mapsto \prod_{i=1}^n \overline{g_i} \sigma (\overline{g_i \sigma})^{-1} \pmod{[H,H]}$$

で与えられることを示せ．

解答． $\mathcal{C}_* = \{C_p, \partial_p\}$ を G の標準複体とする．$\mathbb{Z} \otimes_G C_1$ の基底の元 $1 \otimes 1 \otimes \sigma$ $(\sigma \in G)$ は $(\mathrm{tr}_H^G)_1$ によって，

$$\sum_{i=1}^n 1 \otimes \widetilde{g_i}[\widetilde{\overline{g_i}\sigma}] = \sum_{i=1}^n 1 \otimes [\widetilde{\overline{g_i}\sigma}]$$

に写される．この対応を，定理 3.1 の同型対応の下で書き下せば，求める結果を得る[12]．□

12) $\overline{\overline{\sigma}\tau} = \overline{\sigma\tau}$ に注意せよ．

問題 6.5 G を有限群とする．$\mathbb{Q}$ を G 自明加群とみなし，G 部分加群 $\mathbb{Z} \subset \mathbb{Q}$ に対して，剰余加群 $\mathbb{Q}/\mathbb{Z}$ を考える．このとき，任意の $p \geq 2$ に対して，$H_p(G, \mathbb{Z}) \cong H_{p-1}(G, \mathbb{Q}/\mathbb{Z})$ となることを示せ．

解答． 自然な G 自明加群の完全系列 $0 \to \mathbb{Z} \to \mathbb{Q} \to \mathbb{Q}/\mathbb{Z} \to 0$ が誘導する長完全系列を考え，$H_p(G, \mathbb{Q}) = 0$, $(p \geq 1)$ を用いれば直ちに求める結果を得る．□

7 ▶ カップ積

本章ではまず，カップ積と呼ばれる，低次元コホモロジー類たちから高次元コホモロジー類を作り出す方法について解説する．一般に，高次元の群の（コ）ホモロジーを計算することは大変難しく，非自明な元を構成することすら困難である場合が多い．カップ積は低次元コホモロジー類を用いて高次元コホモロジー類を研究する際の常套手段であり，大変有益で重宝される．

7.1 ▶ 直積群の自由分解

この節では，2 つの群 G と H が与えられたときに，それらの直積群 $G \times H$ の $\mathbb{Z}$ 上の自由分解を，G と H の $\mathbb{Z}$ 上の自由分解から構成することを考える．まず，チェイン複体のテンソル積から復習しよう．以下，R を単位元をもつ可換環とする[1]．

まず，$\mathcal{C}'_* := \{C'_p, \partial'_p\}_{p \geq 0}$, $\mathcal{C}''_* := \{C''_q, \partial''_q\}_{q \geq 0}$ を R 加群のチェイン複体とする．ただし，∂'_0 と ∂''_0 は零写像とみなす．このとき，各 $p, q \geq 0$ に対して，

$$C_{p,q} := C'_p \otimes_R C''_q,$$
$$\partial'_{p,q} := \partial'_p \otimes \mathrm{id}_{C''_q}, \quad \partial''_{p,q} := (-1)^p \mathrm{id}_{C'_p} \otimes \partial''_q$$

と定める．図式で表せば以下のような状況である[2]．

[1] $R = \mathbb{Z}$ と思って読み進めてもほとんど差し支えない．

[2] 可換図式ではないことに注意せよ．

$$\begin{array}{ccc}
C_{p,q} & \xrightarrow{\partial'_{p,q}} & C_{p-1,q} \\
{\scriptstyle \partial''_{p,q}}\downarrow & & \downarrow{\scriptstyle \partial''_{p-1,q}} \\
C_{p,q-1} & \xrightarrow{\partial'_{p,q-1}} & C_{p-1,q-1}
\end{array}$$

すると，任意の $p, q \geq 0$, $x'_p \in C'_p$, $x''_q \in C''_q$ に対して，

$$\partial''_{p-1,q} \circ \partial'_{p,q}(x'_p \otimes x''_q) = (-1)^{p-1}\partial'_p(x'_p) \otimes \partial''_q(x''_q)$$

$$\partial'_{p,q-1} \circ \partial''_{p,q}(x'_p \otimes x''_q) = (-1)^{p}\partial'_p(x'_p) \otimes \partial''_q(x''_q)$$

となるので，

$$\partial''_{p-1,q} \circ \partial'_{p,q} + \partial'_{p,q-1} \circ \partial''_{p,q} = 0$$

となる．そこで，任意の $n \geq 0$ に対して，

$$C_n := \bigoplus_{p+q=n} C_{p,q}, \quad \partial_n := \sum_{p+q=n} (\partial'_{p,q} + \partial''_{p,q})$$

と置くと，以下が成り立つ．

補題 7.1 任意の $n \geq 1$ に対して，$\partial_{n-1} \circ \partial_n = 0$.

証明. $p+q=n$ となる任意の $p, q \geq 0$ をとる．任意の $x'_p \in C'_p$ と $x''_q \in C''_q$ に対して，

$$\begin{aligned}
\partial_{n-1} \circ \partial_n(x'_p \otimes x''_q) &= \partial_{n-1}((\partial'_{p,q} + \partial''_{p,q})(x'_p \otimes x''_q)) \\
&= (\partial'_{p-1,q} + \partial''_{p-1,q})(\partial'_{p,q}(x'_p \otimes x''_q)) + (\partial'_{p,q-1} + \partial''_{p,q-1})(\partial''_{p,q}(x'_p \otimes x''_q)) \\
&= (\partial''_{p-1,q} \circ \partial'_{p,q} + \partial'_{p,q-1} \circ \partial''_{p,q})(x'_p \otimes x''_q) = 0
\end{aligned}$$

となるので，これより直ちに従う．□

定義 7.2（（チェイン複体の）テンソル積複体）上の記号の下，$\mathcal{C}'_* \otimes_R \mathcal{C}''_* := \{C_n, \partial_n\}_{n \geq 0}$ を $\mathcal{C}'_*$ と $\mathcal{C}''_*$ の**テンソル積複体** (tensor product of chain complexes) という．

さて，G, H を群とし，M を G 加群，N を H 加群とする．このとき，写像 $(G \times H) \times M \otimes_{\mathbb{Z}} N \to M \otimes_{\mathbb{Z}} N$;

$$((\sigma, \tau), m \otimes n) \mapsto (\sigma \cdot m) \otimes (\tau \cdot n)$$

により，$M \otimes_{\mathbb{Z}} N$ は $(G \times H)$ 加群とみなせる[3]．さらに，任意の G 準同型写像 $f : M \to M'$ と任意の H 準同型写像 $g : N \to N'$ に対して，写像 $f \otimes g : M \otimes_{\mathbb{Z}} N \to M' \otimes_{\mathbb{Z}} N'$,

3) 詳細は各自確かめよ．

$$m \otimes n \mapsto f(m) \otimes g(n) \quad (m \in M, \ n \in N)$$

は $(G \times H)$ 準同型写像である．

定理 7.3 G, H を群とし，$\mathcal{C}'_* := \{C'_p, \partial'_p, \varepsilon'\}_{p \geq 1}$, $\mathcal{C}''_* := \{C''_q, \partial''_q, \varepsilon''\}_{q \geq 1}$ をそれぞれ，G と H の $\mathbb{Z}$ 上の自由分解とする．このとき，テンソル積複体 $\mathcal{C}'_* \otimes_{\mathbb{Z}} \mathcal{C}''_* = \{C_n, \partial_n, \varepsilon\}_{n \geq 1}$ は $G \times H$ の $\mathbb{Z}$ 上の自由分解である．ここで，$\varepsilon := \varepsilon' \otimes \varepsilon''$ である．

証明. (1) 任意の $n \geq 0$ に対して，C_n が $(G \times H)$ 自由加群であること．

$p + q = n$ となるような各 $p, q \geq 0$ に対して，$C'_p \otimes_{\mathbb{Z}} C''_q$ が $(G \times H)$ 自由加群となることを示せばよい．一般に，M を G 自由加群とするとき，$\{m_\lambda\}_{\lambda \in \Lambda}$ が M の G 加群としての基底であることと，$\{\sigma \cdot m_\lambda \,|\, \sigma \in G, \lambda \in \Lambda\}$ が M の $\mathbb{Z}$ 加群としての基底であることが同値であることに注意する．

すると，$\{x_{\lambda'}\}_{\lambda' \in \Lambda'}$ を C'_p の G 自由加群としての基底，$\{y_{\lambda''}\}_{\lambda'' \in \Lambda''}$ を C''_q の H 自由加群としての基底とすれば，

$$\{\sigma \cdot x_{\lambda'} \otimes \tau \cdot y_{\lambda''} \,|\, \sigma \in G, \tau \in H, \lambda' \in \Lambda', \lambda'' \in \Lambda''\}$$

は $C'_p \otimes_{\mathbb{Z}} C''_q$ の $\mathbb{Z}$ 加群としての基底である．ゆえに，$\{x_{\lambda'} \otimes y_{\lambda''} \,|\, \lambda' \in \Lambda', \lambda'' \in \Lambda''\}$ は $C'_p \otimes_{\mathbb{Z}} C''_q$ の $(G \times H)$ 加群としての基底である．

(2) 補題 7.1 により，$\{C_n, \partial_n\}_{n \geq 0}$ はチェイン複体であるから，

$$\cdots \to C_n \to C_{n-1} \to \cdots \to C_0 \xrightarrow{\varepsilon} \mathbb{Z} \to 0$$

が完全系列になっていることを示す．各 C'_p, C''_q は $\mathbb{Z}$ 自由加群であるから，

$$\cdots \to C'_p \otimes_{\mathbb{Z}} C''_1 \xrightarrow{\mathrm{id} \otimes \partial''_1} C'_p \otimes_{\mathbb{Z}} C''_0 \xrightarrow{\mathrm{id} \otimes \varepsilon''} C'_p \otimes_{\mathbb{Z}} \mathbb{Z} \to 0 \quad (p \geq -1)$$

$$(7.1)$$

$$\cdots \to C_1' \otimes_{\mathbb{Z}} C_q'' \xrightarrow{\partial_1' \otimes \mathrm{id}} C_0' \otimes_{\mathbb{Z}} C_q'' \xrightarrow{\varepsilon' \otimes \mathrm{id}} \mathbb{Z} \otimes_{\mathbb{Z}} C_q'' \to 0 \quad (q \geq -1)$$

$$(7.2)$$

はともに加法群の完全系列である. ここで, $C_{-1}' = C_{-1}'' = \mathbb{Z}$ とみなす.

まず, テンソル積の一般的な性質から, ε の全射性については明らかである. また, $\mathrm{Ker}(\varepsilon) \supset \mathrm{Im}(\partial_1)$ は明らかであるので, $\mathrm{Ker}(\varepsilon) \subset \mathrm{Im}(\partial_1)$ を示す. 任意の $x_{0,0} \in \mathrm{Ker}(\varepsilon) \subset C_0' \otimes C_0''$ をとる. すると,

$$(\mathrm{id}_{C_0'} \otimes \varepsilon'') \circ (\varepsilon' \otimes \mathrm{id}_{C_0''})(x_{0,0}) = 0$$

であるので, (7.1) より, ある $x_{-1,1} \in C_{-1}' \otimes_{\mathbb{Z}} C_1''$ が存在して,

$$(\varepsilon' \otimes \mathrm{id}_{C_0''})(x_{0,0}) = (\mathrm{id}_{\mathbb{Z}} \otimes \partial_1'')(x_{-1,1})$$

となる. 一方, (7.2) より, ある $x_{0,1} \in C_0' \otimes_{\mathbb{Z}} C_1''$ が存在して,

$$x_{-1,1} = (\varepsilon' \otimes \mathrm{id}_{C_1''})(x_{0,1})$$

となる. このとき,

$$\begin{aligned}
(\varepsilon' \otimes \mathrm{id}_{C_0''})(x_{0,0}) &= (\mathrm{id}_{\mathbb{Z}} \otimes \partial_1'') \circ (\varepsilon' \otimes \mathrm{id}_{C_1''})(x_{0,1}) \\
&= (\varepsilon' \otimes \mathrm{id}_{C_0''}) \circ (\mathrm{id}_{C_0'} \otimes \partial_1'')(x_{0,1})
\end{aligned}$$

であるので,

$$x_{0,0} - (\mathrm{id}_{C_0'} \otimes \partial_1'')(x_{0,1}) \in \mathrm{Ker}(\varepsilon' \otimes \mathrm{id})$$

となる. したがって, (7.2) より, ある $x_{1,0} \in C_1' \otimes_{\mathbb{Z}} C_0''$ が存在して,

$$x_{0,0} - (\mathrm{id}_{C_0'} \otimes \partial_1'')(x_{0,1}) = (\partial_1' \otimes \mathrm{id}_{C_0''})(x_{1,0})$$

となるので,

$$x_{0,0} = (\mathrm{id}_{C_0'} \otimes \partial_1'')(x_{0,1}) + (\partial_1' \otimes \mathrm{id}_{C_0''})(x_{1,0}) \in \mathrm{Im}(\partial_1)$$

を得る.

各 $n \geq 1$ に対して，$\mathrm{Ker}(\partial_n) \subset \mathrm{Im}(\partial_{n+1})$ であることを示す．
任意の

$$x = x_{0,n} + x_{1,n-1} + \cdots + x_{n,0} \in \mathrm{Ker}(\partial_n) \subset \bigoplus_{p+q=n} C_{p,q}$$

をとる．ただし，$x_{p,q} \in C_{p,q}$ とする．

$$
\begin{array}{ccc}
C_{0,n} & \xrightarrow{\varepsilon' \otimes \mathrm{id}} & \mathbb{Z} \otimes_{\mathbb{Z}} C''_n \\
\downarrow{\scriptstyle \partial''_{0,n}} & & \downarrow{\scriptstyle -\mathrm{id} \otimes \partial''_n} \\
\end{array}
$$

$$
\begin{array}{ccccc}
C_{1,n-1} & \xrightarrow{\partial'_1 \otimes \mathrm{id}} & C_{0,n-1} & \xrightarrow{\varepsilon' \otimes \mathrm{id}} & \mathbb{Z} \otimes_{\mathbb{Z}} C''_{n-1} \\
\downarrow{\scriptstyle \partial''_{1,n-1}} & & & & \\
\end{array}
$$

$$
\begin{array}{ccc}
C_{2,n-2} & \xrightarrow{\partial'_2 \otimes \mathrm{id}} & C_{1,n-2} \\
\downarrow & & \\
\end{array}
$$

このとき，

$$(\mathrm{id}_{C'_0} \otimes \partial''_n)(x_{0,n}) + (\partial'_1 \otimes \mathrm{id}_{C''_{n-1}})(x_{1,n-1}) = 0 \in C_{0,n-1},$$

$$-(\mathrm{id}_{C'_1} \otimes \partial''_{n-1})(x_{1,n-1}) + (\partial'_2 \otimes \mathrm{id}_{C''_{n-2}})(x_{2,n-2}) = 0 \in C_{1,n-2},$$

$$\vdots \qquad\qquad = \vdots$$

$$(-1)^{n-1}(\mathrm{id}_{C'_{n-1}} \otimes \partial''_1)(x_{n-1,1}) + (\partial'_n \otimes \mathrm{id}_{C''_0})(x_{n,0}) = 0 \in C_{n-1,0}$$

が成り立つ．そこで，第 1 式の両辺を $\varepsilon' \otimes \mathrm{id}_{C''_{n-1}}$ で写した式
を用いて，

$$(\mathrm{id}_{\mathbb{Z}} \otimes \partial''_n) \circ (\varepsilon' \otimes \mathrm{id}_{C''_n})(x_{0,n}) = -(\varepsilon' \otimes \mathrm{id}_{C''_{n-1}}) \circ (\mathrm{id}_{C'_0} \otimes \partial''_n)(x_{0,n}) = 0$$

を得る．よって (7.1) より，ある $x_{-1,n+1} \in C_{-1,n+1}$ が存在
して，

$$(\varepsilon' \otimes \mathrm{id}_{C''_n})(x_{0,n}) = (\mathrm{id}_{\mathbb{Z}} \otimes \partial''_{n+1})(x_{-1,n+1})$$

となる．さらに，$\varepsilon' \otimes \mathrm{id}_{C''_{n+1}}$ の全射性より，ある $x_{0,n+1} \in C_{0,n+1}$
が存在して，

$$x_{-1,n+1} = (\varepsilon' \otimes \mathrm{id}_{C''_{n+1}})(x_{0,n+1})$$

となる．よって，

$$(\varepsilon' \otimes \mathrm{id}_{C_n''})(x_{0,n}) = (\mathrm{id}_{\mathbb{Z}} \otimes \partial_{n+1}'') \circ (\varepsilon' \otimes \mathrm{id}_{C_{n+1}''})(x_{0,n+1})$$
$$= (\varepsilon' \otimes \mathrm{id}_{C_n''}) \circ (\mathrm{id}_{C_0'} \otimes \partial_{n+1}'')(x_{0,n+1})$$

を得る．したがって，

$$x_{0,n} - (\mathrm{id}_{C_0'} \otimes \partial_{C_{n+1}''})(x_{0,n+1}) \in \mathrm{Ker}(\varepsilon' \otimes \mathrm{id}_{C_n''}) = \mathrm{Im}(\partial_1' \otimes \mathrm{id}_{C_n''})$$

となるので，ある $x_{1,n} \in C_{1,n}$ が存在して，

$$x_{0,n} = (\mathrm{id}_{C_0'} \otimes \partial_{n+1}'')(x_{0,n+1}) + (\partial_1' \otimes \mathrm{id}_{C_n''})(x_{1,n})$$

となる．

次に，

$$(\partial_1' \otimes \mathrm{id}_{C_{n-1}''})(x_{1,n-1}) = -(\mathrm{id}_{C_0'} \otimes \partial_n'')(x_{0,n})$$
$$= -(\mathrm{id}_{C_0'} \otimes \partial_n'') \circ (\partial_1' \otimes \mathrm{id}_{C_n''})(x_{1,n})$$
$$= (\partial_1' \otimes \mathrm{id}_{C_{n-1}''}) \circ (\mathrm{id}_{C_1'} \otimes \partial_n'')(x_{1,n})$$

であるので，(7.2) より，ある $x_{2,n-1} \in C_2' \otimes_{\mathbb{Z}} C_{n-1}''$ が存在して，

$$x_{1,n-1} = (\mathrm{id}_{C_1'} \otimes \partial_n'')(x_{1,n}) + (\partial_2' \otimes \mathrm{id}_{C_{n-1}''})(x_{2,n-1})$$

となる．以下これを繰り返して，逐次 $x_{3,n-2}, x_{4,n-3}, \ldots, x_{n+1,0}$ を構成することで，

$$x = x_{0,n} + x_{1,n-1} + \cdots + x_{n,0}$$
$$= \partial_{n+1}(x_{0,n+1} + x_{1,n} + \cdots + x_{n+1,0}) \in \mathrm{Im}(\partial_{n+1})$$

となることが分かる．□

7.2 ▶ クロス積

本節では，群 G, H のコホモロジー類から，直積群 $G \times H$ の
コホモロジー類を構成することを考える．$\mathcal{C}_*' := \{C_p', \partial_p', \varepsilon'\}$,
$\mathcal{C}_*'' := \{C_p'', \partial_p'', \varepsilon''\}$ をそれぞれ G と H の $\mathbb{Z}$ 上の自由分解とす
る．M を G 加群，N を H 加群とするとき，コホモロジー群
$H^p(G, M), H^p(H, N)$ を定めるコチェイン複体

$$\{\mathrm{Hom}_G(C'_p, M), \delta'_p\}, \quad \{\mathrm{Hom}_H(C''_p, N), \delta''_p\}$$

を考える. 各 $n \geq 0$ に対して, $C_n := \bigoplus_{p+q=n} C_{p,q}$, $C_{p,q} := C'_p \otimes_{\mathbb{Z}} C''_q$ と置いて定まるテンソル積複体 $\mathcal{C}_* := \{C_n, \partial_n, \varepsilon\}$ を考えると, これは $G \times H$ の $\mathbb{Z}$ 上の自由分解であるので, コホモロジー群を定めるコチェイン複体

$$\{\mathrm{Hom}_{G \times H}(C_n, M \otimes_{\mathbb{Z}} N), \delta_n\}$$

が得られる. そこで, 任意の $p, q \geq 0$ および, 任意の $f \in \mathrm{Hom}_G(C'_p, M)$, $g \in \mathrm{Hom}_H(C''_q, N)$ に対して, $(G \times H)$ 準同型写像 $\overline{f \otimes g} : C_{p+q} \to M \otimes_{\mathbb{Z}} N$ を

$$x \mapsto \begin{cases} (f \otimes g)(x), & x \in C'_p \otimes_{\mathbb{Z}} C''_q, \\ 0, & x \notin C'_p \otimes_{\mathbb{Z}} C''_q \end{cases}$$

によって定める. すると, 加法群の準同型写像

$$\iota : \mathrm{Hom}_G(C'_p, M) \otimes_{\mathbb{Z}} \mathrm{Hom}_H(C''_q, N) \to \mathrm{Hom}_{G \times H}(C_{p+q}, M \otimes_{\mathbb{Z}} N)$$

が $f \otimes g \mapsto \overline{f \otimes g}$ によって定まる.

補題 7.4 上の記号の下, 以下が成り立つ.

(1) $f \in \mathrm{Ker}(\delta'_p)$ かつ $g \in \mathrm{Ker}(\delta''_q)$ であれば, $\overline{f \otimes g} \in \mathrm{Ker}(\delta_{p+q})$.

(2) (1) の状況において, さらに $f \in \mathrm{Im}(\delta'_{p-1})$ または $g \in \mathrm{Im}(\delta''_{q-1})$ であれば, $\overline{f \otimes g} \in \mathrm{Im}(\delta_{p+q-1})$.

証明. (1) 一般に, 任意の $x = x_{0,p+q+1} + x_{1,p+q} + \cdots + x_{p+q+1,0} \in C_{p+q+1}$ に対して,

$$\begin{aligned} \delta_{p+q}(\overline{f \otimes g})(x) &= \overline{f \otimes g} \circ \partial_{p+q+1}(x) \\ &= \overline{f \otimes g}(\partial'_{p+1,q}(x_{p+1,q}) + \partial''_{p,q+1}(x_{p,q+1})) \\ &= \overline{f \otimes g}((\partial'_{p+1} \otimes \mathrm{id}_{C''_q})(x_{p+1,q}) + (-1)^p(\mathrm{id}_{C'_p} \otimes \partial''_{q+1})(x_{p,q+1})) \\ &= \overline{(f \circ \partial'_{p+1}) \otimes g}(x) + (-1)^p \overline{f \otimes (g \circ \partial''_{q+1})}(x) \end{aligned}$$

となるので,

$$\delta_{p+q}(\overline{f \otimes g}) = \overline{\delta'_p(f) \otimes g} + (-1)^p \overline{f \otimes \delta''_q(g)} \qquad (7.3)$$

が成り立つ. この式より直ちに求める結果を得る.

(2) $f \in \mathrm{Im}(\delta'_{p-1})$ とする. このとき, ある $h \in \mathrm{Hom}_G(C'_{p-1}, M)$ が存在して, $f = \delta'_{p-1}(h)$ となっている. すると, (7.3) より

$$\overline{f \otimes g} = \overline{\delta'_{p-1}(h) \otimes g}$$
$$= \delta_{p+q-1}(\overline{h \otimes g}) - (-1)^{p-1}\overline{h \otimes \delta''_q(g)}$$

であるが, 第 2 項は C_{p+q} 上 0 であるので, $\overline{f \otimes g} = \delta_{p+q-1}(\overline{h \otimes g}) \in \mathrm{Im}(\delta_{p+q-1})$ となる. $g \in \mathrm{Im}(\delta''_{q-1})$ のときも同様である. $\square$

定義 7.5((群のコホモロジーの) クロス積) 補題 7.4 より, 準同型写像 ι はコホモロジー群の間の準同型写像

$$\iota^* : H^p(G, M) \otimes_{\mathbb{Z}} H^q(H, N) \to H^{p+q}(G \times H, M \otimes_{\mathbb{Z}} N),$$

$[f] \otimes [g] \mapsto [\overline{f \otimes g}]$ を誘導する. この写像 ι^* を群のコホモロジーの**クロス積** (cross product) という. また, $[\overline{f \otimes g}]$ を $[f]$ と $[g]$ のクロス積といい, $[f] \times [g]$ と書くことがある.

クロス積を標準複体の言葉で表してみよう. $\mathcal{C}'_* := \{C'_p, \partial'_p, \varepsilon'\}$, $\mathcal{C}''_* := \{C''_p, \partial''_p, \varepsilon''\}$, $\overline{\mathcal{C}}_* := \{\overline{C}_n, \overline{\partial}_n, \overline{\varepsilon}\}$ をそれぞれ G, H, $G \times H$ の標準複体とする. クロス積を記述するためには, $\overline{\mathcal{C}}_*$ からテンソル積複体 $\mathcal{C}'_* \otimes_{\mathbb{Z}} \mathcal{C}''_*$ へのチェイン写像が必要である. そこで, 定理 2.22 の証明で用いた方法に従って, 具体的にチェイン写像を構成すればよい. 実際, $G \times H$ の各元を $\sigma\tau$ ($\sigma \in G, \tau \in H$) のように表すとき, 任意の $n \geq 0$ に対して, 写像 $\varphi_n : \overline{C}_n \to C_n = \bigoplus_{p+q=n} C'_p \otimes_{\mathbb{Z}} C''_q$ を

$$[\sigma_1\tau_1, \ldots, \sigma_n\tau_n] \mapsto \sum_{i=0}^{n} [\sigma_1, \ldots, \sigma_i] \otimes \tau_1 \cdots \tau_i [\tau_{i+1}, \ldots, \tau_n]$$

によって定める[4].

補題 7.6 $\varphi := \{\varphi_n\}$ はチェイン写像である.

4) $i = 0$ のとき, $[] \otimes [\tau_1, \ldots, \tau_n]$ であり, $i = n$ のとき, $[\sigma_1, \ldots, \sigma_n] \otimes \tau_1 \cdots \tau_n []$ である.

証明. 任意の $n \geq 1$ に対して,

$$(\varphi_{n-1} \circ \overline{\partial}_n)([\sigma_1\tau_1, \ldots, \sigma_n\tau_n])$$

$$= \varphi_{n-1}\Big(\sigma_1\tau_1[\sigma_2\tau_2, \ldots, \sigma_n\tau_n]$$

$$+ \sum_{i=1}^{n-1}(-1)^i[\sigma_1\tau_1, \ldots, \sigma_i\tau_i\sigma_{i+1}\tau_{i+1}, \ldots, \sigma_n\tau_n]$$

$$+ (-1)^n[\sigma_1\tau_1, \ldots, \sigma_{n-1}\tau_{n-1}]\Big)$$

$$= \sigma_1\tau_1\Big(\sum_{i=1}^{n}[\sigma_2, \ldots, \sigma_i] \otimes \tau_2 \cdots \tau_i[\tau_{i+1}, \ldots, \tau_n]\Big)$$

$$+ \sum_{i=1}^{n-1}(-1)^i\Big(\sum_{j=0}^{i-1}[\sigma_1, \ldots, \sigma_j] \otimes \tau_1 \cdots \tau_j[\tau_{j+1}, \ldots, \tau_n]$$

$$+ [\sigma_1, \ldots, \sigma_{i-1}, \sigma_i\sigma_{i+1}] \otimes \tau_1 \cdots \tau_i\tau_{i+1}[\tau_{i+2}, \ldots, \tau_n]$$

$$+ \sum_{j=i+2}^{n}[\sigma_1, \ldots, \sigma_i\sigma_{i+1}, \ldots, \sigma_j] \otimes \tau_1 \cdots \tau_j[\tau_{j+1}, \ldots, \tau_n]\Big)$$

$$+ (-1)^n\sum_{i=0}^{n-1}[\sigma_1, \ldots, \sigma_i] \otimes \tau_1 \cdots \tau_i[\tau_{i+1}, \ldots, \tau_n]$$

であり,

$$(\partial_n \circ \varphi_n)([\sigma_1\tau_1, \ldots, \sigma_n\tau_n])$$

$$= \partial_n\Big(\sum_{i=0}^{n}[\sigma_1, \ldots, \sigma_i] \otimes \tau_1 \cdots \tau_i[\tau_{i+1}, \ldots, \tau_n]\Big)$$

$$= \sum_{i=0}^{n}\Big(\partial_i'([\sigma_1, \ldots, \sigma_i]) \otimes \tau_1 \cdots \tau_i[\tau_{i+1}, \ldots, \tau_n]$$

$$+ (-1)^i[\sigma_1, \ldots, \sigma_i] \otimes \tau_1 \cdots \tau_i\partial_{n-i}''([\tau_{i+1}, \ldots, \tau_n])\Big)$$

$$= \sum_{i=1}^{n}\Big(\sigma_1[\sigma_2, \ldots, \sigma_i] + \sum_{j=1}^{i-1}(-1)^j[\sigma_1, \ldots, \sigma_j\sigma_{j+1}, \ldots, \sigma_i]$$

$$+ (-1)^i[\sigma_1, \ldots, \sigma_{i-1}]\Big) \otimes \tau_1 \cdots \tau_i[\tau_{i+1}, \ldots, \tau_n]$$

$$+ \sum_{i=0}^{n-1}(-1)^i[\sigma_1, \ldots, \sigma_i] \otimes \tau_1 \cdots \tau_i\Big(\tau_{i+1}[\tau_{i+2}, \ldots, \tau_n]$$

$$+ \sum_{j=i+1}^{n-1}(-1)^{j+i}[\tau_{i+1}, \ldots, \tau_j\tau_{j+1}, \ldots, \tau_n]$$

$$+ (-1)^{n-i}[\tau_{i+1}, \ldots, \tau_{n-1}]\Big)$$

となるので, $\varphi_{n-1} \circ \overline{\partial}_n = \partial_n \circ \varphi_n$ が得られる[5]. □

5) 計算の詳細は各自確認せよ.

したがって，このチェイン写像 φ_* を用いれば，クロス積を以下のように記述することができる．任意の $f \in \mathrm{Ker}(\delta'_p)$ と $g \in \mathrm{Ker}(\delta''_q)$ に対して，写像 $f \times g : \overline{C}_{p+q} \to M \otimes_{\mathbb{Z}} N$ を

$$[\sigma_1\tau_1,\ldots,\sigma_{p+q}\tau_{p+q}] \mapsto f([\sigma_1,\cdots,\sigma_p]) \otimes \tau_1\cdots\tau_p g([\tau_{p+1},\cdots,\tau_{p+q}])$$

によって定めれば，

$$\iota^*([f] \otimes [g]) = [f \times g]$$

となる．

7.3 ▶ カップ積

G を群とし，M, N を G 加群とする．このとき，$M \otimes_{\mathbb{Z}} N$ を 7.2 節で述べたやり方で $G \times G$ 加群とみなす．自然な単射 $G \to G \times G$ を $\sigma \mapsto (\sigma, \sigma)$ で定めると，この準同型写像を通して G は $M \otimes_{\mathbb{Z}} N$ に作用する．以下，この単射を用いて G とその像を同一視し，$G \subset G \times G$ とみなす．

定義 7.7（カップ積）上の記号の下，各 $p, q \geq 0$ に対して，クロス積

$$H^p(G, M) \otimes_{\mathbb{Z}} H^q(G, N) \to H^{p+q}(G \times G, M \otimes_{\mathbb{Z}} N)$$

と制限準同型写像

$$H^{p+q}(G \times G, M \otimes_{\mathbb{Z}} N) \to H^{p+q}(G, M \otimes_{\mathbb{Z}} N)$$

の合成

$$\cup : H^p(G, M) \otimes_{\mathbb{Z}} H^q(G, N) \to H^{p+q}(G, M \otimes_{\mathbb{Z}} N)$$

を**カップ積** (cup product) という．各 $[f] \in H^p(G, M)$ と，各 $[g] \in H^q(G, N)$ に対して，$\cup([f] \otimes [g])$ を $[f]$ と $[g]$ のカップ積といい，$[f] \cup [g]$ と表す．

カップ積を G の標準複体の言葉で表すには，7.2 節で述べたクロ

ス積に関する記述を用いればよい. すなわち, $\mathcal{C}_* := \{C_p, \partial_p, \varepsilon\}$ を G の標準複体とするとき, 任意の $f \in \mathrm{Hom}_G(C_p, M)$ と $g \in \mathrm{Hom}_G(C_q, N)$ に対して, 写像 $f \cup g : C_{p+q} \to M \otimes_{\mathbb{Z}} N$ を

$$[\sigma_1, \ldots, \sigma_{p+q}] \mapsto f([\sigma_1, \ldots, \sigma_p]) \otimes \sigma_1 \cdots \sigma_p g([\sigma_{p+1}, \ldots, \sigma_{p+q}])$$

によって定めれば,

$$[f] \cup [g] = [f \cup g] \in H^{p+q}(G, M \otimes_{\mathbb{Z}} N)$$

となる[6].

以下, カップ積に関するいくつかの性質をまとめる.

定理 7.8 (カップ積の結合法則) L, M, N を G 加群とする. 任意の $u = [f] \in H^p(G, L)$, $v = [g] \in H^q(G, M)$, $w = [h] \in H^r(G, N)$ に対して,

$$(u \cup v) \cup w = u \cup (v \cup w)$$

が成り立つ.

証明. $\mathcal{C}_* := \{C_p, \partial_p, \varepsilon\}$ を G の標準複体とする. このとき, 任意の $\sigma_1, \sigma_2, \ldots, \sigma_{p+q+r} \in G$ に対して,

$$((f \cup g) \cup h)([\sigma_1, \ldots, \sigma_{p+q+r}])$$
$$= (f \cup g)([\sigma_1, \ldots, \sigma_{p+q}]) \otimes \sigma_1 \cdots \sigma_{p+q} h([\sigma_{p+q+1}, \ldots, \sigma_{p+q+r}])$$
$$= \big(f([\sigma_1, \cdots, \sigma_p]) \otimes \sigma_1 \cdots \sigma_p g([\tau_{p+1}, \cdots, \tau_{p+q}])\big)$$
$$\qquad \otimes \sigma_1 \cdots \sigma_{p+q} h([\sigma_{p+q+1}, \ldots, \sigma_{p+q+r}])$$
$$= f([\sigma_1, \cdots, \sigma_p]) \otimes \sigma_1 \cdots \sigma_p \big(g([\tau_{p+1}, \cdots, \tau_{p+q}])$$
$$\qquad \otimes \sigma_{p+1} \cdots \sigma_{p+q} h([\sigma_{p+q+1}, \ldots, \sigma_{p+q+r}])\big)$$
$$= (f \cup (g \cup h))([\sigma_1, \ldots, \sigma_{p+q+r}])$$

となるので求める結果を得る. $\square$

今, $\mathbb{Z}$ を G 自明加群とみなす. このとき, $H^0(G, \mathbb{Z}) \cong \mathbb{Z}$ であり, 添加写像 $\varepsilon : \mathbb{Z}[G] \to \mathbb{Z}$ はその生成元を与える.

定理 7.9 (カップ積の単位元) M を G 加群とし, 自然な同一

視 $\mathbb{Z} \otimes_{\mathbb{Z}} M = M = M \otimes_{\mathbb{Z}} \mathbb{Z}$ を考える. $1 := [\varepsilon] \in H^0(G, \mathbb{Z})$ とするとき, 任意の $p \geq 0$ と $u = [f] \in H^p(G, M)$ に対して,

$$1 \cup u = u \cup 1 = u$$

が成り立つ.

証明. $\mathcal{C}_* := \{C_p, \partial_p, \varepsilon\}$ を G の標準複体とする. このとき, $\varepsilon \cup f : \mathbb{Z}[G] \otimes_{\mathbb{Z}} C_p \to \mathbb{Z}$ は

$$[\;] \otimes [\sigma_1, \cdots, \sigma_p] \mapsto f([\sigma_1, \cdots, \sigma_p])$$

となっているので, 自然な同一視 $H^0(G, \mathbb{Z}) \otimes_{\mathbb{Z}} H^p(G, M) \to H^p(G, M)$ を考えれば, $1 \cup [f] = [\varepsilon \cup f] \mapsto [f] = u$ となり, $1 \cup u = u$ である. $u \cup 1 = u$ も同様. $\square$

定義 7.10 (整係数コホモロジー環) G を群とし, $\mathbb{Z}$ を G 自明加群とみなす. このとき, 定理 7.8 と定理 7.9 により,

$$H^*(G, \mathbb{Z}) := \bigoplus_{p \geq 0} H^p(G, \mathbb{Z})$$

には, カップ積を積とした環の構造が入ることが分かる. これを, G の整係数コホモロジー環 (integral cohomology ring) という.

　ここで, カップ積は一般に可換ではない. より詳しく積の可換性を調べるために, 次の補題を考える.

補題 7.11 $\mathcal{C}_* := \{C_p, \partial_p, \varepsilon\}$ を G の $\mathbb{Z}$ 上の自由分解とする. $\mathcal{C}_*$ と $\mathcal{C}_*$ のテンソル積複体を $\overline{\mathcal{C}}_* := \{\overline{C}_n, \overline{\partial}_n, \overline{\varepsilon}\}$ と表す. このとき, 各 $p, q \geq 0$, および任意の $x_p \in C_p$ と $y_q \in C_q$ に対して, 対応

$$x_p \otimes y_q \mapsto (-1)^{pq} y_q \otimes x_p$$

によって定まる準同型写像を $\varphi_n : \overline{C}_n \to \overline{C}_n$ とすると, $\varphi_* := \{\varphi_n\}$ はチェイン写像である.

証明. 任意の $n \geq 0$, および $p + q = n$ となる任意の $p, q \geq 0$

をとって固定する．このとき，$x_p \in C_p$ と $y_q \in C_q$ に対して，

$$
\begin{aligned}
(\overline{\partial}_n \circ \varphi_n)(x_p \otimes y_q) &= \overline{\partial}_n((-1)^{pq} y_q \otimes x_p) \\
&= (-1)^{pq}(\partial_q(y_q) \otimes x_p + (-1)^q y_q \otimes \partial_p(x_p)) \\
&= (-1)^{(p+1)q} y_q \otimes \partial_p(x_p) + (-1)^{p+p(q-1)} \partial_q(y_q) \otimes x_p \\
&= \varphi_{n-1}(\partial_p(x_p) \otimes y_q + (-1)^p x_p \otimes \partial_q(y_q)) \\
&= (\varphi_{n-1} \circ \overline{\partial}_n)(x_p \otimes y_q)
\end{aligned}
$$

となるので，$\overline{\partial}_n \circ \varphi_n = \varphi_{n-1} \circ \overline{\partial}_n$ を得る．□

定理 7.12 M, N を G 加群とする．$\mu : M \otimes_{\mathbb{Z}} N \to N \otimes_{\mathbb{Z}} M$ を，対応 $x \otimes y \mapsto y \otimes x$ により定まる自然な同型写像とする．任意の $p, q \geq 0$ に対して，

$$
\mu^* : H^{p+q}(G, M \otimes_{\mathbb{Z}} N) \to H^{p+q}(G, N \otimes_{\mathbb{Z}} M)
$$

を μ が誘導する準同型写像とする．このとき，任意の $[f] \in H^p(G, M)$ と任意の $[g] \in H^q(G, N)$ に対して，

$$
\mu^*([f \cup g]) = (-1)^{pq}[g \cup f]
$$

が成り立つ．

証明． $\mathcal{C}_* := \{C_p, \partial_p, \varepsilon\}$ を G の $\mathbb{Z}$ 上の自由分解とする．$\mathcal{C}_*$ と $\mathcal{C}_*$ のテンソル積複体を $\overline{\mathcal{C}}_* := \{\overline{C}_n, \overline{\partial}_n, \overline{\varepsilon}\}$ とすると，$\overline{\mathcal{C}}_*$ は $G \times G$ の $\mathbb{Z}$ 上の自由分解である．よって，補題 7.11 におけるチェイン写像 $\varphi_* = \{\varphi_n\}$ は恒等写像とチェインホモトープである．すなわち，φ が誘導するコホモロジー群の間の準同型写像は恒等写像である．よって，$H^{p+q}(G, N \otimes_{\mathbb{Z}} M)$ 内において，

$$
\begin{aligned}
\mu^*([f \cup g]) &= [\mu \circ (\overline{f \otimes g})'] = [\mu \circ (\overline{f \otimes g})' \circ \varphi_{p+q}] \\
&= (-1)^{pq}[(\overline{g \otimes f})'] = (-1)^{pq}[g \cup f]
\end{aligned}
$$

を得る．ここで，h' は $G \times G$ のコサイクル h を，自然な単射 $G \to G \times G$ を通して G に制限したコサイクルを意味する．□

特に，$M = N = \mathbb{Z}$ に G が自明に作用する場合を考えれば，$\mu^* : \mathbb{Z} \to \mathbb{Z}$ は恒等写像であり，

$$[f \cup g] = (-1)^{pq}[g \cup f]$$

である．次に，連結準同型写像とカップ積の関係について考察しておこう．

定理 7.13 以下は G 加群の完全系列とする．

$$0 \to L \xrightarrow{\alpha} M \xrightarrow{\beta} N \to 0. \tag{7.4}$$

さらに，(7.4) が誘導する G のコホモロジー長完全列の連結準同型を d とする．

(1) A を G 加群とし，

$$0 \to L \otimes_{\mathbb{Z}} A \xrightarrow{\alpha \otimes \mathrm{id}} M \otimes_{\mathbb{Z}} A \xrightarrow{\beta \otimes \mathrm{id}} N \otimes_{\mathbb{Z}} A \to 0 \tag{7.5}$$

が G 加群の完全系列となっているものとする．(7.5) が誘導する G のコホモロジー長完全列の連結準同型を d' とする．このとき，任意の $p, q \geq 0$，および任意の $u \in H^p(G, N)$ と $v \in H^q(G, A)$ に対して，

$$d'(u \cup v) = d(u) \cup v \in H^{p+q+1}(G, L \otimes_{\mathbb{Z}} A)$$

が成り立つ．

(2) A を G 加群とし，

$$0 \to A \otimes_{\mathbb{Z}} L \xrightarrow{\mathrm{id} \otimes \alpha} A \otimes_{\mathbb{Z}} M \xrightarrow{\mathrm{id} \otimes \beta} A \otimes_{\mathbb{Z}} N \to 0 \tag{7.6}$$

が G 加群の完全系列となっているものとする．(7.6) が誘導する G のコホモロジー長完全列の連結準同型を d'' とする．このとき，任意の $p, q \geq 0$，および任意の $u \in H^p(G, A)$ と $v \in H^q(G, N)$ に対して，

$$d''(u \cup v) = (-1)^p u \cup d(v) \in H^{p+q+1}(G, A \otimes_{\mathbb{Z}} L)$$

が成り立つ．

証明. (1) のみ示す．(2) も同様である．$\mathcal{C}_* := \{C_p, \partial_p, \varepsilon\}$ を G の $\mathbb{Z}$ 上の自由分解とし，$\mathcal{C}_*$ と $\mathcal{C}_*$ のテンソル積複体を $\overline{\mathcal{C}}_* := \{\overline{C}_n, \overline{\partial}_n, \overline{\varepsilon}\}$ とする．$u = [f]$, $v = [g]$ と置き，次の可換

図式を考える.

$$0 \longrightarrow \operatorname{Hom}_G(C_p, L) \xrightarrow{\ \alpha^p\ } \operatorname{Hom}_G(C_p, M)$$

$$\cup g \downarrow \qquad\qquad\qquad \cup g \downarrow$$

$$0 \longrightarrow \operatorname{Hom}_G(\overline{C}_{p+q}, L \otimes_{\mathbb{Z}} A) \xrightarrow{(\alpha \otimes \mathrm{id})^{p+q}} \operatorname{Hom}_G(\overline{C}_{p+q}, M \otimes_{\mathbb{Z}} A)$$

$$\xrightarrow{\ \beta^p\ } \operatorname{Hom}_G(C_p, N) \longrightarrow 0$$

$$\cup g \downarrow$$

$$\xrightarrow{(\beta \otimes \mathrm{id})^{p+q}} \operatorname{Hom}_G(\overline{C}_{p+q}, N \otimes_{\mathbb{Z}} A) \longrightarrow 0$$

ここで,縦の 3 つの写像 $\cup g$ は $\varphi \mapsto \varphi \cup g$ で定義される準同
型写像である.さらに,各 $\cup g$ はコホモロジーの境界準同型と
も可換である.実際,例えば,図式

$$\operatorname{Hom}_G(C_p, L) \xrightarrow{\ \delta^p\ } \operatorname{Hom}_G(C_{p+1}, L)$$

$$\cup g \downarrow \qquad\qquad\qquad\qquad \cup g \downarrow$$

$$\operatorname{Hom}_G(\overline{C}_{p+q}, L \otimes_{\mathbb{Z}} A) \xrightarrow{\ \delta^{p+q}\ } \operatorname{Hom}_G(\overline{C}_{p+q+1}, L \otimes_{\mathbb{Z}} A)$$

の可換性は,任意の $h \in \operatorname{Hom}_G(C_p, L)$ に対して,

$$(\cup g \circ \delta^p)(h) = (h \circ \partial_{p+1}) \cup g$$
$$= (h \cup g) \circ (\partial_{p+1} \otimes \mathrm{id}_{C_q}) = (\delta^{p+q} \circ (\cup g))(h)$$

となることから従う.他の場合も同様である.

今,$u = [f] \in H^p(G, N)$ に対して,連結準同型の構成を思
い出すと,

$$f = \beta^p(\varphi), \quad \delta^p(\varphi) = \alpha^{p+1}(\psi)$$

となる $\varphi \in \operatorname{Hom}_G(C_p, M)$, $\psi \in \operatorname{Hom}_G(C_{p+1}, L)$ が存在し,こ
のとき,$d^p([f]) = [\psi]$ であった.一方,

$$(\beta \otimes \mathrm{id}_A)^{p+q}(\varphi \cup g) = \beta^p(\varphi) \cup g = f \cup g,$$
$$\delta^{p+q}(\varphi \cup g) = \delta^p(\varphi) \cup g = \alpha^{p+1}(\psi) \cup g = (\alpha \otimes \mathrm{id}_A)^{p+1+q}(\psi \cup g)$$

であるから,連結準同型の定義より,

$$d'([f \cup g]) = [\psi \cup g] = d([f]) \cup [g]$$

を得る. □

これまでの議論を，階数2の自由アーベル群を例にとって確認してみよう．

例 7.14 F, F' を，それぞれ x, y によって生成される階数1の自由群（自由アーベル群）とし，$G := F \times F'$ と置く[7]．$I := \langle x - 1 \rangle \subset \mathbb{Z}[F]$ と置くと，定理 2.27 より，

[7] G は階数2の自由アーベル群である．

$$0 \to I \overset{\iota}{\to} \mathbb{Z}[F] \overset{\varepsilon}{\to} \mathbb{Z} \to 0$$

は F の $\mathbb{Z}$ 上の自由分解であった．F' についても同様に $I' := \langle y - 1 \rangle \subset \mathbb{Z}[F']$ を用いて自由分解を構成できる．したがって，これらと定理 7.3 より G の $\mathbb{Z}$ 上の自由分解を構成できる．すなわち，

$$C_2 := I \otimes_{\mathbb{Z}} I', \ C_1 := (\mathbb{Z}[F] \otimes_{\mathbb{Z}} I') \oplus (I \otimes_{\mathbb{Z}} \mathbb{Z}[F']), \ C_0 := \mathbb{Z}[F] \otimes_{\mathbb{Z}} \mathbb{Z}[F']$$

と置くと，

$$0 \to C_2 \xrightarrow{\partial_2} C_1 \xrightarrow{\partial_1} C_0 \xrightarrow{\varepsilon \otimes \varepsilon} \mathbb{Z} \to 0$$

は G の $\mathbb{Z}$ 上の自由分解である．ここで，

$$\partial_2((x-1) \otimes (y-1)) = (\iota(x-1) \otimes (y-1)) - ((x-1) \otimes \iota(y-1)),$$
$$\partial_1(1 \otimes (y-1)) = 1 \otimes \iota(y-1), \ (1 \otimes (y-1) \in \mathbb{Z}[F] \otimes_{\mathbb{Z}} I'),$$
$$\partial_1((x-1) \otimes 1) = \iota(x-1) \otimes 1, \ ((x-1) \otimes 1 \in I \otimes_{\mathbb{Z}} \mathbb{Z}[F'])$$

である．これを用いて G の整係数ホモロジー群を計算してみよう．一般に，G 加群 M に対して，$\mathbb{Z} \otimes_G M \cong M_G$ であるので，問題 7.2 の (1) を用いると，以下の可換図式が得られる．

$$
\begin{array}{ccccccc}
0 & \longrightarrow & \mathbb{Z} \otimes_G C_2 & \xrightarrow{\mathrm{id}_{\mathbb{Z}} \otimes \partial_2} & \mathbb{Z} \otimes_G C_1 & \xrightarrow{\mathrm{id}_{\mathbb{Z}} \otimes \partial_1} & \mathbb{Z} \otimes_G C_0 \\
& & \cong \downarrow & & \cong \downarrow & & \cong \downarrow \\
0 & \longrightarrow & \mathbb{Z} & \xrightarrow{\ 0\ } & \mathbb{Z} \oplus \mathbb{Z} & \xrightarrow{\ 0\ } & \mathbb{Z}
\end{array}
$$

したがって，

$$H_p(G, \mathbb{Z}) = \begin{cases} \mathbb{Z}, & p = 0, 2, \\ \mathbb{Z}^{\oplus 2}, & p = 1, \\ 0, & それ以外 \end{cases}$$

となる．同様に，問題 7.2 の (2) を用いて G の整係数コホモロジー群についても計算でき，

$$H^p(G, \mathbb{Z}) = \begin{cases} \mathbb{Z}, & p = 0, 2, \\ \mathbb{Z}^{\oplus 2}, & p = 1, \\ 0, & \text{それ以外} \end{cases}$$

となる．

さて，G の自由アーベル群としての基底を x, y とし，$H^1(G, \mathbb{Z}) = \mathrm{Hom}_{\mathbb{Z}}(G, \mathbb{Z})$ における x, y の双対基底を f_x, f_y とする．このとき，$f_x \cup f_y \in H^2(G, \mathbb{Z})$ を考える．$\mathcal{C}'_* := \{C'_p, \partial'_p, \varepsilon\}$ を G の標準複体とすれば，任意の $x^{a_1} y^{b_1}, x^{a_2} y^{b_2} \in G$ に対して，

$$(f_x \cup f_y)([x^{a_1} y^{b_1}, x^{a_2} y^{b_2}]) = f_x(x^{a_1} y^{b_1}) f_y(x^{a_2} y^{b_2}) = a_1 b_2$$

である．これを，上で構成した複体 $\mathcal{C}_* := \{C_p, \partial_p, \varepsilon \otimes \varepsilon\}$ の言葉で書き下してみよう．そのためには，チェイン写像 $\varphi_* : \mathcal{C}_* \to \mathcal{C}'_*$ を構成すればよい．定理 2.22 の要領でチェイン写像を構成すると，

$$\varphi_0 : C_0 \to C'_0; \ 1 \otimes 1 \mapsto 1,$$
$$\varphi_1 : C_1 \to C'_1; \ 1 \otimes (y-1) \mapsto [y], \ (x-1) \otimes 1 \mapsto [x],$$
$$\varphi_2 : C_2 \to C'_2; \ (x-1) \otimes (y-1) \mapsto [y, x] - [x, y]$$

なるチェイン写像が求まる．このとき，

$$((f_x \cup f_y) \circ \varphi_2)((x-1) \otimes (y-1)) = (f_x \cup f_y)([y, x] - [x, y]) = -1$$

となるので，$f_x \cup f_y$ は $H^2(G, \mathbb{Z})$ の生成元である．

7.4 ▶ 問題

問題 7.1 $n \geq 1$ に対して，G_n を階数 n の自由アーベル群とする．このとき，任意の $p \geq n+1$ と，任意の G_n 加群 M に対して，

$$H_p(G_n, M) = 0, \quad H^p(G_n, M) = 0$$

であることを示せ.

解答. G_n の $\mathbb{Z}$ 上の自由分解 $\{C_p, \partial_p, \varepsilon\}$ で, 任意の $p \geq n + 1$ に対して $C_p = 0$ となるものが存在することを示せばよい. これを $n \geq 1$ についての帰納法で示す. $n = 1$ のときは定理 2.27 より正しい. そこで, $n \geq 1$ として n 以下のとき主張が成り立つと仮定する. このとき, $G_{n+1} \cong G_n \times G_1$ であるので, 定理 7.3 より, G_{n+1} の $\mathbb{Z}$ 上の自由分解を構成できる. すると, 構成の仕方から, $n + 2$ 以上の成分はすべて 0 になる. よって帰納法が進む. $\square$

問題 7.2 G, H を群とする. $G \times H$ の対角作用により, $\mathbb{Z}[G] \otimes_{\mathbb{Z}} \mathbb{Z}[H]$ を自然に $(G \times H)$ 加群とみなす. このとき, 以下が成り立つことを示せ.

(1) $(\mathbb{Z}[G] \otimes_{\mathbb{Z}} \mathbb{Z}[H])_{G \times H} \cong \mathbb{Z}$.

(2) $\mathrm{Hom}_{G \times H}(\mathbb{Z}[G] \times \mathbb{Z}[H], \mathbb{Z}) \cong \mathbb{Z}$.

解答. (1) $\mathbb{Z}[G] \otimes_{\mathbb{Z}} \mathbb{Z}[H]$ の $\mathbb{Z}$ 部分加群 J を

$$J := \langle (g, h) \cdot (v \otimes w) - v \otimes w \,|\, g, v \in G, \ h, w \in H \rangle$$

で定義すると, $(\mathbb{Z}[G] \otimes_{\mathbb{Z}} \mathbb{Z}[H])_{G \times H} = (\mathbb{Z}[G] \otimes_{\mathbb{Z}} \mathbb{Z}[H])/J$ である. $\mathbb{Z}[G] \otimes_{\mathbb{Z}} \mathbb{Z}[H]$ は $\{g \otimes h \,|\, g \in G, \ h \in H\}$ を基底とする自由アーベル群である. 加法群としての準同型写像 $\Phi' : \mathbb{Z}[G] \otimes_{\mathbb{Z}} \mathbb{Z}[H] \to \mathbb{Z}$ を対応 $g \otimes h \mapsto 1$ によって定める. すると, $\Phi'(J) = 0$ であるので, Φ' は準同型写像 $\Phi : (\mathbb{Z}[G] \otimes_{\mathbb{Z}} \mathbb{Z}[H])_{G \times H} \to \mathbb{Z}$ を誘導する. 一方, $\Psi : \mathbb{Z} \to (\mathbb{Z}[G] \otimes_{\mathbb{Z}} \mathbb{Z}[H])_{G \times H}$ を対応 $1 \mapsto 1 \otimes 1$ $(\bmod\ J)$ によって定める. このとき, Φ と Ψ は互いに他の逆写像である. 実際, $\Phi \circ \Psi = \mathrm{id}$ は明らかである. 任意の $g \in G$, $h \in H$ に対して,

$$(\Psi \circ \Phi)(g \otimes h \quad (\bmod\ J)) = \Psi(1) = 1 \otimes 1 \quad (\bmod\ J)$$
$$= g \otimes h - (g \otimes h - 1 \otimes 1) \quad (\bmod\ J) = g \otimes h \quad (\bmod\ J)$$

であるから, $\Psi \circ \Phi = \mathrm{id}$ である.

(2) $\mathrm{Hom}_{G \times H}(\mathbb{Z}[G] \times \mathbb{Z}[H], \mathbb{Z}) \cong \mathrm{Hom}_{\mathbb{Z}}((\mathbb{Z}[G] \otimes_{\mathbb{Z}} \mathbb{Z}[H])_{G \times H}, \mathbb{Z})$

を示せば, (1) の結果より求める式が示される. そこで, 任意の $f \in \mathrm{Hom}_{G \times H}(\mathbb{Z}[G] \times \mathbb{Z}[H], \mathbb{Z})$ と任意の $(g, h) \in G \times H$ に対して,

$$f((g,h) \cdot x) = (g,h) \cdot f(x) = f(x), \quad (x \in \mathbb{Z}[G] \times \mathbb{Z}[H])$$

であるので, f は準同型写像 $f' : (\mathbb{Z}[G] \otimes_{\mathbb{Z}} \mathbb{Z}[H])_{G \times H} \to \mathbb{Z}$ を誘導する. このとき, $\Phi : \mathrm{Hom}_{G \times H}(\mathbb{Z}[G] \times \mathbb{Z}[H], \mathbb{Z}) \to \mathrm{Hom}_{\mathbb{Z}}((\mathbb{Z}[G] \otimes_{\mathbb{Z}} \mathbb{Z}[H])_{G \times H}, \mathbb{Z})$ を $f \mapsto f'$ によって定める. 逆に, $\Psi : \mathrm{Hom}_{\mathbb{Z}}((\mathbb{Z}[G] \otimes_{\mathbb{Z}} \mathbb{Z}[H])_{G \times H}, \mathbb{Z}) \to \mathrm{Hom}_{G \times H}(\mathbb{Z}[G] \times_{\mathbb{Z}} \mathbb{Z}[H], \mathbb{Z})$ を $f \mapsto f \circ \pi$ によって定める. ここで, $\pi : \mathbb{Z}[G] \times \mathbb{Z}[H] \to (\mathbb{Z}[G] \otimes \mathbb{Z}[H])_{G \times H}$ は自然な商写像である. すると, Φ と Ψ は互いに他の逆写像である. $\square$

問題 7.3 $n \geq 2$ とし, $G = \{1, \sigma, \dots, \sigma^{n-1}\}$ を σ が生成する位数 n の巡回群とする. 定理 2.29 で構成した, G の $\mathbb{Z}$ 上の自由分解を $\mathcal{C}_* := \{C_p, \partial_p, \varepsilon\}$ とする. 任意の $p \geq 0$ に対して, $C_p = \mathbb{Z}[G]$ であり, ∂_p は p が奇数, 偶数のとき, それぞれ T, N である.

(1) $p, q \geq 0$ に対して, G 準同型写像 $d_{p,q} : C_{p+q} \to C_p \otimes_{\mathbb{Z}} C_q$ を対応

$$1 \mapsto \begin{cases} 1 \otimes 1, & p \text{ が偶数,} \\ 1 \otimes \sigma, & p \text{ が奇数, } q \text{ が偶数,} \\ \displaystyle\sum_{0 \leq i < j \leq n-1} \sigma^i \otimes \sigma^j, & p, q \text{ が奇数} \end{cases}$$

と定め, 各 $n \geq 0$ に対して, $d_n := \displaystyle\sum_{p+q=n} d_{p,q} : C_n \to \bigoplus_{p+q=n} C_p \otimes_{\mathbb{Z}} C_q$ と置く. このとき, $d_* := \{d_n\}$ は $\mathcal{C}_*$ から $\mathcal{C}_* \otimes_{\mathbb{Z}} \mathcal{C}_*$ へのチェイン写像であることを示せ.

(2) M, N を G 加群とし, 任意の $[f] \in H^p(G, M)$, $[g] \in H^q(G, N)$ に対して, $[f \cup g] \in H^{p+q}(G, M \otimes_{\mathbb{Z}} N)$ をチェイン複体 $\mathcal{C}_*$ の言葉で書き下せ.

(3) 任意の $k \geq 1$ に対して, $f_{2k} : C_{2k} \to \mathbb{Z}$ を対応 $1 \mapsto 1$ によって定まる G 準同型写像とすると, $[f_{2k}] \in H^{2k}(G, \mathbb{Z})$ は

$H^{2k}(G, \mathbb{Z}) = \mathbb{Z}/n\mathbb{Z}$ の生成元である. このとき,

$$[f_{2k}] = [f_2] \cup [f_2] \cup \cdots \cup [f_2] \quad (k \text{ 個のカップ積})$$

が成り立つことを示せ.

解答. (1) チェイン複体 $\mathcal{C}_* \otimes_{\mathbb{Z}} \mathcal{C}_*$ の境界準同型を ∂'_p で表す. $n \geq 1$ が奇数のときのみ考える. 偶数の場合も同様である. 各 d_n, および境界準同型は G 準同型写像なので, $(\partial'_n \circ d_n)(1) = (d_{n-1} \circ \partial_n)(1)$ を示せばよい. すると,

$$1 \xrightarrow{d_n} (1 \otimes 1) + (1 \otimes \sigma) + (1 \otimes 1) + \cdots + (1 \otimes \sigma) \in C_{0,n} \oplus C_{1,n-1} \oplus \cdots \oplus C_{n,0}$$

$$\xrightarrow{\partial'_n} (1 \otimes (\sigma - 1)) + \left((\sigma - 1) \otimes \sigma - 1 \otimes (1 + \sigma + \cdots + \sigma^{n-1}) \right) + \cdots + ((\sigma - 1) \otimes \sigma)$$

$$1 \xrightarrow{\partial_n} \sigma - 1$$

$$\xrightarrow{d_{n-1}} (\sigma - 1) \cdot (1 \otimes 1) + (\sigma - 1) \cdot \left(\sum_{0 \leq i < j \leq n-1} \sigma^i \otimes \sigma^j \right) + \cdots + (\sigma - 1) \cdot (1 \otimes 1)$$

であり,

$$(\sigma - 1) \cdot \sum_{0 \leq i < j \leq n-1} \sigma^i \otimes \sigma^j = \sum_{0 \leq i < j \leq n-1} \sigma^{i+1} \otimes \sigma^{j+1} - \sum_{0 \leq i < j \leq n-1} \sigma^i \otimes \sigma^j$$

$$= \sum_{0 \leq i \leq n-2} \sigma^{i+1} \otimes \sigma^n - \sum_{1 \leq j \leq n-1} 1 \otimes \sigma^j$$

$$= (\sigma + \cdots + \sigma^{n-1}) \otimes 1 - 1 \otimes (\sigma + \cdots + \sigma^{n-1})$$

であるから求める結果が得られる.

(2) (1) で構成したチェイン写像を用いると, $f \cup g = \overline{f \otimes g} \circ d_{p+q}$ であり,

$$(\overline{f \otimes g} \circ d_{p+q})(1) = \begin{cases} f(1) \otimes g(1), & p \text{ が偶数}, \\ f(1) \otimes \sigma \cdot g(1), & p \text{ が奇数, } q \text{ が偶数}, \\ \displaystyle\sum_{0 \leq i < j \leq n-1} (\sigma^i \cdot f(1)) \otimes (\sigma^j \cdot g(1)), & p, q \text{ が奇数} \end{cases}$$

となる.

(3) $p \geq 2$ を任意の偶数とするとき, $(\overline{f_2 \otimes f_p} \circ d_{2+p})(1) = 1$ であるので, $[f_2] \cup [f_p] = [f_{p+2}]$ である. よって, 帰納法により求める結果を得る. $\square$

8 普遍係数定理

本章では，係数を取り換えた場合のホモロジー群の関係や，ホモロジー群とコホモロジー群の間の関係などを記述する，普遍係数定理について解説する．そのために，まず，Tor, Ext やチェイン複体の完全系列などといったホモロジー代数の基本的な道具について簡単に解説する[1]．特に，これまで行ってきた議論と理論的に重複するような内容もあるが，ここまで読み進められた読者であれば，復習感覚でスムーズに読めるのではないかと思う．

[1] この章の内容は，おおむね，服部[7] における局所系を係数とする（コ）ホモロジー群の理論を，群のコホモロジーの場合に代数的に書き直したものである．

8.1 Tor と Ext

この節では，ホモロジー代数で重要な概念である，Tor と Ext について簡単に解説する[2]．以下，R を可換環[3]とする．

[2] 詳細を学びたい読者は，例えば[3] を参照せよ．

[3] R は可換環でなくても同様の議論が成り立つことが知られているが，ここでは簡単のため可換環とする．

定義 8.1（**自由分解**）各 $p \geq 0$ に対して R 自由加群 C_p，および各 $p \geq 1$ に対して R 準同型写像 $\partial_p : C_p \to C_{p-1}$ が与えられているとする．さらに，R 加群 M に対して，R 準同型写像 $\varepsilon : C_0 \to M$ が与えられ，

$$\cdots \to C_p \xrightarrow{\partial_p} C_{p-1} \to \cdots \to C_1 \xrightarrow{\partial_1} C_0 \xrightarrow{\varepsilon} M \to 0 \quad (8.1)$$

が R 加群の完全系列とする．このとき，この系列を R 加群 M の**自由分解** (free resolution) といい $\mathcal{C}_* := \{C_p, \partial_p, \varepsilon\}$ と表す．また，$\varepsilon : C_0 \to M$ を**添加写像** (augmentation map) といい，各 ∂_p を**境界準同型写像** (boundary map)，または**境界作用素**

(boundary operator) という[4].

4) 「境界作用素」という呼び方のほうが一般的かもしれない.

定義 8.2（Tor と Ext） A, B を R 加群とする. R 加群 A の自由分解 $\mathcal{C}_* := \{C_p, \partial_p, \varepsilon\}$ を利用して, 加法群とその準同型写像からなるチェイン複体

$$
\cdots \to C_p \otimes_R B \xrightarrow{\partial_p \otimes \mathrm{id}} C_{p-1} \otimes_R B \to \cdots \\
\to C_1 \otimes_R B \xrightarrow{\partial_1 \otimes \mathrm{id}} C_0 \otimes_R B
\tag{8.2}
$$

を考える. 各 $p \geq 0$ に対して,

$$
\mathrm{Tor}_p^R(A, B) := \begin{cases} (C_0 \otimes_R B)/\mathrm{Im}(\partial_1 \otimes \mathrm{id}), & p = 0 \\ \mathrm{Ker}(\partial_p \otimes \mathrm{id})/\mathrm{Im}(\partial_{p+1} \otimes \mathrm{id}), & p \geq 1 \end{cases}
$$

と定める.

一方, 加法群とその準同型写像からなるコチェイン複体

$$
\mathrm{Hom}_R(C_0, B) \xrightarrow{\delta^0} \mathrm{Hom}_R(C_1, B) \to \cdots \\
\cdots \to \mathrm{Hom}_R(C_p, B) \xrightarrow{\delta^p} \mathrm{Hom}_R(C_{p+1}, B) \to \cdots
\tag{8.3}
$$

を考える. 各 $p \geq 0$ に対して,

$$
\mathrm{Ext}_R^p(A, B) := \begin{cases} \mathrm{Ker}(\delta^0), & p = 0 \\ \mathrm{Ker}(\delta_p)/\mathrm{Im}(\delta_{p-1}), & p \geq 1 \end{cases}
$$

と定める.

群の（コ）ホモロジーの定義とまったく同様にして, $\mathrm{Tor}_p^R(A, B)$, $\mathrm{Ext}_R^p(A, B)$ が A の自由分解のとり方によらずに well-defined であることが示される[5]. さらに, 以下のことが成り立つ.

5) $\mathbb{Z}[G]$ 自由加群のところを R 自由加群に置き換えて考えればよい. 証明は短くないがほぼ平行して議論が進むので, 余裕がある読者は書き下してみてほしい.

定理 8.3 A, A', B, B' を R 加群とする.

(1) (i) $\mathrm{Tor}_0^R(A, B) \cong A \otimes_R B$.

    (ii) $\mathrm{Tor}_p^R(A, B \oplus B') \cong \mathrm{Tor}_p^R(A, B) \oplus \mathrm{Tor}_p^R(A, B')$.

    (iii) $\mathrm{Tor}_p^R(A \oplus A', B) \cong \mathrm{Tor}_p^R(A, B) \oplus \mathrm{Tor}_p^R(A', B)$.

(2) (i) $\mathrm{Ext}_R^0(A, B) = \mathrm{Hom}_R(A, B)$.

    (ii) $\mathrm{Ext}_R^p(A, B \oplus B') \cong \mathrm{Ext}_R^p(A, B) \oplus \mathrm{Ext}_R^p(A, B')$.

(iii) $\operatorname{Ext}_R^p(A \oplus A', B) \cong \operatorname{Ext}_R^p(A, B) \oplus \operatorname{Ext}_R^p(A', B)$.

証明. (1) のみ示す. (2) も同様である.

(i) $\mathcal{C}_* := \{C_p, \partial_p, \varepsilon\}$ を A の自由分解とする. すると,

$$C_1 \otimes_R B \xrightarrow{\partial_1 \otimes \mathrm{id}_B} C_0 \otimes_R B \xrightarrow{\varepsilon \otimes \mathrm{id}_B} A \otimes_R B \to 0$$

は完全系列であるので, R 加群の準同型定理より,

$$\operatorname{Tor}_0^R(A, B) = (C_0 \otimes_R B)/\operatorname{Im}(\partial_1 \otimes \mathrm{id}_B) \cong A \otimes_R B$$

を得る.

(ii) 群のホモロジーの場合とまったく同様である[6]. 　　[6] 定理 2.13 を参照せよ.

(iii) $\mathcal{C}_* := \{C_p, \partial_p, \varepsilon\}$, $\mathcal{C}_*' := \{C_p', \partial_p', \varepsilon'\}$ をそれぞれ R 加群 A, A' の自由分解とする. すると,

$$\mathcal{C}_* \oplus \mathcal{C}_*' := \{C_p \oplus C_p', \partial_p \oplus \partial_p', \varepsilon \oplus \varepsilon'\}$$

は R 加群 $A \oplus A'$ の自由分解である. したがって, これより直ちに求めている結果を得る. □

8.2 （コ）チェイン複体の完全系列

この節では, Künneth の公式の証明で必要となる, チェイン複体のテンソル積, およびチェイン複体の完全系列などに関して解説する. 以下, R を可換環とする.

補題 8.4 $\mathcal{C}_*' = \{C_p', \partial_p'\}_{p \geq 0}$, $\mathcal{C}_*'' = \{C_p'', \partial_p''\}_{p \geq 0}$, $\mathcal{C}_* = \{C_p, \partial_p\}_{p \geq 0}$ を R 加群のチェイン複体とし, $\varphi_* = \{\varphi_p\} : \mathcal{C}_*' \to \mathcal{C}_*''$ をチェイン写像とする. このとき, テンソル積複体 $\mathcal{C}_*' \otimes_R \mathcal{C}_*$ から $\mathcal{C}_*'' \otimes_R \mathcal{C}_*$ への写像

$$\varphi_* \otimes \mathrm{id} := \left\{ \Phi_n := \bigoplus_{p+q=n} \varphi_p \otimes \mathrm{id}_{C_q} \right\}$$

はチェイン写像である.

証明. テンソル積複体 $\mathcal{C}_*' \otimes_R \mathcal{C}_*$, $\mathcal{C}_*'' \otimes_R \mathcal{C}_*$ の境界準同型を

それぞれ, $d'_* = \{d'_n\}$, $d''_* = \{d''_n\}$ とする. 任意の $n \geq 0$ と $p + q = n$ となる任意の $p, q \geq 0$ をとる. このとき, 任意の $x_p \in C'_p$ と任意の $y_p \in C_q$ に対して,

$$
\begin{aligned}
d''_n \circ \Phi_n(x_p \otimes y_q) &= d''_n \circ (\varphi_p \otimes \mathrm{id}_{C_q})(x_p \otimes y_q) \\
&= \partial''_p(\varphi_p(x_p)) \otimes y_q + (-1)^p \varphi_p(x_p) \otimes \partial_q(y_q) \\
&= \varphi_{p-1}(\partial'_p(x_p)) \otimes y_q + (-1)^p \varphi_p(x_p) \otimes \partial_q(y_q) \\
&= \Phi_{n-1}(\partial'_p(x_p) \otimes y_q + (-1)^p x_p \otimes \partial_q(y_q)) \\
&= \Phi_{n-1} \circ d'_n(x_p \otimes y_q)
\end{aligned}
$$

となることより従う. □

定義 8.5（チェイン複体の完全系列） $\mathcal{C}'_* = \{C'_p, \partial'_p\}_{p \geq 0}$, $\mathcal{C}''_* = \{C''_p, \partial''_p\}_{p \geq 0}$, $\mathcal{C}_* = \{C_p, \partial_p\}_{p \geq 0}$ を R 加群のチェイン複体とし, $\varphi_* = \{\varphi_p\} : \mathcal{C}'_* \to \mathcal{C}_*$, $\psi_* = \{\psi_p\} : \mathcal{C}_* \to \mathcal{C}''_*$ をそれぞれチェイン写像とする. このとき, 各 $p \geq 0$ に対して,

$$
0 \to C'_p \xrightarrow{\varphi_p} C_p \xrightarrow{\psi_p} C''_p \to 0
$$

が R 加群の短完全系列（および, 分裂完全系列）となるとき,

$$
0 \to \mathcal{C}'_* \xrightarrow{\varphi_*} \mathcal{C}_* \xrightarrow{\psi_*} \mathcal{C}''_* \to 0 \tag{8.4}
$$

をチェイン複体の**短完全系列** (short exact sequence)（および, **分裂完全系列** (split exact sequence)）であるという.

補題 8.6 チェイン複体の短完全系列 (8.4) において, $\mathcal{C}''_*$ が R 自由加群からなるチェイン複体とする. このとき, 任意の R 加群のチェイン複体 $\mathcal{D}_* := \{D_p, d_p\}$ に対して,

$$
0 \to \mathcal{C}'_* \otimes_R \mathcal{D}_* \xrightarrow{\varphi_* \otimes \mathrm{id}} \mathcal{C}_* \otimes_R \mathcal{D}_* \xrightarrow{\psi_* \otimes \mathrm{id}} \mathcal{C}''_* \otimes_R \mathcal{D}_* \to 0
$$

は分裂完全系列である.

証明. 仮定より, 任意の $p \geq 0$ に対して,

$$
0 \to C'_p \xrightarrow{\varphi_p} C_p \xrightarrow{\psi_p} C''_p \to 0
$$

は R 加群の分裂完全系列である. ゆえに, 任意の $q \geq 0$ に対

して，

$$0 \to C'_p \otimes_R D_q \xrightarrow{\varphi_p \otimes \mathrm{id}} C_p \otimes_R D_q \xrightarrow{\psi_p \otimes \mathrm{id}} C''_p \otimes_R D_q \to 0$$

も分裂完全系列であり，

$$0 \to \bigoplus_{p+q=n} (C'_p \otimes_R D_q) \xrightarrow{\oplus \varphi_p \otimes \mathrm{id}} \bigoplus_{p+q=n} (C_p \otimes_R D_q) \xrightarrow{\oplus \psi_p \otimes \mathrm{id}} \bigoplus_{p+q=n} (C''_p \otimes_R D_q) \to 0$$

もそうである. □

さて，チェイン複体の完全系列 (8.4) が与えられると，各 $p \geq 0$ に対して，以下の可換図式が得られる.

$$
\begin{array}{ccccccc}
& 0 & & 0 & & 0 & \\
& \downarrow & & \downarrow & & \downarrow & \\
\cdots \longrightarrow & C'_{p+1} & \xrightarrow{\partial'_{p+1}} & C'_p & \xrightarrow{\partial'_p} & C'_{p-1} & \longrightarrow \cdots \\
& \varphi_{p+1} \downarrow & & \varphi_p \downarrow & & \varphi_{p-1} \downarrow & \\
\cdots \longrightarrow & C_{p+1} & \xrightarrow{\partial_{p+1}} & C_p & \xrightarrow{\partial_p} & C_{p-1} & \longrightarrow \cdots \\
& \psi_{p+1} \downarrow & & \psi_p \downarrow & & \psi_{p-1} \downarrow & \\
\cdots \longrightarrow & C''_{p+1} & \xrightarrow{\partial''_{p+1}} & C''_p & \xrightarrow{\partial''_p} & C''_{p-1} & \longrightarrow \cdots \\
& \downarrow & & \downarrow & & \downarrow & \\
& 0 & & 0 & & 0 &
\end{array}
$$

そこで，各 $x''_p \in \mathrm{Ker}(\partial''_p)$ に対して，$x''_p = \psi_p(x_p)$ となる $x_p \in C_p$ をとり，$\partial_p(x_p) = \varphi_{p-1}(x'_{p-1})$ となる $x'_{p-1} \in C'_{p-1}$ をとる. すると，群のホモロジーの長完全系列の場合と同様にして，対応 $[x''_p] \mapsto [x'_{p-1}]$ により，R 加群の準同型写像 $\delta_p : H_p(\mathcal{C}''_*) \to H_{p-1}(\mathcal{C}'_*)$ が得られる. これを，チェイン複体の完全系列 (8.4) に付随する**連結準同型** (connecting homomorphism) という. さらに，完全系列

$$\cdots \xrightarrow{\delta_p} H_p(\mathcal{C}'_*) \xrightarrow{\varphi_p} H_p(\mathcal{C}_*) \xrightarrow{\psi_p} H_p(\mathcal{C}''_*) \xrightarrow{\delta_p} H_{p-1}(\mathcal{C}'_*) \xrightarrow{\varphi_{p-1}} \cdots$$

が得られる. これを，チェイン複体の完全系列 (8.4) に付随するホモロジー群の**長完全系列** (long exact sequence) という.

この定義に従えば，6.2.3 項で解説したホモロジー群の長完全

系列は，$\mathcal{C}_*$ を G の $\mathbb{Z}$ 上の自由分解とするとき，G 加群の完全系列 (6.2) に対して，チェイン複体の短完全系列

$$0 \to A \otimes_G \mathcal{C}_* \to B \otimes_G \mathcal{C}_* \to C \otimes_G \mathcal{C}_* \to 0$$

に付随する長完全系列を考えたものに他ならない．

次に，コチェイン複体について考える．基本的にはチェイン複体の場合の双対版であり，本質的に新しい概念はない．

定義 8.7（コチェイン複体の完全系列）$\widetilde{\mathcal{C}}^* = \{\widetilde{C}^p, \widetilde{\partial}^p\}_{p \geq 0}$，$\overline{\mathcal{C}}^* = \{\overline{C}^p, \overline{\partial}^p\}_{p \geq 0}$，$\mathcal{C}^* = \{C^p, \partial^p\}_{p \geq 0}$ を R 加群のコチェイン複体とし，$\varphi^* = \{\varphi^p\} : \widetilde{\mathcal{C}}^* \to \mathcal{C}^*$，$\psi^* = \{\psi^p\} : \mathcal{C}^* \to \overline{\mathcal{C}}^*$ をコチェイン写像とする．このとき，各 $p \geq 0$ に対して，

$$0 \to \widetilde{C}^p \xrightarrow{\varphi^p} C^p \xrightarrow{\psi^p} \overline{C}^p \to 0$$

が R 加群の短完全系列（および，分裂完全系列）となるとき，

$$0 \to \widetilde{\mathcal{C}}^* \xrightarrow{\varphi^*} \mathcal{C} \xrightarrow{\psi^*} \overline{\mathcal{C}}^* \to 0 \tag{8.5}$$

をコチェイン複体の**短完全系列** (short exact sequence)（および，**分裂完全系列** (split exact sequence)）であるという．

さて，コチェイン複体の完全系列 (8.5) が与えられると，各 $p \geq 0$ に対して，以下の可換図式が得られる．

そこで，各 $\bar{f}^p \in \mathrm{Ker}(\overline{\partial}^p)$ に対して $\bar{f}^p = \psi^p(f^p)$ となる $f^p \in C^p$ をとり，$\partial^p(f^p) = \varphi^{p+1}(\tilde{f}^{p+1})$ となる $\tilde{f}^{p+1} \in \widetilde{C}^{p+1}$ をとる．すると，群のコホモロジーの長完全系列の場合と同様にして，対応 $[\bar{f}^p] \mapsto [\tilde{f}^{p+1}]$ により，R 加群の準同型写像 $\delta^p : H^p(\overline{\mathcal{C}}^*) \to H^{p+1}(\widetilde{\mathcal{C}}^*)$ が得られる．これを，コチェイン複体の完全系列 (8.5) に付随する**連結準同型** (connecting homomorphism) という．さらに，完全系列

$$\cdots \xrightarrow{\delta^{p-1}} H^p(\widetilde{\mathcal{C}}^*) \xrightarrow{\varphi^p} H^p(\mathcal{C}) \xrightarrow{\psi^p} H_p(\overline{\mathcal{C}}^*) \xrightarrow{\delta^p} H^{p+1}(\widetilde{\mathcal{C}}^*) \xrightarrow{\varphi^{p+1}} \cdots$$

が得られる．これを，コチェイン複体の完全系列 (8.5) に付随するコホモロジー群の**長完全系列** (long exact sequence) という．

この定義に従えば，6.2.3 項で解説したコホモロジー群の長完全系列は，$\mathcal{C}_*$ を G の $\mathbb{Z}$ 上の自由分解とするとき，G 加群の完全系列 (6.2) に対して，コチェイン複体の短完全系列

$$0 \to \mathrm{Hom}_G(\mathcal{C}_*, C) \to \mathrm{Hom}_G(\mathcal{C}_*, B) \to \mathrm{Hom}_G(\mathcal{C}_*, A) \to 0$$

に付随する長完全系列を考えたものに他ならない．

8.3 Künneth の公式

本節では，ホモロジー代数における重要な公式である Künneth の公式を解説する．まず，（ホモロジカルな）テンソル積複体とクロス積について考える．$\mathcal{C}'_* := \{C'_p, \partial'_p\}_{p \geq 0}$，$\mathcal{C}''_* := \{C''_p, \partial''_p\}_{p \geq 0}$ を R 加群のチェイン複体とし，$\mathcal{C}_* := \{C_n, \partial_n\}_{n \geq 0}$ を $\mathcal{C}'_*$ と $\mathcal{C}''_*$ のテンソル積複体とする．

補題 8.8 任意の $p \geq 0$，$q \geq 0$，および任意の $x'_p \in \mathrm{Ker}(\partial'_p)$，$x''_q \in \mathrm{Ker}(\partial''_q)$ に対して，以下が成り立つ．

(1) $x'_p \otimes x''_q \in \mathrm{Ker}(\partial_{p+q}) \cap (C'_p \otimes_R C''_q)$．
(2) さらに，$y'_p \in \mathrm{Ker}(\partial'_p)$，$y''_q \in \mathrm{Ker}(\partial''_q)$ で，

$$x'_p - y'_p = \partial'_{p+1}(z'_{p+1}), \quad x''_q - y''_q = \partial''_{q+1}(z''_{q+1})$$

とすると，

$$x'_p \otimes x''_q - y'_p \otimes y''_q = \partial_{p+q+1}(z'_{p+1} \otimes y''_q + (-1)^p x'_p \otimes z''_{q+1}).$$
(8.6)

証明. (1) 以下の式より明らか.

$$\begin{aligned}\partial_{p+q}(x'_p \otimes x''_q) &= (\partial'_{p,q} + \partial''_{p,q})(x'_p \otimes x''_q) \\ &= \partial'_p(x'_p) \otimes x''_q + (-1)^p x'_p \otimes \partial''_q(x''_q) = 0.\end{aligned}$$

(2) (8.6) の右辺を変形して，

$$\begin{aligned}右辺 &= (\partial'_{p+1,q} + \partial''_{p+1,q})(z'_{p+1} \otimes y''_q) + (-1)^p(\partial'_{p,q+1} + \partial''_{p,q+1})(x'_p \otimes z''_{q+1}) \\ &= \partial'_{p+1}(z'_{p+1}) \otimes y''_q + (-1)^{p+1} z'_{p+1} \otimes \partial''_q(y''_q) \\ &\quad + (-1)^p \partial'_p(x'_p) \otimes z''_{q+1} + (-1)^{2p} x'_p \otimes \partial''_{q+1}(z''_{q+1}) \\ &= (x'_p - y'_p) \otimes y''_q + x'_p \otimes (x''_p - y''_p) \\ &= 左辺\end{aligned}$$

を得る．□

定義 8.9（（ホモロジー群の）クロス積）上の記号の下，任意の $[x'_p] \in H_p(\mathcal{C}'_*)$, $[x''_q] \in H_q(\mathcal{C}''_*)$ に対して，対応 $[x'_p] \otimes [x''_q] \mapsto [x'_p \otimes x''_q]$ により，準同型写像

$$\theta_{p,q} : H_p(\mathcal{C}'_*) \otimes_{\mathbb{Z}} H_q(\mathcal{C}''_*) \to H_{p+q}(\mathcal{C}_*)$$

が定まる．これをホモロジー群の**クロス積** (cross product) という.

定理 8.10（（ホモロジー群の）**Künneth** の公式）R を単項イデアル整域，$\mathcal{C}'_* := \{C'_p, \partial'_p\}_{p \geq 0}$ を R 自由加群たちのなすチェイン複体とし，$\mathcal{C}''_* := \{C''_p, \partial''_p\}_{p \geq 0}$ を R 加群のチェイン複体とする．このとき，短完全系列

$$0 \to \bigoplus_{p+q=n} H_p(\mathcal{C}'_*) \otimes_R H_q(\mathcal{C}''_*) \xrightarrow{\oplus \theta_{p,q}} H_n(\mathcal{C}'_* \otimes_R \mathcal{C}''_*)$$

$$\to \bigoplus_{p+q=n-1} \mathrm{Tor}_1^R(H_p(\mathcal{C}'_*), H_q(\mathcal{C}''_*)) \to 0$$

が存在する．さらに，もし $\mathcal{C}''_*$ が R 自由加群からなるチェイン複体であれば，この短完全系列は分裂する．

証明．各 $p \geq 1$ に対して，$Z'_p := \mathrm{Ker}(\partial'_p)$ と置く．

$$\cdots \to Z'_p \xrightarrow{0} Z'_{p-1} \to \cdots \xrightarrow{0} Z'_1 \xrightarrow{0} Z'_0 \to 0$$

により，チェイン複体 $\mathcal{C}'_*$ の部分複体 $Z'_* := \{Z'_p, 0\}$ が得られる．また，$\overline{B}'_p := \mathrm{Im}(\partial'_p)$ と置き，

$$\cdots \to \overline{B}'_p \xrightarrow{0} \overline{B}'_{p-1} \to \cdots \xrightarrow{0} \overline{B}'_1 \to 0$$

をチェイン複体 $\overline{B}'_* := \{\overline{B}'_p, 0\}$ とみなす．各 $p \geq 0$ に対して，$i'_p : Z'_p \to C'_p$ を包含写像とすれば，短完全系列

$$0 \to Z'_p \xrightarrow{i'_p} C'_p \xrightarrow{\partial'_p} \overline{B}'_p \to 0$$

が得られる．これより，チェイン複体としての短完全系列

$$0 \to Z'_* \xrightarrow{i'_*} \mathcal{C}'_* \xrightarrow{\partial'_*} \overline{B}'_* \to 0 \tag{8.7}$$

が得られる．

今，R は単項イデアル整域で，C'_{p-1} が R 自由加群であるから，$\overline{B}'_p \subset C'_{p-1}$ も R 自由加群である[7]．よって，短完全系列(8.7)はチェイン複体の完全系列として分裂する．したがって，補題 8.6 より，

[7] 単項イデアル整域上の加群の構造定理より．

$$0 \to Z'_* \otimes_R \mathcal{C}''_* \xrightarrow{i'_* \otimes \mathrm{id}} \mathcal{C}'_* \otimes_R \mathcal{C}''_* \xrightarrow{\partial'_* \otimes \mathrm{id}} \overline{B}'_* \otimes_R \mathcal{C}''_* \to 0 \tag{8.8}$$

はチェイン複体の完全系列である．そこで，(8.8) のホモロジー長完全系列

$$\cdots \to H_{n+1}(\overline{B}'_* \otimes_R \mathcal{C}''_*)$$
$$\xrightarrow{\delta_n} H_n(Z'_* \otimes_R \mathcal{C}''_*) \xrightarrow{(i'_* \otimes \mathrm{id})_n} H_n(\mathcal{C}'_* \otimes_R \mathcal{C}''_*) \xrightarrow{(\partial'_* \otimes \mathrm{id})_n} H_n(\overline{B}'_* \otimes_R \mathcal{C}''_*)$$
$$\xrightarrow{\delta_{n-1}} H_{n-1}(Z'_* \otimes_R \mathcal{C}''_*) \to \cdots$$
$$\tag{8.9}$$

を考える．

各 $p, q \geq 0$ に対して, $Z'_* \otimes_R \mathcal{C}''_*$ の境界準同型 ∂^Z_* を $Z'_p \otimes_R C''_q$ に制限したものは

$$(-1)^p (\mathrm{id}_{Z'_p} \otimes \partial''_q) : Z'_p \otimes_R C''_q \to Z'_p \otimes_R C''_{q-1}$$

である[8]. したがって, 各 $q \geq 0$ に対して $B''_q := \mathrm{Im}(\partial''_{q+1})$ と置くと, 各 $n \geq 0$ に対して

8) $Z'_p \otimes_R C''_q$ 上では, $\partial'_p \otimes \mathrm{id}_{C''_q} = 0$ であることに注意する.

$$\mathrm{Im}(\partial^Z_{n+1}) = \bigoplus_{p+q=n} Z'_p \otimes_R B''_q$$

となる. さらに, 各 $q \geq 0$ に対して $Z''_q := \mathrm{Ker}(\partial''_q)$ と置いて, $i''_q : Z''_q \to C''_q$ を包含写像とする. 各 Z'_p は R 自由加群であるので,

$$0 \to Z'_p \otimes_R Z''_q \xrightarrow{\mathrm{id}_{Z'_p} \otimes i''_q} Z'_p \otimes_R C''_q \xrightarrow{\mathrm{id}_{Z'_p} \otimes \partial''_q} Z'_p \otimes_R B''_{q-1} \to 0$$

は完全系列であり,

$$\mathrm{Ker}(\partial^Z_n) = \bigoplus_{p+q=n} Z'_p \otimes_R Z''_q$$

である. さらに, 短完全系列

$$0 \to B''_q \xrightarrow{j''} Z''_q \to H_q(\mathcal{C}''_*) \to 0$$

は短完全系列

$$0 \to Z'_p \otimes_R B''_q \xrightarrow{j''} Z'_p \otimes_R Z''_q \to Z'_p \otimes_R H_q(\mathcal{C}''_*) \to 0$$

を誘導する. 以上の議論より,

$$H_n(Z'_* \otimes_R \mathcal{C}''_*) \cong \bigoplus_{p+q=n} Z'_p \otimes_R H_q(\mathcal{C}''_*)$$

を得る. 以下, この同型により両辺を同一視する. まったく同様にして,

$$H_n(\overline{B}'_* \otimes_R \mathcal{C}''_*) \cong \bigoplus_{p+q=n} \overline{B}'_p \otimes_R H_q(\mathcal{C}''_*) \cong \bigoplus_{p+q=n-1} B'_p \otimes_R H_q(\mathcal{C}''_*)$$

により両辺を同一視する. ここで, $B'_p := \mathrm{Im}(\partial'_{p+1}) = \overline{B}'_{p+1}$ で

166 ▶ **8** 普遍係数定理

ある．このとき，長完全系列 (8.9) における連結準同型 δ_n に対
して

$$\delta_n = \bigoplus_{p+q=n} j_p \otimes \mathrm{id}_{H_q(\mathcal{C}''_*)} : \bigoplus_{p+q=n} B'_p \otimes_R H_q(\mathcal{C}''_*) \to \bigoplus_{p+q=n} Z'_p \otimes_R H_q(\mathcal{C}''_*)$$

が成り立つ．ここで，$j_p : B'_p \to Z'_p$ は自然な包含写像である．
実際，以下の図式を考える．

ここで，$\{\partial_n^{B'}\}$ はチェイン複体 $B'_* \otimes_R C''_*$ の境界準同型であ
る．各 $p \geq 1$ に対して，C'_p は R 自由加群であるので，その部
分加群である B'_p も R 自由加群である．したがって，R 加群と
しての切断 $s_p : B'_p \to C'_{p+1}$ で，$\partial'_{p+1} \circ s_p = \mathrm{id}_{B'_p}$ となるもの
が存在する．任意の $t \in \mathrm{Ker}(\partial_n^{B'})$ に対して

$$t = \sum_{p+q=n-1} \sum b^{(p)} \otimes c^{(q)} \in \bigoplus_{p+q=n-1} B'_p \otimes_R C''_q \quad (b^{(p)} \in B'_p,\ c^{(q)} \in \mathrm{Ker}(\partial''_q))$$

と置く．各 $b^{(p)}$ に対して $x^{(p+1)} = s_p(b^{(p)}) \in C'_{p+1}$ と置き，

$$t' := \sum_{p+q=n} \sum x^{(p+1)} \otimes c^{(q)} \in \bigoplus_{p+q=n} C'_{p+1} \otimes_R C''_q$$

と置くと，

$$\begin{aligned}
\partial_n(x^{(p+1)} \otimes c^{(q)}) &= \partial'_{p+1}(x^{(p+1)}) \otimes c^{(q)} + (-1)^p x^{(p+1)} \otimes \partial''_q(c^{(q)}) \\
&= \partial'_{p+1}(x^{(p+1)}) \otimes c^{(q)} = b^{(p)} \otimes c^{(q)}
\end{aligned}$$

に注意して，

$$\partial_n(t') = \sum_{p+q=n} \sum b^{(p)} \otimes c^{(q)} \in \bigoplus_{p+q=n-1} C'_p \otimes_R C''_q$$

となる．よって，

$$\delta_n([t]) = \Big[\sum_{p+q=n} \sum j_p(b^{(p)}) \otimes c^{(q)} \Big]$$

より $\delta_n = \bigoplus_{p+q=n} j_p \otimes \mathrm{id}_{H_q(\mathcal{C}''_*)}$ が得られる．

　以上より，

$$\mathrm{Coker}(\delta_n) \cong \bigoplus_{p+q=n} H_p(\mathcal{C}'_*) \otimes_R H_q(\mathcal{C}''_*)$$

を得る．さらに，

$$0 \to B'_p \to Z'_p \to H_p(\mathcal{C}'_*) \to 0$$

は $H_p(\mathcal{C}'_*)$ の R 加群としての自由分解である．したがって，

$$\mathrm{Ker}(\delta_{n-1}) = \bigoplus_{p+q=n-1} \mathrm{Tor}_1^R(H_p(\mathcal{C}'_*), H_q(\mathcal{C}''_*))$$

を得る．ゆえに，上の長完全列は短完全列

$$0 \to \bigoplus_{p+q=n} H_p(\mathcal{C}'_*) \otimes_R H_q(\mathcal{C}''_*) \to H_n(\mathcal{C}'_* \otimes_R \mathcal{C}''_*)$$
$$\to \bigoplus_{p+q=n-1} \mathrm{Tor}_1^R(H_p(\mathcal{C}'_*), H_q(\mathcal{C}''_*)) \to 0$$

に分解する．これが求める完全系列である．2 つ目の射がクロス積に一致することは，長完全列における写像 $i' \otimes \mathrm{id}$ が，自然な包含写像と恒等写像のテンソル積で与えられていることから直ちに従う．

　さて，各 C'_p に加えて，各 C''_q も R 自由加群のときに，上の短完全系列が分裂することを示そう．今，自然な包含写像

$$j' : Z'_p \to C'_p, \quad j'' : Z''_q \to C''_q$$

に対して，準同型写像

$$r' : C_p' \to Z_p', \quad r'' : C_q'' \to Z_q''$$

であって，$r' \circ j' = \mathrm{id}_{Z_p'}$，$r'' \circ j'' = \mathrm{id}_{Z_q''}$ となるものが存在する．そこで，$\pi' : Z_p' \to H_p(\mathcal{C}_*')$，$\pi'' : Z_q'' \to H_q(C_*'')$ を自然な商写像とし，

$$\Phi := (\pi' \otimes \pi'') \circ (r' \otimes r'') : \bigoplus_{p+q=n} C_p' \otimes_R C_q'' \to \bigoplus_{p+q=n} H_p(\mathcal{C}_*') \otimes_R H_q(\mathcal{C}_*'')$$

を考える．Φ を $\mathrm{Im}(\partial_{n+1})$ 上に制限すると零写像であるから，Φ を $\mathrm{Ker}(\partial_n)$ へ制限することにより，準同型写像

$$\overline{\Phi} : H_n(\mathcal{C}_*' \otimes_R \mathcal{C}_*'') \to \bigoplus_{p+q=n} H_p(\mathcal{C}_*') \otimes_R H_q(\mathcal{C}_*'')$$

が誘導される．このとき，クロス積 $\theta_{p,q}$ に対して，

$$\overline{\Phi} \circ \Big(\bigoplus_{p+q=n} \theta_{p,q} \Big) : \bigoplus_{p+q=n} H_p(\mathcal{C}_*') \otimes_R H_q(\mathcal{C}_*'') \to \bigoplus_{p+q=n} H_p(\mathcal{C}_*') \otimes_R H_q(\mathcal{C}_*'')$$

は恒等写像である．ゆえに，題意の短完全系列は分裂する． $\square$

次に，コホモロジー群に関する Künneth の公式を解説する．

定理 8.11 ((コホモロジー群の) **Künneth の公式**) R を単項イデアル整域，$\mathcal{C}_* := \{C_p, \partial_p\}_{p \geq 0}$ を R 自由加群たちのなすチェイン複体とし，A を R 加群とする．このとき，各 $p \geq 1$ に対して分裂完全系列

$$0 \to \mathrm{Ext}_R^1(H_{p-1}(\mathcal{C}_*), A)$$
$$\to H^p(\mathrm{Hom}_R(\mathcal{C}_*, A)) \to \mathrm{Hom}_R(H_p(\mathcal{C}_*), A) \to 0$$

が存在する．

証明．定理 8.10 の証明と同様である．各 $p \geq 1$ に対して，$Z_p := \mathrm{Ker}(\partial_p)$ と置き，$\overline{B}_p := \mathrm{Im}(\partial_p)$ と置く．$i_p : Z_p \to C_p$ を包含写像とすれば，分裂完全系列

$$0 \to Z_p \xrightarrow{i_p} C_p \xrightarrow{\partial_p} \overline{B}_p \to 0 \tag{8.10}$$

が得られ，チェイン複体としての分裂完全系列

$$0 \to Z_* \xrightarrow{i^*} \mathcal{C}_* \xrightarrow{\partial^*} \overline{B}_* \to 0 \qquad (8.11)$$

が得られる．したがって，コチェイン複体の分裂完全系列

$$0 \to \mathrm{Hom}_R(\overline{B}_*, A) \xrightarrow{\partial^*} \mathrm{Hom}_R(\mathcal{C}_*, A) \xrightarrow{i^*} \mathrm{Hom}_R(Z_*, A) \to 0$$

を得る．これに付随するコホモロジー長完全系列

$$
\begin{aligned}
\cdots &\to H^{p-1}(\mathrm{Hom}_R(Z_*, A)) \\
&\xrightarrow{\delta^{p-1}} H^p(\mathrm{Hom}_R(\overline{B}_*, A)) \xrightarrow{\partial^*} H^p(\mathrm{Hom}_R(\mathcal{C}_*, A)) \\
&\xrightarrow{i^*} H^p(\mathrm{Hom}_R(Z_*, A)) \\
&\xrightarrow{\delta^p} H^{p+1}(\mathrm{Hom}_R(\overline{B}_*, A)) \to \cdots
\end{aligned}
\qquad (8.12)
$$

を考える．すると，$\mathrm{Hom}_R(Z_*, A)$, $\mathrm{Hom}_R(\overline{B}_*, A)$ はともに境界準同型が零写像であるようなコチェイン複体であるから，

$$H^p(\mathrm{Hom}_R(Z_*, A)) = \mathrm{Hom}_R(Z_p, A),$$
$$H^{p+1}(\mathrm{Hom}_R(\overline{B}_*, A)) = \mathrm{Hom}_R(\overline{B}_{p+1}, A) = \mathrm{Hom}_R(B_p, A)$$

である．ここで，$B_p = \mathrm{Im}(\partial_{p+1})$ である．このとき，連結準同型 $\delta^p : \mathrm{Hom}_R(Z_p, A) \to \mathrm{Hom}_R(B_p, A)$ は，自然な包含写像 $i_p : B_p \to Z_p$ から誘導される写像に他ならない[9]．すなわち，任意の $f \in \mathrm{Hom}_R(Z_p, A)$ に対して，$\delta^p(f) = f \circ i_p$ である．さらに，Z_{p-1}, B_{p-1} は R 自由加群であるから，

$$0 \to B_{p-1} \to Z_{p-1} \to H_{p-1}(\mathcal{C}_*) \to 0$$

は $H_{p-1}(\mathcal{C}_*)$ の R 加群としての自由分解である．したがって，

$$\mathrm{Coker}(\delta^{p-1}) = \mathrm{Ext}^1_R(H_{p-1}(\mathcal{C}_*), A),$$
$$\mathrm{Ker}(\delta^p) = \mathrm{Hom}_R(H_{p-1}(\mathcal{C}_*), A)$$

となることが分かり，これより求める完全系列を得る．

次に，題意の短完全系列が分裂することを示そう．(8.10) は分裂完全系列であるので，ある R 準同型写像 $r_p : C_p \to Z_p$ で $r_p \circ i_p = \mathrm{id}_{Z_p}$ となるものがとれる．$\pi_p : Z_p \to H_p(\mathcal{C}_*)$ を自然な商写像として，$\pi_p \circ r_p : C_p \to H_p(\mathcal{C}_*)$ が自然に誘導する準

[9] 可換図式を描いて各自確かめよ．

同型写像

$$(\pi_p \circ r_p)^* = r_p^* \circ \pi_p^* : \operatorname{Hom}_R(H_p(\mathcal{C}_*), A) \to \operatorname{Hom}_R(C_p, A)$$

を考える[10]．コチェイン複体 $\operatorname{Hom}_R(\mathcal{C}_*, A)$ の境界準同型を $d^* = \{d^p\}$ と置く．任意の $f \in \operatorname{Hom}_R(H_p(\mathcal{C}_*), A)$ に対して，$r_p^* \circ \pi_p^*(f) = f \circ \pi_p \circ r_p$ であり，$d^p(f \circ \pi_p \circ r_p) = f \circ \pi_p \circ r_p \circ \partial_{p+1} = 0$ であるので，$\operatorname{Im}(r_p^* \circ \pi_p^*) \subset \operatorname{Ker}(d^p)$ である．したがって，$r_p^* \circ \pi_p^*$ は準同型写像

$$\overline{r_p^* \circ \pi_p^*} : \operatorname{Hom}_R(H_p(\mathcal{C}_*), A) \to H^p(\operatorname{Hom}_R(\mathcal{C}_*, A))$$

を誘導する．すると，合成写像

$$\operatorname{Hom}_R(H_p(\mathcal{C}_*), A) \xrightarrow{\overline{r_p^* \circ \pi_p^*}} H^p(\operatorname{Hom}_R(\mathcal{C}_*, A)) \xrightarrow{i_p^*} \operatorname{Hom}_R(H_p(\mathcal{C}_*), A)$$

は恒等写像である．したがって，題意の短完全系列は分裂する．

$\square$

8.4 普遍係数定理

いよいよ普遍係数定理の解説に入ろう．

補題 8.12 G, H を群とし，A, C を G 加群，B, D を H 加群とする．このとき，加法群としての同型

$$(A \otimes_{\mathbb{Z}} B) \otimes_{G \times H} (C \otimes_{\mathbb{Z}} D) \cong (A \otimes_G C) \otimes_{\mathbb{Z}} (B \otimes_H D)$$

が成り立つ．

証明．任意の $c \in C$ と $d \in D$ に対して，写像 $\psi_{c,d} : A \times B \to (A \otimes_G C) \otimes_{\mathbb{Z}} (B \otimes_H D)$ を $(a,b) \mapsto (a \otimes c) \otimes (b \otimes d)$ によって定める．すると，$\psi_{c,d}$ は $\mathbb{Z}$ 双線形写像であるので，加法群の準同型写像 $\overline{\psi_{c,d}}(x) : A \otimes_{\mathbb{Z}} B \to (A \otimes_G C) \otimes_{\mathbb{Z}} (B \otimes_H D)$ を誘導する．次に，任意の $x \in A \otimes_{\mathbb{Z}} B$ に対して，写像 $\Psi_x : C \times D \to (A \otimes_G C) \otimes_{\mathbb{Z}} (B \otimes_H D)$ を $(c,d) \mapsto \overline{\psi_{c,d}}(x)$ によって定めると，これも $\mathbb{Z}$ 双線形写像であるので，加法群の準同型写

10) ここで，R 加群の準同型写像 $\varphi : M \to N$ に対して，$\varphi^* : \operatorname{Hom}_R(N, A) \to \operatorname{Hom}_R(M, A)$ は $f \mapsto f \circ \varphi$ で定まる準同型写像である．

像 $\overline{\Psi_x} : C \otimes_{\mathbb{Z}} D \to (A \otimes_G C) \otimes_{\mathbb{Z}} (B \otimes_H D)$ を誘導する．そこ
で，写像 $f : (A \otimes_{\mathbb{Z}} B) \times (C \otimes_{\mathbb{Z}} D) \to (A \otimes_G C) \otimes_{\mathbb{Z}} (B \otimes_H D)$
を $(x, y) \mapsto \overline{\Psi_x}(y)$ によって定める．f は $\mathbb{Z}$ 双線形写像である．
さらに，$x = \sum a \otimes b$, $y = \sum' c \otimes d$ と表せるとすると，任意
の $(g, h) \in G \times H$ に対して，

$$
\begin{aligned}
f(x \cdot (g, h), y) &= f\Big((\textstyle\sum a \otimes b) \cdot (g, h), \sum' c \otimes d \Big) \\
&= f\Big(\textstyle\sum (a \cdot g) \otimes (b \cdot h), \sum' c \otimes d \Big) \\
&= \textstyle\sum \sum' (a \cdot g \otimes c) \otimes (b \cdot h \otimes d) \\
&= \textstyle\sum \sum' (a \otimes g \cdot c) \otimes (b \otimes h \cdot d) \\
&= f\Big(\textstyle\sum a \otimes b, (g, h) \cdot \sum' c \otimes d \Big) \\
&= f(x, (g, h) \cdot y)
\end{aligned}
$$

となるので，f は $(G \times H)$ 平衡写像である．よって，f は加法
群の準同型写像

$$
\overline{f} : (A \otimes_{\mathbb{Z}} B) \otimes_{G \times H} (C \otimes_{\mathbb{Z}} D) \to (A \otimes_G C) \otimes_{\mathbb{Z}} (B \otimes_H D)
$$

を誘導する．同様にして $\overline{f}$ の逆写像も構成できるので，$\overline{f}$ は同
型写像である．□

定理 8.13（普遍係数定理その1）G, H を群とし，M を G 加
群，N を H 加群とする．また，M と N のどちらか一方は自
由アーベル群とする．このとき，短完全系列

$$
0 \to \bigoplus_{p+q=n} H_p(G, M) \otimes_{\mathbb{Z}} H_q(H, N) \xrightarrow{\oplus \theta_{p,q}} H_n(G \times H, M \otimes_{\mathbb{Z}} N)
$$

$$
\to \bigoplus_{p+q=n-1} \mathrm{Tor}_1^{\mathbb{Z}}(H_p(G, M), H_q(H, M)) \to 0
$$

が存在する．さらに，M, N ともに自由アーベル群であればこ
の短完全系列は分裂する．

証明．M を自由アーベル群とする[11]．$\mathscr{C}'_* = \{C'_p, \partial'_p, \varepsilon'\}$,
$\mathscr{C}''_* = \{C''_p, \partial''_p, \varepsilon''\}$ をそれぞれ，G, H の $\mathbb{Z}$ 上の自由分解と
する．このとき，$M \otimes_G \mathscr{C}'_* := \{M \otimes_G C'_p, \mathrm{id}_M \otimes \partial'_p\}_{p \geq 0}$,

[11] N が自由アーベル群
のときは，M と N を入
れ換えて考えればよい．

$N \otimes_H \mathcal{C}''_* := \{N \otimes_H C''_p, \mathrm{id}_N \otimes \partial''_p\}_{p \geq 0}$ と置き，Künneth の公式を適用する．

ここで，$\mathcal{C}'_* \otimes_{\mathbb{Z}} \mathcal{C}''_*$ は $(G \times H)$ の $\mathbb{Z}$ 上の自由分解であることと，補題 8.12 より，各 $p, q \geq 0$ に対して，

$$(M \otimes_G C'_p) \otimes_{\mathbb{Z}} (N \otimes_H C''_q) \cong (M \otimes_{\mathbb{Z}} N) \otimes_{G \times H} (C'_p \otimes_{\mathbb{Z}} C''_q)$$

であるから，$(M \otimes_G \mathcal{C}') \otimes_{\mathbb{Z}} (N \otimes_H \mathcal{C}'')$ は，ホモロジー群 $H_p(G \times H, M \otimes_{\mathbb{Z}} N)$ を定義するチェイン複体である．ゆえに，Künneth の公式より求める結果を得る．□

定理 8.14（普遍係数定理その **2**）G を群，M を G 加群で自由アーベル群とする．A を任意の加法群とし，自明な G 加群とみなす．このとき，分裂完全系列

$$0 \to H_p(G, M) \otimes_{\mathbb{Z}} A$$
$$\to H_p(G, M \otimes_{\mathbb{Z}} A) \to \mathrm{Tor}_1^{\mathbb{Z}}(H_{p-1}(G, M), A) \to 0$$

が存在する．

証明．$\mathcal{C}'_* = \{C'_p, \partial'_p, \varepsilon'\}$ を G の $\mathbb{Z}$ 上の自由分解とし，$M \otimes_G \mathcal{C}'_* := \{M \otimes_G C'_p, \mathrm{id}_M \otimes \partial'_p\}_{p \geq 0}$ と置く．一方，$\mathcal{C}''_*$ を，0 次のチェイン加群が A でその他のチェイン加群がすべて零であるようなチェイン複体とする．このとき，Künneth の公式より直ちに求める結果が得られる．□

次に，コホモロジー群とホモロジー群の関係を表す普遍係数定理について述べよう．1 つ補題を確認しておく．

補題 8.15 G を群，M, N を G 加群，A を自明な G 加群とする．このとき，以下の同型が成り立つ．

$$\mathrm{Hom}_{\mathbb{Z}}(M \otimes_G N, A) \cong \mathrm{Hom}_G(N, \mathrm{Hom}_{\mathbb{Z}}(M, A)).$$

証明．定理 1.35 の証明とまったく同様であるので割愛する．□

定理 8.16（普遍係数定理その **3**）G を群，M を G 加群で自由アーベル群とし，A を自明な G 加群とする．このとき，分裂完

全系列

$$0 \to \operatorname{Ext}^1_{\mathbb{Z}}(H_{p-1}(G, M), A) \to H^p(G, \operatorname{Hom}_{\mathbb{Z}}(M, A))$$
$$\to \operatorname{Hom}_{\mathbb{Z}}(H_p(G, M), A) \to 0$$

が存在する.

証明. $\mathcal{C}_* = \{C_p, \partial_p, \varepsilon\}$ を G の $\mathbb{Z}$ 上の自由分解とする. $M \otimes_G \mathcal{C}_* := \{M \otimes_G C_p, \operatorname{id}_M \otimes \partial_p\}$ と置いて, 定理 8.11 を適用すればよい. ここで, 補題 8.15 より, 各 $p \geq 0$ に対して,

$$\operatorname{Hom}_{\mathbb{Z}}(M \otimes_G C_p, A) \cong \operatorname{Hom}_G(C_p, \operatorname{Hom}_{\mathbb{Z}}(M, A))$$

であるから,

$$H^p(\operatorname{Hom}_{\mathbb{Z}}(M \otimes_G \mathcal{C}_*, A)) \cong H^p(G, \operatorname{Hom}_{\mathbb{Z}}(M, A))$$

となることに注意せよ. □

▶ 8.5 問題

問題 8.1 A が R 自由加群のとき, 任意の R 加群 B と $p \geq 1$ に対して,

$$\operatorname{Tor}^R_p(A, B) \cong 0, \quad \operatorname{Ext}^p_R(A, B) \cong 0$$

が成り立つことを示せ.

解答. $0 \to A \xrightarrow{\operatorname{id}_A} A \to 0$ は A の自由分解であるから直ちに $\operatorname{Tor}^R_p(A, B) = 0 \ (p \geq 1)$ を得る. $\operatorname{Ext}^p_R(A, B) \cong 0$ も同様. □

問題 8.2 $m, n \geq 1$ とする. $d = \gcd(m, n)$ とする.

(1) $\varphi_{m,n} : \mathbb{Z}/n\mathbb{Z} \to \mathbb{Z}/n\mathbb{Z}$ を $[x]_n \mapsto m[x]_n$ で定める[12]. このとき, $\operatorname{Ker}(\varphi_{m,n}) \cong \mathbb{Z}/d\mathbb{Z}$ を示せ.

(2) 以下を示せ.

$$\operatorname{Tor}^{\mathbb{Z}}_1(\mathbb{Z}/m\mathbb{Z}, \mathbb{Z}/n\mathbb{Z}) \cong \mathbb{Z}/d\mathbb{Z}, \quad \operatorname{Ext}^1_{\mathbb{Z}}(\mathbb{Z}/m\mathbb{Z}, \mathbb{Z}/n\mathbb{Z}) \cong \mathbb{Z}/d\mathbb{Z}.$$

[12] $[x]_n$ は $x \pmod n$ を表す.

解答. (1) $n = dl$ と置き, $D := \{0, [l]_n, [2l]_n, \ldots, [(d-1)l]_n\} \subset$

$\mathbb{Z}/n\mathbb{Z}$ と置くと, $D \cong \mathbb{Z}/d\mathbb{Z}$ である. そこで, $\mathrm{Ker}(\varphi_{m,n}) = D$ を示す. (⊃) は明らか. 一方, $[x]_n \in \mathrm{Ker}(\varphi_{m,n})$ とする. $m = dl'$ と置くと, $\gcd(l, l') = 1$. このとき, $n|mx$ より, $l|x$ が導かれるので, $[x]_n \in D$ となる.

(2) $\mathbb{Z}$ 加群の自然な完全系列

$$0 \to \mathbb{Z} \xrightarrow{\times m} \mathbb{Z} \to \mathbb{Z}/m\mathbb{Z} \to 0$$

は $\mathbb{Z}/m\mathbb{Z}$ の $\mathbb{Z}$ 加群としての自由分解である. そこで, この完全系列に $\mathbb{Z}/n\mathbb{Z}$ を右からテンソルすれば, $\mathrm{Tor}_1^{\mathbb{Z}}(\mathbb{Z}/m\mathbb{Z}, \mathbb{Z}/n\mathbb{Z}) \cong \mathrm{Ker}(\varphi_{m,n})$ となることが分かり, (1) より前半が示される. 後半も同様である. □

問題 8.3 $n \geq 1$ として, G_n を階数 n の自由アーベル群とする.

(1) $\mathbb{Z}$ を G_n 自明加群とするとき,

$$H_p(G_n, \mathbb{Z}) = \begin{cases} \mathbb{Z}^{\oplus \binom{n}{p}}, & 0 \leq p \leq n, \\ 0, & p+1 \leq n \end{cases}$$

を示せ.

(2) 任意の $m \geq 2$ に対して, $\mathbb{Z}/m\mathbb{Z}$ を G_n 自明加群とみなすとき,

$$H_p(G_n, \mathbb{Z}/m\mathbb{Z}) = \begin{cases} (\mathbb{Z}/m\mathbb{Z})^{\oplus \binom{n}{p}}, & 0 \leq p \leq n, \\ 0, & p+1 \leq n \end{cases}$$

を示せ.

解答. (1) n についての帰納法による. $n = 1$ のときは正しい. $n \geq 2$ として, $n-1$ まで主張が正しいと仮定する. $G_n \cong G_{n-1} \times \mathbb{Z}$ である. そこで, n のときに主張が成り立つことを, 定理 8.13 を用いて証明しよう. 帰納法の仮定より, 任意の $p' \geq 0$ に対して, $H_{p'}(G_{n-1}, \mathbb{Z})$ は自由アーベル群か零加群であるので, 任意の $q \geq 0$ に対して $\mathrm{Tor}_1^{\mathbb{Z}}(H_{p'}(G_{n-1}, \mathbb{Z}), H_q(\mathbb{Z}, \mathbb{Z})) = 0$ である. よって, $0 \leq p \leq n$ のとき,

$$H_p(G_n, \mathbb{Z}) \cong \bigoplus_{p'+q=n} H_{p'}(G_{n-1}, \mathbb{Z}) \otimes_{\mathbb{Z}} H_q(\mathbb{Z}, \mathbb{Z})$$

$$= H_p(G_{n-1}, \mathbb{Z}) \otimes_{\mathbb{Z}} H_0(\mathbb{Z}, \mathbb{Z}) \ \oplus \ H_{p-1}(G_{n-1}, \mathbb{Z}) \otimes_{\mathbb{Z}} H_1(\mathbb{Z}, \mathbb{Z})$$

$$= \mathbb{Z}^{\oplus \binom{n-1}{p}} \oplus \mathbb{Z}^{\oplus \binom{n-1}{p-1}} = \mathbb{Z}^{\oplus \binom{n}{p}}$$

を得る. $p \geq n+1$ のとき, $H_p(G_n, \mathbb{Z}) = 0$ となることも同様の議論から分かる.

(2) (1) の結果と定理 8.14 より直ちに得られる. □

問題 8.4 G を有限生成群とし, G の自明係数コホモロジー群が以下のように与えられているとする.

$$H^1(G, \mathbb{Z}) = \mathbb{Z},$$

$$H^1(G, \mathbb{Z}/q^k\mathbb{Z}) = \begin{cases} \mathbb{Z}/2\mathbb{Z} \oplus \mathbb{Z}/2\mathbb{Z}, & q = 2, \ k \geq 1, \\ \mathbb{Z}/q^k\mathbb{Z}, & q \text{ は奇素数}, \ k \geq 1. \end{cases}$$

このとき, $H_1(G, \mathbb{Z})$ を求めよ.

解答. G は有限生成群であるので, $H_1(G, \mathbb{Z})$ は有限生成アーベル群であるから, 有限生成アーベル群の構造定理により, $H_1(G, \mathbb{Z}) = \mathbb{Z}^{\oplus m} \oplus \mathbb{Z}/p_1^{e_1}\mathbb{Z} \oplus \cdots \oplus \mathbb{Z}/p_l^{e_l}\mathbb{Z}$ と書ける. ここで, 各 p_i は素数である. 定理 8.16 において, $p = 1$, $M = A = \mathbb{Z}$ の場合を考えると, $H^1(G, \mathbb{Z}) = \mathrm{Hom}_{\mathbb{Z}}(H_1(G, \mathbb{Z}), \mathbb{Z})$ となるので, $m = 1$ でなければならない. 同様に, 奇素数 q に対して, 定理 8.16 において $p = 1$, $M = \mathbb{Z}$, $A = \mathbb{Z}/q\mathbb{Z}$ と置くことにより, $p_1 = p_2 = \cdots = p_l = 2$ でなければならないことが分かる. さらに, 定理 8.16 において $p = 1$, $M = \mathbb{Z}$, $A = \mathbb{Z}/2\mathbb{Z}$, $\mathbb{Z}/4\mathbb{Z}$ と置いて比較することにより, $l = 1$ で, $e_1 = 1$ であることが分かり, $H_1(G, \mathbb{Z}) = \mathbb{Z} \oplus \mathbb{Z}/2\mathbb{Z}$ を得る. □

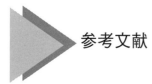

参考文献

[1] 秋田 利之：『群のコホモロジー覚え書き』.
（ご本人によるホームページ：https://www.math.sci.hokudai.ac.jp/-akita/からダウンロード可能です.）

[2] 彌永 昌吉：『数論』, 岩波書店 (1969).

[3] 河田 敬義：『ホモロジー代数』, 岩波基礎数学選書, 岩波書店 (1990).

[4] 佐藤 隆夫：『シローの定理』, 大学数学スポットライト・シリーズ第 1 巻, 近代科学社 (2015).

[5] 佐藤 隆夫：『群の表示』, 大学数学スポットライト・シリーズ第 6 巻, 近代科学社 (2017).

[6] 鈴木 通夫：『群論 上・下』, 岩波書店 (1978).

[7] 服部 晶夫：『位相幾何学』, 岩波基礎数学選書, 岩波書店 (1991).

[8] 松坂 和夫：『代数系入門』, 岩波書店 (1976).

[9] 松本 幸夫：『トポロジー入門』, 岩波書店 (1985).

[10] A. Adem and R. J. Milgram: *Cohomology of Finite Groups*, Springer-Verlag (1994).

[11] D. J. Benson: *Representations and Cohomology*, Vol. I and II, Cambridge University Press (1998).

[12] D. J. Benson and P. H. Kropholler: Cohomology of Groups, *Handbook of Algebraic Topology*, Chapter 18, (1995) 917–952.

[13] K. Brown: *Cohomology of Groups*, GTM87, Springer-Verlag (1982).

[14] L. Evens: *The Cohomology of Groups*, Clarendon Press (1991).

[15] S. Hamada: On a free resolution of a dihedral group, *Tohoku Math. J.* (2) 15, (1963) 212–219.

[16] H. Hopf: Fundamentalgruppe unt zweite Bettische Gruppe, *Comm. Math. Helv.* 14 (1942), 257–309.

[17] P. J. Hilton and U. Stammbach: *A course in Homological Algebra*, GTM 4, second edition, Springer-Verlag (1991).

[18] W. Hurewicz: Beiträge zur Topologie der Deformationen, I-IV, *Nederl. Akad. Wetensch. Proc.* 38 (1936), 112–119, 521–538; 39 (1936), 117–125, 215–224.

[19] J. Neukirch, A. Schmidt and K. Winberg: *Cohomology of Number fields*, Springer-Verlag (2000).

[20] T. Satoh: *Twisted first homology groups of the automorphism group of a free group*, master's thesis, The University of Tokyo (2004).

[21] T. Satoh: *Twisted second cohomology group of a finitely presented group*, master's thesis, The University of Tokyo (2004).

[22] I. Schur: Über die Darstellung der endlichen Gruppen durch gebrochene lineare Substitutionen, *J. Reine Angew. Math.* 127 (1904), 20–50.

[23] I. Schur: Untersuchgen über die Darstellung der endlichen Gruppen durch gebrochene lineare Substitutionen, *J. Reine Angew. Math.* 132 (1907), 85-137.

主な人名の読み方

本書で登場する英文人名の読み方を列挙する[1].

[1] 一般的に知られている日本語的な発音をカタカナ表記したが，ネイティブとしての発音に忠実ではないかもしれないので注意されたい.

- Hopf：ホップ
- Hurewicz：フレヴィッチ
- Künneth：キュネット，あるいはキネット
- Reidemeister：ライデマイスター
- Schreier：シュライアー
- Schur：シューア
- Shapiro：シャピロ
- Tietze：ティーツェ

索　引

ア

アーベル化, 61

移入写像, 78

カ

階数, 13
外部直和, 7
核, 6
カップ積, 146
関係子, 69
関係式, 69
(R 加群の）完全系列, 32

基底, 9
(R 加群の）境界作用素, 157
（自由分解の）境界作用素, 35
(R 加群の）境界準同型写像, 157
（自由分解の）境界準同型写像, 35
（コホモロジー群への）共役作用,
　84
（ホモロジー群への）共役作用, 83
（群環への）共役作用, 81

（ホモロジー群の）クロス積, 164
（群のコホモロジーの）クロス積,
　144
群環, 3

交換子, 61
交換子群, 61
交換子部分群, 61
(p-) コサイクル, 33
コチェイン写像, 39
コチェイン複体, 32
コチェインホモトープ, 47
コチェインホモトピー, 47
コチェインホモトピー同値写像, 48
(p-) コバウンダリー, 33

（群の）コホモロジー群, 37
コホモロジー群, 33

サ

(p-) サイクル, 32
作用する, 1

(G, H) 両側加群, 17
G 加群, 2
G 自明加群, 2
G 自由加群, 9
G 準同型写像, 5
G 剰余加群, 5
G 同型, 5
G 同型写像, 5
G 部分加群, 4
G 平衡写像, 14
自明な作用, 2
自明な G 部分加群, 5
Shapiro の同型, 127
収縮写像, 80
(R 加群の）自由分解, 157
自由分解, 35
主ねじれ準同型, 65

正規閉包, 68
整係数コホモロジー環, 148
制限写像, 78
生成元, 69
生成された G 部分加群, 9
切断, 114

像, 6

タ

（コチェイン複体の）短完全系列,
　162
（チェイン複体の）短完全系列, 160

チェイン写像, 39
チェイン複体, 32
チェインホモトープ, 47
チェインホモトピー, 47
チェインホモトピー同値写像, 48
（コチェイン複体の完全系列に付随
　　する）長完全系列, 163
（チェイン複体の完全系列に付随す
　　る）長完全系列, 161
（群のコホモロジーの）長完全系
　　列, 124
（群のホモロジーの）長完全系列,
　　119
（添え字づけられた加群の族の）直
　　和, 8
直和, 7

（R 加群の）添加写像, 157
添加写像, 35
テンソル積, 15
（チェイン複体の）テンソル積複
　　体, 138

transfer 写像, 132

ナ
内部直和, 8

ねじれ準同型, 64

ハ
（p-）バウンダリー, 32
反則準同型写像, 88

左作用, 1
左 G 加群, 1
表示, 69
標準複体, 46

普遍写像性質, 12
普遍性, 12
（R 加群の）分裂完全系列, 114
分裂する, 114
（コチェイン複体の）分裂完全系
　　列, 162
（チェイン複体の）分裂完全系列,
　　160

膨張写像, 80
（チェイン複体の）ホモロジー群,
　　32
（群の）ホモロジー群, 36

マ
右作用, 1
右 G 加群, 1

ヤ
有限関係, 69
有限生成, 69
有限表示, 69
誘導加群, 126
（コチェイン写像から）誘導された
　　コホモロジー群の間の準同型写
　　像, 41
（G 準同型写像から）誘導された準
　　同型写像, 114
（チェイン写像から）誘導されたホ
　　モロジー群の間の準同型写像, 41

余誘導加群, 126

ラ
（コチェイン複体の完全系列に付随
　　する）連結準同型, 163
（チェイン複体の完全系列に付随す
　　る）連結準同型, 161
（ホモロジー群の）連結準同型写
　　像, 119
（群のコホモロジーの）連結準同型
　　写像, 123

著者紹介

佐藤 隆夫 （さとう たかお）

1979 年生まれ．横浜市出身．
2006 年 3 月，東京大学大学院数理科学研究科 数理科学専攻博士課程修了
2006 年 4 月，日本学術振興会特別研究員 (PD)，東京大学
2007 年 4 月，日本学術振興会特別研究員 (PD)，大阪大学
2008 年 10 月，京都大学特定助教（グローバル COE），大学院理学研究科
2011 年 4 月，東京理科大学講師，理学部第二部数学科
2015 年 4 月，東京理科大学准教授，理学部第二部数学科
2017 年 9 月～2018 年 3 月，ボン大学数学研究所客員研究員
2021 年 4 月，東京理科大学教授，理学部第二部数学科
現在に至る．
専門は代数的位相幾何学．博士（数理科学）．

著書：大学数学スポットライト・シリーズ，『シローの定理』，近代科学社 (2015).
大学数学スポットライト・シリーズ，『群の表示』，近代科学社 (2017).
『テキストブック線形代数』，裳華房 (2019).

大学数学 スポットライト・シリーズ ⑩

群のコホモロジー

2022 年 4 月 30 日　　初版第 1 刷発行

著　者　　佐藤 隆夫
発行者　　大塚 浩昭
発行所　　株式会社近代科学社
　　　　　〒101-0051 東京都千代田区神田神保町 1 丁目 105 番地
　　　　　https://www.kindaikagaku.co.jp

あなたの研究成果、近代科学社で出版しませんか？

▶ 自分の研究を多くの人に知ってもらいたい！

▶ 講義資料を教科書にして使いたい！

▶ 原稿はあるけど相談できる出版社がない！

そんな要望をお抱えの方々のために
近代科学社 Digital が出版のお手伝いをします！

近代科学社 Digital とは？ ■■■■■■■■■■■■■■■■■■■■

ご応募いただいた企画について著者と出版社が協業し、プリントオンデマンド印刷と電子書籍のフォーマットを最大限活用することで出版を実現させていく、次世代の専門書出版スタイルです。

近代科学社 Digital の役割 ■■■■■■■■■■■■■■■■■■■■

執筆支援 編集者による原稿内容のチェック、様々なアドバイス

制作製造 POD 書籍の印刷・製本、電子書籍データの制作

流通販売 ISBN 付番、書店への流通、電子書籍ストアへの配信

宣伝販促 近代科学社ウェブサイトに掲載、読者からの問い合わせ一次窓口

近代科学社 Digital の既刊書籍 （下記以外の書籍情報は URL より御覧ください）

電気回路入門
著者：大豆生田 利章
印刷版基準価格（税抜）：3200円
電子版基準価格（税抜）：2560円
発行：2019/9/27

DX の基礎知識
著者：山本 修一郎
印刷版基準価格（税抜）：3200円
電子版基準価格（税抜）：2560円
発行：2020/10/23

理工系のための微分積分学
著者：神谷 淳／生野 壮一郎／
仲田 晋／宮崎 佳典
印刷版基準価格（税抜）：2300円
電子版基準価格（税抜）：1840円
発行：2020/6/25

詳細・お申込は近代科学社 Digital ウェブサイトへ！
URL: https://www.kindaikagaku.co.jp/kdd/index.htm